高等学校"十一五"规划教材

光　学

郑植仁　编著

哈尔滨工业大学出版社

内 容 提 要

本书提纲挈领深入浅出地讲述了光学的基本概念和基本规律,内容包括几何光学,光的波动性和偏振性,光的干涉,光的衍射,光的偏振,光的吸收、色散和散射,光的量子性,激光,光学信息处理和全息照相,以及非线性光学。书中附有较多习题,书后还附有 8 套模拟试题,用于检验学习效果。

本书可作为高等学校本科物理及相关专业光学课程的教材或教学参考书,也可以作为相关专业教师教学或学生自学的参考书。

图书在版编目(CIP)数据

光学/郑植仁编著. —2 版. —哈尔滨:哈尔滨工业大学出版社,2007.7
ISBN 978-7-5603-2240-7
Ⅰ.光… Ⅱ.郑… Ⅲ.光学-高等学校-教材 Ⅳ.O43

中国版本图书馆 CIP 数据核字(2005)第 107220 号

策划编辑	张秀华　责任编辑　康云霞　张秀华
封面设计	卞秉利
出版发行	哈尔滨工业大学出版社
社　　址	哈尔滨市南岗区复华四道街 10 号　邮编 150006
传　　真	0451-86414749
网　　址	http://hitpress.hit.edu.cn
印　　刷	哈尔滨市龙华印刷厂
开　　本	787×960　1/16　印张 20.625　字数 368 千字
版　　次	2007 年 7 月第 2 版　2007 年 7 月第 2 次印刷
书　　号	978-7-5603-2240-7
印　　数	3 001~6 000
定　　价	28.00 元

(如因印装质量问题影响阅读,我社负责调换)

前　言

本书是以作者多年为物理系本科生讲授光学课的讲义为基础,参考国内外相关文献并结合20多年的教学经验积累而成。本书适合70学时左右的教学需求。

"光学"是物理学科一门重要的基础课程,分支多,公式也多,相互之间虽有联系,但基本上是独立的,各自有着丰富的内容。同时,光学与当代许多高科技有着千丝万缕的联系,所以初学者往往感觉有些杂乱而不容易掌握。但是,"光学"作为一门学科有着自己的脉络和特点,其重点内容是波动光学,而波动光学的重点是光的干涉,只要把光的干涉的基本概念和规律搞清楚了,光的衍射和光的偏振就容易理解了,相应的其它方面的内容也就好掌握了。

本书以把握经典光学为主,光的量子性为辅这条主线,突出波动光学中光的干涉,建立起用光的干涉带动其它内容的教学体系,力图使本门课程达到好教易学的目的。

本书在几何光学部分注意讲清楚与光的干涉内容有关的成像基本概念和光程概念。在光的波动性和偏振性部分注意交代清楚与光的干涉内容密切相关的光的波动方程、光强、相位突变和半波损等基本概念。在光的干涉部分中从两束光干涉入手,重点讲清楚什么是光的干涉,尤其注意讲清楚相干条件中的初相位差稳定的内容。

光学既是一门古老的学科,又是一门年轻的学科。说它古老是因为从公元前500年起人们就开始了对光的观察和研究,说它年轻是因为长期以来光学一直发展缓慢。20世纪初量子理论的兴起大大促进了光学的发展,尤其是20世纪中期全息术和激光出现以后,一度沉寂的光学焕发了青春,以空前的规模和速度发展。光学已经成为现代科学技术极为活跃的重要学科和人们认识自然和改造自然的强有力的武器。为了适应光学的新发展,本书注意适当加强光与物质相互作用、光的量子性和激光基本理论的讲授,注意反映光学信息处理和全息照相以及非线性光学等近代光学的新概念和新发展,力争把近代光学与传统光学紧密地衔接起来,自然地沟通近代光学与传统波动光学在概念上的联系,适当介绍光的本性和近代光学研究中的一些前沿课题。

为使读者深入学习和领会光学的基本原理和基本规律,切实掌握解决各种光学问题的基本方法,提高独立分析和解决问题的能力,在编写《光学》一书的同时,还编写了与之配套的《光学习题课教程》,给出了《光学》一书中的习题和模拟试题的解答。希望读者通过这两本书的学习,能为今后从事有关光学方面的工作和继续深造打好扎实的基础。

本书的出版得到了哈尔滨工业大学物理系有关领导的关怀和支持,在此表示衷心的感谢。

由于作者的水平所限,尽管付出很大的努力,仍难免有不当之处,恳请各位读者不吝赐教。

郑植仁

2005 年 9 月 6 日

目　录

第1章　几何光学 (1)
1.1 几何光学的基本规律 (1)
1.2 费马原理 (4)
1.3 成像的概念 (9)
1.4 共轴理想球面光学系统傍轴逐次成像 (13)
1.5 薄透镜傍轴成像 (18)
1.6 光阑 (31)
1.7 光学仪器 (35)
习题1 (40)

第2章　光的波动性和偏振性 (48)
2.1 光的波动性 (48)
2.2 球面波和平面波 (50)
2.3 光波的复振幅表示 (55)
2.4 光波的偏振态 (58)
2.5 光波在两种各向同性介质界面的反射和折射特性 (67)
习题2 (80)

第3章　光的干涉 (83)
3.1 光波的叠加和干涉 (83)
3.2 两光束干涉 (89)
3.3 分波面干涉 (94)
3.4 光波场的空间相干性 (99)
3.5 等厚干涉 (104)
3.6 等倾干涉 (110)
3.7 迈克尔孙干涉仪 (114)
3.8 光波场的时间相干性 (116)
3.9 多光束干涉 (120)
习题3 (129)

第4章　光的衍射 (138)
4.1 光波衍射的基本原理 (138)

4.2 菲涅耳衍射 …………………………………………………… (144)
  4.3 单缝夫琅禾费衍射 …………………………………………… (153)
  4.4 矩孔和圆孔夫琅禾费衍射 …………………………………… (157)
  4.5 望远镜的像分辨本领 ………………………………………… (160)
  4.6 多缝夫琅禾费衍射 …………………………………………… (162)
  4.7 光栅 …………………………………………………………… (167)
  习题 4 ……………………………………………………………… (172)
第 5 章 光的偏振 …………………………………………………… (179)
  5.1 各向异性晶体的双折射 ……………………………………… (179)
  5.2 单轴晶体光学器件 …………………………………………… (183)
  5.3 圆偏振光和椭圆偏振光的产生和鉴别 ……………………… (188)
  5.4 平行偏振光的干涉 …………………………………………… (192)
  5.5 会聚偏振光的干涉 …………………………………………… (198)
  5.6 旋光 …………………………………………………………… (200)
  习题 5 ……………………………………………………………… (205)
第 6 章 光的吸收、色散和散射 …………………………………… (212)
  6.1 光的吸收 ……………………………………………………… (212)
  6.2 光的色散 ……………………………………………………… (214)
  6.3 光的相速和群速 ……………………………………………… (216)
  6.4 光的散射 ……………………………………………………… (220)
  习题 6 ……………………………………………………………… (224)
第 7 章 光的量子性 ………………………………………………… (226)
  7.1 黑体辐射 ……………………………………………………… (226)
  7.2 光的粒子性和波粒二象性 …………………………………… (234)
  习题 7 ……………………………………………………………… (241)
第 8 章 激光 ………………………………………………………… (243)
  8.1 激光产生的基本原理 ………………………………………… (243)
  8.2 激光器的基本结构和激光的产生 …………………………… (248)
  8.3 激光的纵模和横模 …………………………………………… (252)
  8.4 激光的特性和应用 …………………………………………… (255)
  8.5 超短脉冲激光 ………………………………………………… (256)
  习题 8 ……………………………………………………………… (261)
第 9 章 光学信息处理和全息照相 ………………………………… (263)
  9.1 傅里叶变换 …………………………………………………… (263)

 9.2 阿贝成像理论和空间滤波实验 …………………………………… (266)
 9.3 光学图像处理系统和应用 ………………………………………… (268)
 9.4 全息照相的原理和过程 …………………………………………… (272)
 9.5 全息照相过程的复振幅描述 ……………………………………… (274)
 9.6 全息照相的应用 …………………………………………………… (276)
 习题 9 ……………………………………………………………………… (279)

第 10 章 非线性光学 ……………………………………………………… (282)
 10.1 非线性电极化强度 ……………………………………………… (282)
 10.2 几种非线性电极化效应 ………………………………………… (282)
 10.3 光学双稳态和光学混沌态 ……………………………………… (287)
 10.4 光折变效应 ……………………………………………………… (289)
 习题 10 …………………………………………………………………… (291)

模拟试题 ……………………………………………………………………… (293)
 模拟试题一 ………………………………………………………………… (293)
 模拟试题二 ………………………………………………………………… (294)
 模拟试题三 ………………………………………………………………… (295)
 模拟试题四 ………………………………………………………………… (297)
 模拟试题五 ………………………………………………………………… (298)
 模拟试题六 ………………………………………………………………… (299)
 模拟试题七 ………………………………………………………………… (301)
 模拟试题八 ………………………………………………………………… (301)

参考答案 ……………………………………………………………………… (303)
附录 …………………………………………………………………………… (314)
参考文献 ……………………………………………………………………… (321)

第1章 几何光学

几何光学是研究光线在介质中传播和成像规律的学科。在几何光学中用光线描述光传播的路径和方向。从光的波动理论理解,把光波看做光线是一种近似处理。当光在传播过程中遇到的空间障碍物或反射和折射界面的尺寸比光的波长大得多时,才可以用光线近似处理光的传播问题。

1.1 几何光学的基本规律

1. 光的直线传播定律

在各向同性介质中光沿直线传播。

2. 光的反射和折射定律

当光入射到两种各向同性介质的分界面时,一部分被反射,形成反射光线,另一部分透射,形成折射光线,如图1.1所示。

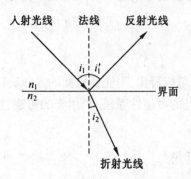

图1.1 光的反射和折射

实验表明,反射光线处于入射光线和入射点处界面法线构成的入射面内,反射光线和入射光线分居法线两侧,反射角等于入射角,称为反射定律,即

$$i_1' = i_1 \tag{1.1}$$

折射光线处于入射面内,与入射光线分居法线两侧,入射角的正弦和折射角的正弦之比等于光在两种介质中的传播速度之比,比值 n_{21} 是一个与入射角无关的常数,称为折射

定律,即

$$\frac{\sin i_1}{\sin i_2} = \frac{v_1}{v_2} = n_{21} \tag{1.2}$$

式中 v_1、v_2 是光在不同介质中的传播速度;n_{21} 是折射介质相对入射介质的相对折射率。令 $v_1 = c$,$v_2 = v$,可得介质的绝对折射率为

$$n = \frac{c}{v} \tag{1.3}$$

式中 c 是光在真空中的传播速度。由此可以将折射定律改写为经常使用的形式

$$n_1 \sin i_1 = n_2 \sin i_2 \tag{1.4}$$

介质的折射率是材料的光学参数,随入射光的波长变化。折射率较大的介质称为光密介质,折射率较小的介质称为光疏介质。

任何波长的光在真空中的传播速度都相同,真空中光的波长和频率与传播速度之间的关系为 $c = \nu\lambda_0$。光由真空进入介质后,频率不变,波长和传播速度发生变化,三者之间的关系为 $v = \nu\lambda$。

3. 全反射临界角

由折射定律可知,当光从折射率为 n_1 的光密介质入射到折射率为 n_2 的光疏介质时,折射角大于入射角。若入射角增大到小于 90° 的 i_c 时,折射角增大到 90°,折射光强减小到零。继续增大入射角,入射光的能量全部被反射回光密介质,这种现象称为全反射,i_c 称为全反射临界角。由折射定律得到的全反射临界角的表示式为

$$i_c = \arcsin(n_2/n_1) \tag{1.5}$$

4. 光的可逆性原理

从光的反射和折射定律可以看出,当光线传播的方向反转时,它将沿同一路径反向传播,这个普遍性的推论称为光的可逆性原理。利用光的可逆性原理,常常可以得到一些重要的结论。

5. 三棱镜的最小偏向角

由透明介质制成的棱柱体称为棱镜,其中截面呈三角形的棱镜称为三棱镜,与棱边垂直的截面称为三棱镜的主截面,三棱镜的主截面是等腰三角形时称为等腰三棱镜。

图 1.2 是等腰三棱镜的主截面图,其中 α 是三棱镜的顶角,n 是三棱镜介质的折射率,直线 MG 和 NG 分别是垂直棱边的法线。

让入射光线沿三棱镜的主截面传播,设入射光线 DM 首先在分界面 AB 的点 M 处发生折射,入射角和折射角分别是 i_1' 和 i_1,折射光线 MN 在分界面 AC 的点 N 处再次发生折射,

入射角和折射角分别是 i_2 和 i_2'，折射光线沿 NE 方向出射。

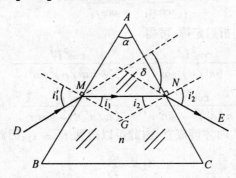

图 1.2 光线在三棱镜主截面内的折射

三棱镜入射光线 DM 的延长线与折射光线 NE 的反向延长线形成的夹角 δ 称为三棱镜的偏向角。由图 1.2 可知

$$\delta = (i_1' - i_1) + (i_2' - i_2) = (i_1' + i_2') - (i_1 + i_2)$$
$$\alpha = i_1 + i_2 \tag{1.6}$$

于是

$$\delta = i_1' + i_2' - \alpha \tag{1.7}$$

由折射定律可知，折射角 i_2' 是入射角 i_1' 的函数，式(1.7)表明，三棱镜的偏向角 δ 随入射角 i_1' 变化。进一步的分析和实验显示，当入射角 i_1' 由 0° 逐渐增大到 90° 时，三棱镜的偏向角 δ 先是逐渐变小，然后又逐渐变大，偏向角 δ 随入射角 i_1' 变化的函数曲线有一个最小值，称这个最小值为最小偏向角 δ_m。从式(1.7)出发可以推导出最小偏向角的表示式。

将式(1.7)两边对 i_1' 微商，并令其等于零，可得

$$\frac{d\delta}{di_1'} = 1 + \frac{di_2'}{di_1'} = 0$$

即

$$\frac{di_2'}{di_1'} = -1$$

将式(1.6)两边对 i_2 微商，得

$$\frac{di_1}{di_2} = -1$$

若三棱镜周围介质的折射率为 n'，分别对 AB 和 AC 分界面上相应折射定律的入射角和折射角微分，可得

$$n'\cos i_1' di_1' = n\cos i_1 di_1$$
$$n'\cos i_2' di_2' = n\cos i_2 di_2$$

上面两式相除，得

$$\frac{\cos i_1'}{\cos i_1} = \frac{\cos i_2'}{\cos i_2}$$

将上式平方,再利用相应的折射定律,可得

$$\frac{\cos^2 i_1'}{1-(n'/n)^2\sin^2 i_1'} = \frac{\cos^2 i_2'}{1-(n'/n)^2\sin^2 i_2'}$$

即

$$\frac{\cos^2 i_1'}{(n/n')^2-\sin^2 i_1'} = \frac{\cos^2 i_2'}{(n/n')^2-\sin^2 i_2'}$$

显然,上式只有当 $i_1' = i_2'$ 时才能成立,由此可以得到 $i_1 = i_2$。因此有

$$i_1 = \frac{\alpha}{2} \tag{1.8}$$

$$i_1' = \frac{\alpha + \delta_m}{2} \tag{1.9}$$

将上两式代入折射定律公式,可以得到最小偏向角的表示式为

$$\frac{n}{n'} = \frac{\sin\frac{\alpha+\delta_m}{2}}{\sin\frac{\alpha}{2}} \tag{1.10}$$

若三棱镜周围介质的折射率 $n' = 1$,则最小偏向角的表示式为

$$n = \frac{\sin\frac{\alpha+\delta_m}{2}}{\sin\frac{\alpha}{2}} \tag{1.11}$$

从上面的推导过程可以看出,当光线在三棱镜的主截面内按最小偏向角方向传播时,等腰三棱镜内的折射光线 MN 与底边平行。利用三棱镜的最小偏向角表示式可以求得三棱镜材料的折射率。

顶角很小的三棱镜称为镜楔,此时对式(1.10)和(1.11)做近似处理,可以将最小偏向角表示式分别简化为

$$\delta_m = \left(\frac{n}{n'}-1\right)\alpha, \quad \delta_m = (n-1)\alpha \tag{1.12}$$

1.2 费马原理

费马原理是描述光线在介质中传播的实际路径的原理,为了讨论费马原理,需要首先引入光程的概念。

1. 光程

光在传播过程中经过的实际路径长度与所在介质折射率的乘积称为光程。如图 1.3

所示,在均匀介质中光线从点 Q 传播到点 P 的光程是
$$L(QP) = nl \tag{1.13}$$

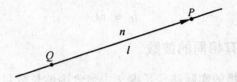

图 1.3 光线在均匀介质中传播的光程

如图 1.4 所示,在 m 种不同介质中光线从点 Q 传播到点 P 的光程是
$$L(QP) = \sum_{i=1}^{m} n_i l_i \tag{1.14}$$

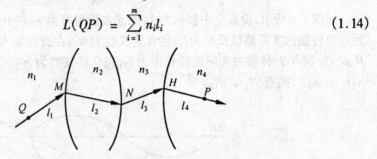

图 1.4 光线在 m 种不同介质中传播的光程

如图 1.5 所示,在折射率连续变化的介质中光线从点 Q 传播到点 P 的光程是
$$L(QP) = \int_{Q}^{P} n(l) \mathrm{d}l \tag{1.15}$$

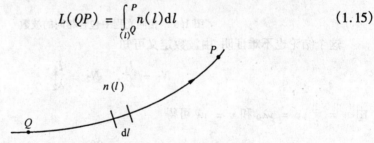

图 1.5 光线在折射率连续变化的介质中传播的光程

2. 光程的物理意义

光在某种介质中传播的光程可以理解为在相同时间里光在真空中传播的实际路径长度。也就是说,若在 Δt 时间里光在折射率为 n 的介质中经过的实际路径长度为 l,在相同时间里光在真空中经过的实际路径长度为 l_0,则有 $l_0 = nl$。

很容易证明这个等式。设光在折射率为 n 的介质中传播的速度为 v,光在真空中传播的速度为 c,由上面的叙述可知

$$\Delta t = \frac{l_0}{c} = \frac{l}{v}$$

将 $n = \frac{c}{v}$ 代入上式，即得

$$l_0 = nl \tag{1.16}$$

3. 相同光程中含有相同的波数

光在某种介质中传播的实际路径长度 l 中包含的波长数目称为光在该介质中的波数，记为

$$N = \frac{l}{\lambda} \tag{1.17}$$

如图 1.6 所示，设真空中波长为 λ_0 的光在折射率为 n_1 的介质中的波长为 λ_1，从点 Q_1 到点 P 传播的实际路径长度为 l_1，包含的波数为 N_1；在折射率为 n_2 的介质中的波长为 λ_2，从点 Q_2 到点 P 传播的实际路径长度为 l_2，包含的波数为 N_2。若两条路径的光程相等，即 $n_1 l_1 = n_2 l_2$，则有 $N_1 = N_2$。

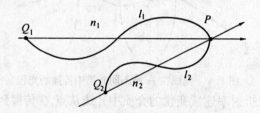

图 1.6 相同光程中包含相同的波数

这个结论也不难证明，由波数定义可知

$$N_1 = \frac{l_1}{\lambda_1}, \quad N_2 = \frac{l_2}{\lambda_2}$$

由 $n = \frac{c}{v}$，$c = \nu \lambda_0$ 和 $v = \nu \lambda$ 可得

$$n = \frac{\lambda_0}{\lambda} \tag{1.18}$$

将 $n_1 = \frac{\lambda_0}{\lambda_1}$ 和 $n_2 = \frac{\lambda_0}{\lambda_2}$ 分别代入波数的定义式，可得

$$N_1 = \frac{n_1 l_1}{\lambda_0}, \quad N_2 = \frac{n_2 l_2}{\lambda_0}$$

已知 $n_1 l_1 = n_2 l_2$，因此得

$$N_1 = N_2 \tag{1.19}$$

如果点 Q_1 和点 Q_2 处的两束光波的振动状态相同，经过不同路径传播到点 P 处时相

遇，即使两条光线的实际路径长度不同，只要传播的光程相同，两束光波在点 P 处的振动状态就相同，由此可以通过比较光程来比较两个波动的振动状态。

4. 费马原理的表述

一般来说，光从一点传播到另一点有各种可能的路径，但是只有满足特定条件的路径才是光线传播的实际路径，这个特定条件由费马原理给出，即光线沿光程取平稳值的路径传播。取平稳值的含义是取常数值、极小值或极大值。图 1.7 给出了反射实际光线取平稳值的实例，图中的点 F_1 和 F_2 是椭圆的两个焦点。

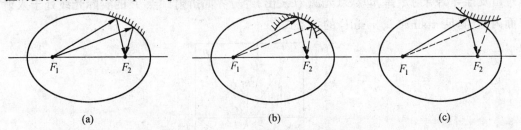

图 1.7 实际光线取平稳值的实例

图 1.7(a) 以椭圆面为反射面，从点 F_1 发出的各条光线经过椭圆面反射后都会聚到点 F_2，每条光线都是实际光线，各条光线的光程都相等，此时实际光线取常数值。图 1.7(b) 以半径小于椭圆面半径的内切圆面为反射面，实线表示从点 F_1 发出的在椭圆面与内切圆面的切点处反射后到达点 F_2 的实际光线的路径，虚线表示非切点处的任意一条光线的路径。此时，实际光线的光程大于虚线路径的光程，实际光线取极大值。图 1.7(c) 以半径大于椭圆面半径的外切圆面为反射面，实线表示从点 F_1 发出的在椭圆面与外切圆面的切点处反射后到达点 F_2 的实际光线的路径，虚线表示非切点处的任意一条光线的路径。此时，实际光线的光程小于虚线路径的光程，实际光线取极小值。

费马原理可以用数学公式表示为

$$\delta[L(QP)] = \delta\left[\int_{(l)Q}^{P} n(l)\mathrm{d}l\right] = 0 \qquad (1.20)$$

这是一个泛函的变分方程，由这个方程可以求出光线取平稳值的实际路径。其中 δ 是变分符号，在这里，它的运算类似于一元函数的微分运算。

5. 由费马原理推导几何光学的基本规律

1) 光的直线传播定律是费马原理的直接推论

在各向同性介质中，光在任意两点之间沿直线传播的光程最短，此时光程取极小值。因此，光的直线传播定律是费马原理的直接推论。

2) 光线的可逆性原理是费马原理的自然结论

费马原理只涉及实际光线的传播路径,未涉及实际光线的传播方向。若光线沿正方向传播时取平稳值,成为实际光线,则它沿逆方向原路返回时也应当取平稳值,也是实际光线。因此,由费马原理可以很自然地得出光线的可逆性原理。

3) 由费马原理推导折射定律

如图 1.8 所示,平面 Σ 是折射率分别为 n_1 和 n_2 的两种各向同性透明介质的分界面,从介质 1 中的点 Q 发出的光线透过分界面 Σ 后折射到介质 2 中的点 P 处。可以由费马原理出发推导出折射定律,即从点光源 Q 发出,经分界面折射到点 P 的实际光线处于入射面内,且满足 $n_1\sin i_1 = n_2\sin i_2$ 的关系式。

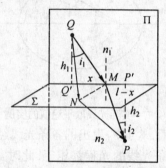

图 1.8 由费马原理推导折射定律

推导过程如下:由点 Q 和点 P 作平面 Σ 的垂线 QQ' 和 PP',高度分别为 h_1 和 h_2,两平行垂线构成平面 Π,平面 Π 与平面 Σ 的交线为 $Q'P'$,设 Q' 和 P' 两点间的距离为 l,在交线上任取一点 M,将 l 分割成如图 1.8 所示的 x 和 $(l-x)$ 两部分,连接直线 QM 和直线 PM,直线 QQ' 与直线 QM 的夹角为 i_1,直线 PP' 与直线 PM 的夹角为 i_2。过点 M 在平面 Σ 上作两平面交线 $Q'P'$ 的垂线 NM,连接直线 QN 和直线 PN。由直角三角形 $\triangle QNM$ 和 $\triangle PNM$ 的斜边大于直角边可知,平面 Π 外的任意一条可能光线 QNP 的光程总是大于平面 Π 上的相应可能光线 QMP 的光程。由此可以断定,实际的入射和折射光线一定位于平面 Π 内,称平面 Π 为入射面。然后计算在入射面 Π 内从点光源 Q 发出经分界面 Σ 上的 M 点折射到点 P 的光线 QMP 的光程,可得

$$L(QMP) = n_1\overline{QM} + n_2\overline{MP} = n_1\sqrt{h_1^2 + x^2} + n_2\sqrt{h_2^2 + (l-x)^2}$$

对上式求导可得

$$\frac{\mathrm{d}}{\mathrm{d}x}L(QMP) = \frac{n_1 x}{\sqrt{h_1^2 + x^2}} - \frac{n_2(l-x)}{\sqrt{h_2^2 + (l-x)^2}} = n_1\sin i_1 - n_2\sin i_2 = 0$$

即 $n_1\sin i_1 = n_2\sin i_2$。仿照上面的推导过程,也可以由费马原理推导出光的反射定律。

1.3 成像的概念

1. 同心光束

若一束光线中的各条光线或其延长线相交于一点,则称此光束为同心光束,交点称为同心光束的中心。有会聚和发散两类同心光束,其交点分别称为会聚中心和发散中心。图 1.9 中的点 Q 是发散或会聚同心光束的中心,发出一束会聚或发散的同心光束。在各向同性介质中,从点光源发出的光束就是一束同心光束;平行光束也是同心光束,只是它的中心位于无穷远处。

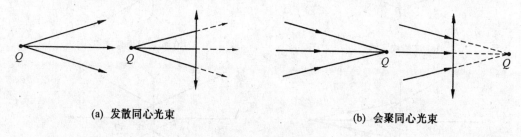

(a) 发散同心光束   (b) 会聚同心光束

图 1.9 同心光束

2. 共轴理想球面光学系统的成像

若干个折射球面和反射球面的组合称为球面光学系统,能保持光束同心性的球面光学系统称为理想球面光学系统。

由球心在同一条直线上的若干个折射球面和反射球面组成的理想球面光学系统称为共轴理想球面光学系统,简称为理想光学系统,该直线称为光轴。

入射到理想光学系统上的同心光束通过系统后转化成出射同心光束的过程称为成像。

在单球面成像系统或由两个单球面组成的薄透镜成像系统中,只有傍轴(或称为近轴)光束成像才能近似保持光束的同心性。因此,共轴理想球面光学系统的成像是傍轴条件下的近似成像。

3. 物与像

在共轴理想球面光学系统中,入射同心光束的中心称为物点,出射同心光束的中心称为像点。

物点和像点都有虚实之分,不同类型的物点与像点的成像如图 1.10 所示。若入射到理想光学系统的同心光束是发散的,则称其发散中心为实物点,如图 1.10(a) 和 (b) 中的

点 Q 所示;若入射到理想光学系统的同心光束是会聚的,则称其会聚中心为虚物点,如图 1.10(c) 和(d) 中的点 Q 所示。图中通过理想光学系统会聚到虚物点的实际光线的延长线用虚线表示。

若从理想光学系统出射的同心光束是会聚的,则称其会聚中心为实像点,如图 1.10(a) 和(c) 中的点 Q' 所示;若从理想光学系统出射的同心光束是发散的,则称其发散中心为虚像点,如图 1.10(b) 和(d) 中的点 Q' 所示。

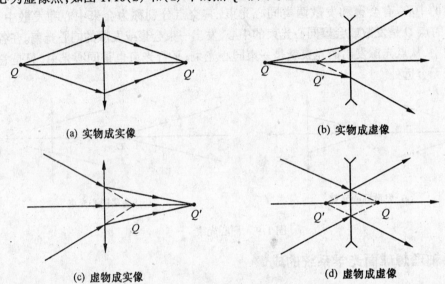

(a) 实物成实像   (b) 实物成虚像

(c) 虚物成实像   (d) 虚物成虚像

图 1.10 物与像

应当注意的是,物点或像点是相对具体的理想光学系统而言的。在图 1.11 中,相对透镜 L_1,点 Q' 是第一次成像的像点,但相对透镜 L_2,点 Q' 就是第二次成像的物点。还要注意的是,用虚线表示的会聚点不一定都是虚物点或虚像点。图 1.11 中的第一次成像的会聚点 Q' 虽然是一段虚线的会聚点,但相对透镜 L_1 的成像过程,点 Q' 是实像点,相对透镜 L_2 的第二次成像过程,点 Q' 才是虚物点。

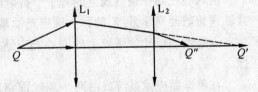

图 1.11 物点与像点的相对性

4. 物方空间和像方空间

在理想光学系统中,所有物点的集合形成的空间称为物方空间,所有像点的集合形成的空间称为像方空间。由于物点包括了实物点和虚物点,若光线由理想光学系统的左方向右方传播,则物方空间不仅包括了实物点所在的左方空间,还包括了虚物点所在的右方空间。同理,由于像点包括了实像点和虚像点,若光线由理想光学系统的左方向右方传播,像方空间不仅包括了实像点所在的右方空间,还包括了虚像点所在的左方空间。实际上,物方空间和像方空间是互相重叠的。

物点及其相应的光线所处空间的介质折射率称为物方折射率;像点及其相应光线所处空间的介质折射率称为像方折射率。

物方空间的物点与物光线及像方空间的像点与像光线彼此一一对应。若将物点移到相应像点的位置,并让光线反向入射到同一理想光学系统上,根据光线的可逆性原理,它的像点将位于原来的物点位置。这样的一对相互对应的物点和像点称为物像共轭点,相互对应的光线称为物像共轭光线。

5. 物像之间的等光程性

在共轴理想球面光学成像系统中,从物点到像点之间的各条光线的光程都相等。

可以利用费马原理证明这个结论。物点发出的入射同心光束经过共轴理想球面光学成像系统后转化为出射同心光束,出射同心光束会聚成像点。联系物点和像点的光线路径虽然不相同,但都是实际存在的成像光线路径。根据费马原理,它们的光程应取平稳值(即常数值、极小值或极大值),都取极大值或极小值是不可能的,惟一的可能就是光程取常数值,即各条成像光线的光程都相等。

如图 1.12 所示的单球面成像过程的物像等光程表示式为

$$n_1 \overline{QM} + n_2 \overline{MQ'} = n_1 \overline{QO} + n_2 \overline{OQ'} = C$$

式中 C 是常数。应当注意的是,上式只是傍轴光线理想成像过程的等光程公式。可以看出,物点 Q 处于介质折射率为 n_1 的物方空间中,像点 Q' 处于介质折射率为 n_2 的像方空间中。

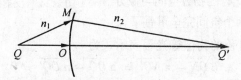

图 1.12 折射成像的物像等光程性

为了把物像之间的等光程原理推广到虚物或虚像情形中,需要建立"虚光程"的概念。在共轴理想球面光学成像系统中,折射(或反射)点到相应的虚物(或虚像)点之间的光线延长线的几何长度与此光线所在介质折射率之积取负值,称为此虚物(或虚像)点对应的虚光程。

如图 1.13 所示,在两个单球面的成像过程中,第一次成像的物像等光程表示式为

$$n_1 \overline{QM} + n_2 \overline{MQ'} = C_1$$

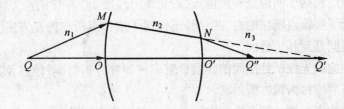

图 1.13 两次折射成像的物像等光程性

第一次成像的像点 Q' 是实像点,但对第二次成像而言,点 Q' 是虚物点。第二次成像的物像等光程表示式就是

$$-n_2\,\overline{NQ'} + n_3\,\overline{NQ''} = C_2$$

式中的 $(-n_2\,\overline{NQ'})$ 是虚物点 Q' 对应的虚光程。要特别注意的是,用虚线表示的光线和虚物点 Q',不是处于介质折射率为 n_3 的第二次成像的像方空间中,而是处于介质折射率为 n_2 的第二次成像的物方空间中。虽然此时折射率为 n_2 的物方空间与折射率为 n_3 的像方空间是相互重叠的,但只是形式上的重叠。

若将上述的两次成像过程用一个物像等光程公式表示,可以写成

$$n_1\,\overline{QM} + n_2\,\overline{MN} + n_3\,\overline{NQ''} = C_1 + C_2 = C$$

在图 1.14 所示的平面镜反射成像过程中,物点 Q 及其物光线均在介质折射率为 n 的物方空间中,经平面反射成像后的虚像点 Q' 及其反射光线的反向延长线好像处于折射率为 n' 的介质中,但实际上仍然处于介质折射率为 n 的像方空间中。此时的物方空间与像方空间的折射率均为 n,两个空间完全重叠了。

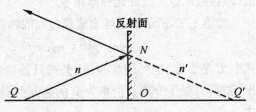

图 1.14 反射成像的物像等光程性

平面镜反射成像过程的物像等光程表示式为

$$n\,\overline{QN} - n\,\overline{NQ'} = n\,\overline{QO} - n\,\overline{OQ'} = 0$$

或者改写成

$$\overline{QN} = \overline{NQ'} \qquad \overline{QO} = \overline{OQ'}$$

显然,平面镜是对称成像。判断虚物点或虚像点及其用虚线表示的相应虚光线所处空间及其介质折射率时,不看它们是处于理想光学系统的左方还是右方,而是根据与其相连的实际光线处于哪种介质来确定,与之相连的实际光线所在的空间介质的折射率就是该虚物点或虚像点及其相应虚光线所在的空间介质的折射率。

只有正确确定物点与像点,尤其是虚物点和虚像点及其相应虚光线所在空间介质的折射率,才能正确求解理想光学系统的逐次成像问题。

1.4 共轴理想球面光学系统傍轴逐次成像

1. 单球折射面成像

如图 1.15 所示,曲率中心为 C 的单球折射面 Σ 与光轴相交于顶点 O,由光轴上的物点 Q 发出的任意光线 QM 由左向右传播,入射到单球折射面 Σ 上的点 M,折射后的出射光线 MQ' 会聚于光轴上的像点 Q'。

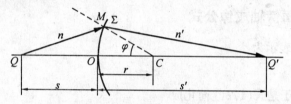

图 1.15 单球折射面成像

设物方空间介质的折射率为 n,像方空间介质的折射率为 n',单球折射面 Σ 的曲率半径 $\overline{OC} = r$,物距 $\overline{QO} = s$,像距 $\overline{OQ'} = s'$,$\angle MCO = \varphi$。物像之间任意光线 QMQ' 的光程为

$$L(QMQ') = n\,\overline{QM} + n'\,\overline{MQ'} =$$
$$n\sqrt{r^2 + (s+r)^2 - 2r(s+r)\cos\varphi} + n'\sqrt{r^2 + (s'-r)^2 + 2r(s'-r)\cos\varphi} =$$
$$n\sqrt{s^2 + 4r(s+r)\sin^2(\varphi/2)} + n'\sqrt{s'^2 - 4r(s'-r)\sin^2(\varphi/2)}$$

由费马原理可知,成像的实际光路是光程取平稳值的路径,即满足 $\dfrac{\mathrm{d}L(QMQ')}{\mathrm{d}\varphi} = 0$ 的路径,由此可得

$$\frac{n(s+r)}{\sqrt{s^2 + 4r(s+r)\sin^2(\varphi/2)}} = \frac{n'(s'-r)}{\sqrt{s'^2 - 4r(s'-r)\sin^2(\varphi/2)}}$$

将上式平方,整理后得

$$\frac{s^2}{n^2(s+r)^2} - \frac{s'^2}{n'^2(s'-r)^2} = -4r\sin^2(\varphi/2)\left[\frac{1}{n^2(s+r)} + \frac{1}{n'^2(s'-r)}\right] \quad (1.21)$$

此式即为单球折射面成像公式。

若 n、n'、r 已知,由式(1.21)可以确定像距 s'。但此时的像距不仅与物距有关,还与光线的倾角 φ 有关,也就是说,由物点 Q 发出的同心光束折射后失去了光束的同心性,不同倾角的光线不再会聚于光轴上的同一点。但是,我们关心的是在什么条件下像距与光束的倾角无关,也就是入射同心光束经过光学系统后仍然保持光束的同心性。

进一步的分析可知,令式(1.21)等号两端同时为零,可得

$$\frac{s^2}{n^2(s+r)^2} - \frac{s'^2}{n'^2(s'-r)^2} = 0 \quad (1.22)$$

$$\frac{1}{n^2(s+r)} + \frac{1}{n'^2(s'-r)} = 0 \tag{1.23}$$

若 n、n'、r 给定,求解这组联立方程,可以确定与光束倾角 φ 无关的一对特殊物距和像距。从特殊物距对应的物点 Q 发出的同心宽光束折射后都会聚于特殊像距对应的像点 Q' 处,此时入射同心光束的出射光束仍保持光束的同心性。称这对特殊的共轭物像点为齐明点或不晕点。

若光轴上的任意一点都能够理想成像,则必须让光束的倾角趋近于零,即把成像光束限制在傍轴区内。下面着重讨论傍轴条件下的成像问题。

2. 单球折射面傍轴成像公式

傍轴条件可以表示为

$$\varphi \to 0 \tag{1.24}$$

即 $\sin^2(\varphi/2) \approx 0$,于是式(1.21)简化成

$$\frac{s^2}{n^2(s+r)^2} = \frac{s'^2}{n'^2(s'-r)^2}$$

整理后可以得到单球折射面傍轴成像的物像距公式为

$$\frac{n'}{s'} + \frac{n}{s} = \frac{n'-n}{r} \tag{1.25}$$

此式表明,若 n、n'、r 已知,任意给定一个物距 s,就可以得到一个与光线倾角无关的相应像距 s'。也就是说,在傍轴条件下,从轴上任意一个物点 Q 发出的同心光束经过单球折射面折射后仍然保持光束的同心性,出射光束会聚于轴上的像点 Q'。

3. 单球面傍轴成像的符号法则

在图 1.15 所示的单球面成像过程中,若折射球面的取向变化,或者实物或实像变为虚物或虚像,但 s、s'、r 仍均取正值,则将推导出不同的成像公式。为了确保成像公式在任何情况下都保持相同形式,只有让 s、s'、r 变为可正可负的代数量,并按照统一的规定确定它们的正负取值,这个规定就是如下的单球折射面成像的符号法则。本书规定,曲率半径 r 的绝对值称为半径。

入射光从左向右传播时,计算起点为球面顶点 O,则规定:

1) 若物点 Q 在顶点 O 左方,则 $s > 0$;若物点 Q 在顶点 O 右方,则 $s < 0$。

2) 若像点 Q' 和曲率中心 C 在顶点 O 左方,则 $s' < 0$,$r < 0$;若像点 Q' 和曲率中心 C 在顶点 O 右方,则 $s' > 0$,$r > 0$。

3) 入射光由右向左传播时,符号法则与上述规定相反。

4) 各个量在绘图中均用绝对值标示,若某个量是负值,则要在这个量的符号前面添加负号。

5) 成像系统是单球反射面时,若像点 Q' 在顶点 O 左方,则 $s' > 0$;若像点 Q' 在顶点 O 右方,则 $s' < 0$。其余规定与单球折射面成像符号法则相同。

应当注意的是,还有其它的成像符号法则,但在这套符号法则的规定下,物距和像距的取值规律是,实物(像)距均大于零,虚物(像)距均小于零。由此,可以根据物像距的正负判断物和像的虚实。

4. 单球折射面傍轴成像的焦距公式

轴上无穷远处物点发出的平行光轴的平行光束折射后的会聚点称为像方焦点,记作 F',对应的像距称为像方焦距,记作 f';从单球折射面出射的平行光轴的平行光束对应的入射同心光束的中心点称为物方焦点,记作 F,对应的物距称为物方焦距,记作 f。

焦距 f 和 f' 是特殊的物像距,它们的符号法则分别与物距和像距的规定相同。

分别令式(1.25)中的 $s' = \infty, s = f$ 和 $s = \infty, s' = f'$,可得物像方的焦距公式分别为

$$f = \frac{nr}{n' - n}, \quad f' = \frac{n'r}{n' - n} \tag{1.26}$$

物像方焦距的比值为

$$\frac{f}{f'} = \frac{n}{n'} \tag{1.27}$$

此式表明,单球折射面的物像方焦距数值通常不相等,但正负符号相同,因此物像方焦点分别位于单球折射面两侧的不同距离处。

将物像方焦距公式代入式(1.25),可得单球折射面成像的另一个物像距公式

$$\frac{f'}{s'} + \frac{f}{s} = 1 \tag{1.28}$$

5. 单球反射面傍轴成像公式

如图 1.16 所示,曲率中心为 C 的单球反射面 Σ 与光轴相交于顶点 O,由光轴上的物点 Q 发出的任意光线 QM 由左向右传播,入射到单球反射面 Σ 上的点 M,反射后的出射光线 MQ' 会聚于光轴上的像点 Q'。设物方空间的介质折射率为 n,则像方空间的介质折射率也为 n,单球反射面 Σ 的半径 $\overline{OC} = -r$,物距 $\overline{QO} = s$,像距 $\overline{Q'O} = s'$。

仿照单球折射面成像公式的推导,可以得到单球反射面的傍轴成像公式

$$\frac{1}{s'} + \frac{1}{s} = -\frac{2}{r} \tag{1.29}$$

根据焦点和焦距的定义,由式(1.29)可以得到单球反射面的物像方焦距公式

· 16 ·　　　　　　　　　　　　　　光　学

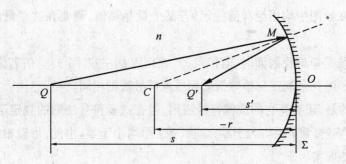

图 1.16　单球反射面成像

$$f = f' = -\frac{r}{2} \tag{1.30}$$

此式显示,单球反射面成像的两个焦距数值相等符号相同,因此 F 和 F' 两个焦点重合。

6. 单球面傍轴成像的横向放大率公式

设图 1.17 中的点 Q 和 Q' 是单球折射面的物像共轭点,将光轴在图面内绕球心 C 沿顺时针方向旋转一个小角度 φ 后,点 Q 和 Q' 分别转到点 P 和 P' 处,由球对称性可知,点 P 和 P' 也是物像共轭点。因为 φ 角很小,满足傍轴条件,因此可以用垂直光轴 $\overline{QQ'}$ 的直线 $\overline{PQ}$ 代替弧线 $\overset{\frown}{PQ}$,用垂直光轴 $\overline{QQ'}$ 的直线 $\overline{P'Q'}$ 代替弧线 $\overset{\frown}{P'Q'}$。若将 $\overline{PQ}$ 看做小物,其长度看做物高,则 $\overline{P'Q'}$ 就是对应的像,其长度就是像高。

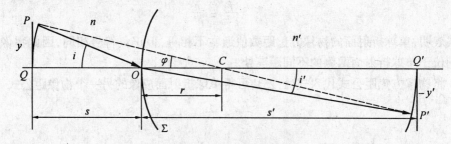

图 1.17　单球面成像的横向放大率

令 y 和 y' 分别表示物高和像高,规定物高和像高的符号法则为:

若物或像在光轴上方,则 $y > 0$ 或 $y' > 0$;若物或像在光轴下方,则 $y < 0$ 或 $y' < 0$。由图 1.17 可知,$\overline{PQ} = y, \overline{P'Q'} = -y'$。横向放大率定义为

$$V = \frac{y'}{y} \tag{1.31}$$

若 $V > 0$,则为正立像;若 $V < 0$,则为倒立像。若 $|V| > 1$,则为放大像;若 $|V| < 1$,则为缩小像。

如图 1.17 所示,过点 P 作单球折射面的入射光线 PO,入射角为 i,则折射后的共轭光

线 OP' 通过共轭像点 P'，折射角为 i'。

由傍轴条件下的折射定律 $ni \approx n'i'$，以及 $i \approx \dfrac{y}{s}$ 和 $i' \approx \dfrac{-y'}{s'}$，可得

$$n\frac{y}{s} = -n'\frac{y'}{s'}$$

将此式代入横向放大率的定义式，可以得到单球折射面的如下横向放大率公式

$$V = -\frac{ns'}{n's} \tag{1.32}$$

用类似方法可以得到单球反射面的如下横向放大率公式

$$V = -\frac{s'}{s} \tag{1.33}$$

7. 共轴理想球面光学系统傍轴逐次成像

共轴理想球面光学系统是球心都在光轴上的多个折射和反射球面组成的理想光学成像系统，经过多次成像才能完成整个成像过程。图 1.18 是两次成像过程，小物 y_1 第一次经折射球面 Σ_1 成像为 y'_1，这个像作为第二次成像的物（$y'_1 = y_2$），经折射球面 Σ_2 再次成像为 y'_2。以此类推，经过多个折射和反射球面组成的理想光学系统逐次成像后可以得到最终的像。

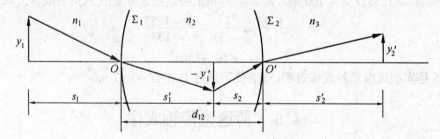

图 1.18　理想光学系统傍轴逐次成像

在图 1.18 所示的两次成像光路中，两个折射球面顶点之间的距离 $\overline{OO'} = d_{12}$，第一次成像的像距为 s'_1，通过图中显示的过渡关系 $s_2 = d_{12} - s'_1$ 就能得到第二次成像的物距 s_2，将这个过渡关系加以推广，可以得到逐次成像过程中经常使用的过渡关系的一般表达式

$$s_{n+1} = d_{n(n+1)} - s'_n \tag{1.34}$$

在逐次成像过程中，每次成像的横向放大率分别为

$$V_1 = \frac{y'_1}{y_1},\ V_2 = \frac{y'_2}{y_2},\ V_3 = \frac{y'_3}{y_3},\ \cdots,\ V_n = \frac{y'_n}{y_n}$$

完成逐次成像过程后，总的放大率为

$$V = \frac{y_n'}{y_1}$$

由于 $y_2 = y_1', y_3 = y_2', \cdots, y_n = y'_{n-1}$，因此总放大率与逐次成像放大率之间的关系为

$$V = V_1 V_2 V_3 \cdots V_n \tag{1.35}$$

例题　如图1.19所示，玻璃球的半径为100 mm，折射率 $n = 1.53$，观察此玻璃球时，看到玻璃球内有一个气泡位于球心 C 和顶点 O 连线的中点 Q' 处，求气泡的实际位置？

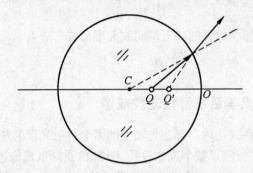

图1.19　单球面成像

解　这是一个已知像距，求物距的问题。设入射光线从左向右传播，计算起点为顶点 O。已知 $n = 1.53, r = -100 \text{ mm}, s' = -50 \text{ mm}$，将这些已知量代入折射成像公式，得

$$\frac{1.53}{s} + \frac{1}{-50} = \frac{1 - 1.53}{-100}$$

得

$$s \approx 60.47 \text{ mm}$$

这是实物成虚像的成像过程，气泡位于顶点 O 左方60.47 mm处。

1.5　薄透镜傍轴成像

1. 薄透镜傍轴成像公式

图1.20是曲率半径分别为 r_1 和 r_2 的两个单球折射面组成的共轴理想球面光学成像系统。透镜介质的折射率为 n_0，两侧介质的折射率分别为 n 和 n'，球面 Σ_1 的顶点为 O_1，球面 Σ_2 的顶点为 O_2，中心厚度为 $d = \overline{O_1 O_2}$。由物点 Q 发出的光束在傍轴条件下先后经过 Σ_1 和 Σ_2 分界面两次折射后会聚成像点 Q'。

两次单球面成像的物像距公式分别为

$$\frac{n_0}{s_1'} + \frac{n}{s_1} = \frac{n_0 - n}{r_1}$$

$$\frac{n'}{s_2'} + \frac{n_0}{s_2} = \frac{n' - n_0}{r_2}$$

第1章 几何光学

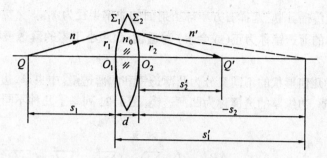

图 1.20 薄透镜傍轴成像

若透镜的中心厚度 $d = \overline{O_1O_2} \to 0$,则称此透镜为薄透镜,此时顶点 O_1 和 O_2 合并为一个中心点 O,称点 O 为薄透镜的光心。由过渡关系可知,$s_2 = d - s_1' \approx -s_1'$,又有 $s \approx s_1$ 和 $s' \approx s_2'$。将这些关系式代入两个单球面成像公式可以得到薄透镜傍轴成像的物像距公式

$$\frac{n'}{s'} + \frac{n}{s} = \frac{n_0 - n}{r_1} + \frac{n' - n_0}{r_2} \tag{1.36}$$

2. 薄透镜傍轴成像的焦距公式

令 $s' = \infty, s = f$ 和 $s = \infty, s' = f'$,并分别将其代入式(1.36)中,可以得到薄透镜物方和像方的焦距公式

$$f = \frac{n}{\frac{n_0 - n}{r_1} + \frac{n' - n_0}{r_2}}, \quad f' = \frac{n'}{\frac{n_0 - n}{r_1} + \frac{n' - n_0}{r_2}} \tag{1.37}$$

两焦距的比值为

$$\frac{f}{f'} = \frac{n}{n'} \tag{1.38}$$

此式显示,物像方焦距数值通常不相等,但正负符号相同。因此,物像方焦点 F 和 F' 分别位于薄透镜的两侧。若 $n = n'$,则

$$f = f' = \frac{1}{\left(\frac{n_0}{n} - 1\right)\left(\frac{1}{r_1} - \frac{1}{r_2}\right)} \tag{1.39}$$

若 $n = n' = 1$,则

$$f = f' = \frac{1}{(n_0 - 1)\left(\frac{1}{r_1} - \frac{1}{r_2}\right)} \tag{1.40}$$

应当注意的是,r_1 和 r_2 都是由成像符号法则确定的代数量,而且两者的选择随入射光的传播方向变化。比如,入射光从左向右传播时,左方单球折射面的曲率半径为 r_1,但若

入射光从右向左传播,则应选择右方单球折射面的曲率半径为 r_1。

焦距大于零的薄透镜称为正(或会聚)薄透镜;焦距小于零的薄透镜称为负(或发散)薄透镜。

薄透镜按其几何形状的不同又分为凸薄透镜和凹薄透镜。中央厚、边缘薄的透镜称为凸薄透镜;中央薄、边缘厚的透镜称为凹薄透镜。图 1.21 列举了几种不同形状的凸凹薄透镜。

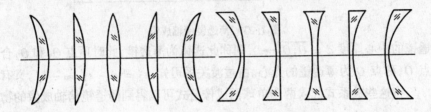

图 1.21　几种不同形状的凸凹薄透镜

透镜两侧介质的折射率 n 和 n' 小于透镜的折射率 n_0 时,凸薄透镜为正(或会聚)薄透镜,凹薄透镜为负(或发散)薄透镜;透镜两侧介质的折射率 n 和 n' 大于透镜的折射率 n_0 时,凸薄透镜成为负(或发散)薄透镜,凹薄透镜成为正(或会聚)薄透镜。

3. 薄透镜傍轴成像的高斯公式

将物像方焦距公式(1.37)代入薄透镜的成像公式(1.36),可以得到薄透镜傍轴成像的高斯公式

$$\frac{f'}{s'} + \frac{f}{s} = 1 \tag{1.41}$$

若 $f' = f$,可以得到高斯公式的简化形式

$$\frac{1}{s'} + \frac{1}{s} = \frac{1}{f} \tag{1.42}$$

4. 薄透镜傍轴成像的符号法则

薄透镜傍轴成像的符号法则与单球折射面成像的符号法则相同。由此可知,对于 $f' = f > 0$ 的会聚薄透镜来说,若入射光由左向右传播,则物方焦点 F 位于薄透镜光心 O 的左方,像方焦点 F' 位于薄透镜光心 O 的右方;反之,对于 $f' = f < 0$ 的发散薄透镜来说,若入射光由左向右传播,则物方焦点 F 位于薄透镜光心 O 的右方,像方焦点 F' 位于薄透镜光心 O 的左方。

5. 薄透镜傍轴成像的牛顿公式

如图 1.22 所示,薄透镜傍轴成像时也可以将物像方的焦点 F 和 F' 作为计算起点。此

时成像的符号法则要做如下调整。

入射光从左向右传播时,计算起点分别是薄透镜的物方焦点 F 和像方焦点 F',物像点分别为 Q 和 Q',物像距分别为 $x = \overline{FQ}$ 和 $x' = \overline{F'Q'}$:

1) 若 Q 在 F 的左侧,则 $x > 0$;若 Q 在 F 的右侧,则 $x < 0$。
2) 若 Q' 在 F' 的左侧,则 $x' < 0$;若 Q' 在 F' 的右侧,则 $x' > 0$。
3) 其它规定与单球折射面成像的符号法则相同。

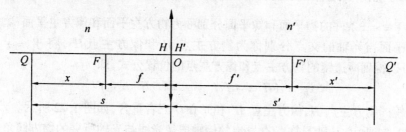

图 1.22 牛顿公式的物像距关系

由图 1.22 可知

$$s = x + f, \quad s' = x' + f' \tag{1.43}$$

将式(1.43)代入式(1.41)后可以得到牛顿公式

$$xx' = ff' \tag{1.44}$$

若 $f' = f$,可以得到牛顿公式的简化形式

$$xx' = f^2 \tag{1.45}$$

6. 薄透镜傍轴成像的横向放大率公式

将薄透镜两个单球折射面的横向放大率公式 $V_1 = -\dfrac{ns_1'}{n_0 s_1}$ 和 $V_2 = -\dfrac{n_0 s_2'}{n' s_2}$ 代入理想光学系统总放大率公式 $V = V_1 V_2$ 中,再利用关系式 $s_2 = -s_1'$、$s = s_1$ 和 $s' = s_2'$,可以得到薄透镜的横向放大率公式,即

$$V = -\frac{ns'}{n's} \tag{1.46}$$

若 $n = n'$,薄透镜的横向放大率公式简化为

$$V = -\frac{s'}{s} \tag{1.47}$$

将公式 $\dfrac{f}{f'} = \dfrac{n}{n'}$ 代入式(1.46),可以得到与高斯公式对应的横向放大率公式,即

$$V = -\frac{fs'}{f's} \tag{1.48}$$

将式(1.41)改写为

$$\frac{f'}{s'} = \frac{s-f}{s} = \frac{x}{s}$$

然后代入式(1.48),可以得到与牛顿公式对应的横向放大率公式,即

$$V = -\frac{f}{x} = -\frac{x'}{f'} \tag{1.49}$$

7. 薄透镜傍轴成像的主点、节点和物像空间不变性

满足 $V = +1$ 条件的物平面和像平面分别称为物方主平面和像方主平面;物方主平面和像方主平面与光轴的交点分别称为物方主点 H 和像方主点 H',将 $V = +1$ 代入式(1.49),可以得到薄透镜的物方主点和像方主点的位置公式,即

$$x_H = \overline{FH} = -f, \quad x'_{H'} = \overline{F'H'} = -f' \tag{1.50}$$

薄透镜的物方主点 H、像方主点 H' 和光心 O 三者重合,如图 1.22 所示。

如图 1.23 所示,从轴上物点 Q 发出的傍轴成像光线与光轴所夹的物方倾角为 u,其共轭光线的像方倾角为 u'。将物像方倾角的符号法则规定为,从光轴逆时针转到光线方向所成锐角为正,顺时针所成锐角为负。这两个倾角之比称为角放大率,记为

$$\gamma = \frac{u'}{u} \tag{1.51}$$

光轴上满足 $\gamma = +1$ 的一对物像共轭点 N 和 N' 称为物方节点和像方节点。满足 $\gamma = +1$ 时,有 $u = u'$。因此,通过 N 和 N' 两个物像共轭点的一对物像共轭光线相互平行。

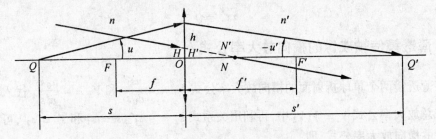

图 1.23 角放大率和节点

由图 1.23 可知 $u \approx \frac{h}{s}$, $-u' \approx \frac{h}{s'}$,因此有

$$\gamma = \frac{u'}{u} = -\frac{s}{s'} \tag{1.52}$$

将式(1.52)代入式(1.48)得

$$V\gamma = \frac{f}{f'} \tag{1.53}$$

将 $\gamma = +1$ 和式(1.49)代入上式,可以得到物方节点和像方节点的位置公式,即

$$x_N = \overline{FN} = -f', \quad x'_{N'} = \overline{F'N'} = -f \tag{1.54}$$

如图 1.23 所示,薄透镜的一对共轭节点互相重合。若 $n \neq n'$,则 $f \neq f'$,两个互相重合的共轭节点不与光心重合,此时通过光心的光线折射后要改变方向,只有通过节点的光线折射后才不改变方向。但若 $n = n'$,则 $f = f'$,薄透镜的两个共轭节点、两个共轭主点和光心重合,此时通过薄透镜光心的光线折射后才不改变方向。本书若无明确说明,均为 $n = n'$。

将式(1.52)和 $V = \dfrac{y'}{y}$ 代入式(1.46),可以得到拉格朗日 – 亥姆霍兹关系式,即

$$nyu = n'y'u' \tag{1.55}$$

此式表明,在傍轴条件下,介质折射率、物高和光线的倾角三个量的乘积在成像过程是不变量。这个关系式很容易推广到多个共轴球面构成的理想光学成像系统中,即

$$nyu = n'y'u' = n''y''u'' = \cdots \tag{1.56}$$

拉格朗日 – 亥姆霍兹关系式给出了共轴理想球面光学成像系统的物方空间和像方空间的相关共轭量之间的关系。

8. 光焦度

薄透镜的光焦度通常定义为

$$P = \frac{n}{f} = \frac{n'}{f'} \tag{1.57}$$

若 $n' = n = 1$,光焦度简化为

$$P = \frac{1}{f} = \frac{1}{f'} \tag{1.58}$$

若薄透镜的焦距以米(m)为单位,则光焦度的单位记为 m^{-1}。光焦度是描述成像系统屈光能力的物理量,绝对值越大,光线偏折越利害。

例如,若凹薄透镜的焦距为 $f = -0.2\ m$,则其光焦度为 $P = -5.0\ m^{-1}$。通常近视镜的度数是凹薄透镜光焦度绝对值的 100 倍,因此,这个近视镜的度数是 500。

将薄透镜的焦距公式(1.37)代入式(1.57),得到薄透镜光焦度的另一表示式,即

$$P = \frac{n_0 - n}{r_1} + \frac{n' - n_0}{r_2} \tag{1.59}$$

若 $n' = n = 1$,则

$$P = (n_0 - 1)\left(\frac{1}{r_1} - \frac{1}{r_2}\right) \tag{1.60}$$

薄透镜光焦度的定义式也适用于单球折反射面的情形。将单球折射面的焦距公式(1.26)代入式(1.57),得到单球折射面的光焦度的另一表示式,即

$$P = \frac{n' - n}{r} \tag{1.61}$$

由于单球反射面傍轴成像时像方介质折射率与物方介质折射率相同,即 $n' = n$,将单球反射面的焦距公式(1.30)代入式(1.57),得到单球反射面光焦度的另一表示式,即

$$P = -\frac{2n}{r} \tag{1.62}$$

9. 薄透镜的焦面性质

如图 1.24 和图 1.25 所示,在傍轴条件下,通过物方焦点 F 且与光轴垂直的平面 $\mathscr{F}$ 称为物方焦面;通过像方焦点 F' 且与光轴垂直的平面 $\mathscr{F}'$ 称为像方焦面。

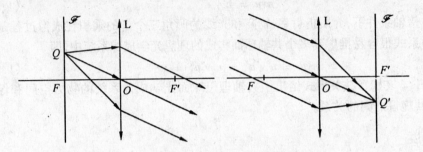

图 1.24 凸薄透镜的物像方焦面性质

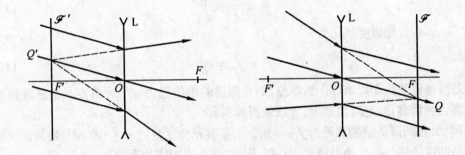

图 1.25 凹薄透镜的物像方焦面性质

从光轴上物方焦点 F 发出的光束折射后出射光束为平行光轴的平行光束;平行光轴的平行入射光束折射后会聚在光轴上的像方焦点 F' 处。将如上焦点的性质加以推广,就可以得到如图 1.24 和图 1.25 所示的凸凹薄透镜物像方的焦面性质。

(1) 从轴外物方焦面 $\mathscr{F}$ 上任意点 Q 发出的同心光束折射后出射光束为平行光束。若物像方介质的折射率相等,则此平行光束与通过光心的光线 QO 平行,通常称通过光心的倾斜直线 QO 为副光轴,相应地把通过薄透镜的两个单球面曲率中心的直线称为主光轴。

(2) 若物像方介质的折射率相等,入射的倾斜平行光束折射后,出射光束会聚在通过光心的光线 OQ' 与像方焦面 $\mathscr{F}'$ 的轴外交点 Q' 处。

10. 薄透镜傍轴成像作图法

既可以使用计算法,又可以使用作图法,求解薄透镜的傍轴成像问题,薄透镜傍轴成像作图法的依据是:在傍轴条件下,入射同心光束经过薄透镜折射后的出射光束仍然是同心光束,从物点发出的两条光线折射后的共轭出射光线的交点就是共轭像点。

作图法能够直观地反映成像过程,薄透镜傍轴成像作图法又分为特殊光线作图法和任意光线作图法。利用作图法成像时,第一次成像使用特殊光线作图法,以后的逐次成像应当使用一般光线作图法。

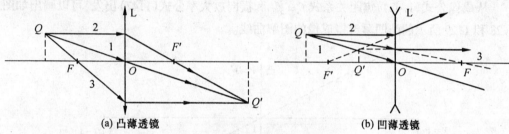

(a) 凸薄透镜　　(b) 凹薄透镜

图 1.26　用特殊光线作图法成像

1) 特殊光线作图法

可以利用三条特殊光线中的任意两条光线作图成像,这三条特殊光线是:

(1) 若物像方的介质折射率相等,则通过光心的入射光线折射后出射光线的传播方向不变。

(2) 通过物方焦点 F 的入射光线折射后出射光线沿平行光轴的方向传播。

(3) 平行光轴的入射光线折射后的出射光线通过像方焦点 F'。

图 1.26 为利用三条特殊光线作图法求轴外物点 Q 通过薄透镜成像的作图,图中的 1、2、3 表示三对特殊共轭光线,点 Q' 为像点。

2) 一般光线作图法

若求任意入射光线折射后的共轭光线,可以先作一条与任意入射光线平行或通过任意入射光线与物方焦面交点的特殊光线作为辅助线;再利用特殊光线作图法作出特殊光线的折射光线;然后通过任意折射光线与特

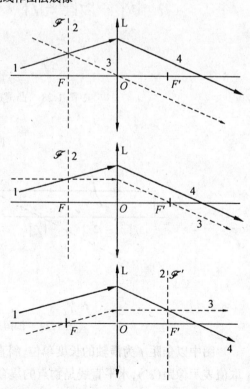

图 1.27　凸薄透镜的一般光线作图法

殊折射光线之间的关系作出任意折射光线,这种作图成像的方法称为一般光线作图法。

图 1.27 给出了利用一般光线作图法求任意光线通过置于空气中的薄透镜后的折射共轭光线的作图,图中的 1、2、3、4 分别表示任意入射光线、焦面、特殊光线和共轭折射光线,同时也表示作图的先后次序。

11. 薄透镜成像规律的直观图解

1) 图解曲线及其含义

从成像公式(1.42),焦距关系式 $f = f'$ 和横向放大率公式(1.47)出发,可以画出如图 1.28 和 1.29 所示的凸凹薄透镜成像的图解曲线。

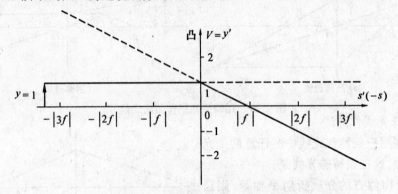

图 1.28 凸薄透镜成像的图解曲线

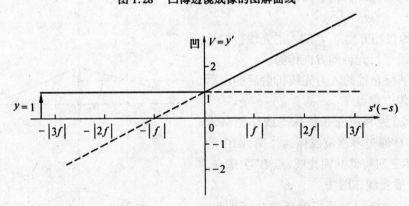

图 1.29 凹薄透镜成像的图解曲线

图中以焦距 f 为横轴的长度单位,斜直线是像点的集合,其上某点处对应的横坐标的取值表示像距(s'),水平直线是物点的集合,其上某点处对应的横坐标的取值再取负表示物距($-s$)。设物高为 $y = 1$,以 $y = 1$ 为纵轴的长度单位,纵坐标表示像高 y'。又由于

$V = \dfrac{y'}{y}$,因此横向放大率等于像高,即

$$V = y' \tag{1.63}$$

将 $y = 1$ 和式(1.42)代入横向放大率公式 $V = \dfrac{y'}{y} = -\dfrac{s'}{s}$,消去 s,得到

$$V = y' = 1 - \dfrac{1}{f}s' \tag{1.64}$$

此式表明,横向放大率和像高与像距成线性关系,斜率为

$$k = -\dfrac{1}{f} \tag{1.65}$$

图 1.28 中的斜线是满足式(1.64)的凸薄透镜的 $V(y') - s'$ 关系曲线,图 1.29 中的斜线是满足式(1.64)的凹薄透镜的 $V(y') - s'$ 关系曲线。两图中的平行直线是 $y = 1$ 的直线。

如果把图解曲线的横坐标轴看作主光轴,纵坐标轴看作凸(凹)薄透镜,坐标原点看作薄透镜光心,则 $y = 1$ 直线既是凸(凹)薄透镜的入射光线及其延长线,又是高度为 $y = 1$ 的物由 $s = -\infty$ 移向 $s = +\infty$ 的顶点轨迹;斜线既是凸(凹)薄透镜相应的折射光线及其延长线,又是凸(凹)薄透镜相应像的顶点轨迹。

图解曲线还显示出,像在纵坐标轴左方时为虚像(以虚线表示),像距为负值($s' < 0$),像在纵坐标轴右方时为实像(以实线表示),像距为正值($s' > 0$);物在纵坐标轴左方时为实物(以实线表示),物距为正值($s > 0$);物在纵坐标轴右方时为虚物(以虚线表示),物距为负值($s < 0$);像位于横坐标轴上方时像高和横向放大率为正值($y' > 0, V > 0$),像位于横坐标轴下方时像高和横向放大率为负值($y' < 0, V < 0$);像在横坐标轴上方为正立像,在下方为倒立像;$|V| > 1$ 为放大像,$|V| < 1$ 为缩小像。

图解曲线清楚地显示出,当 $s = 0$ 时,$s' = 0, V = +1$。这个结论也可以由成像公式得到,由式(1.42)和(1.47)得

$$s' = \dfrac{sf}{s - f}, \quad V = -\dfrac{f}{s - f}$$

显然,$s \to 0$ 时,$s' \to 0, V \to +1$。由此可以看出,物本身可以自身成像,而且所成像与其本身重合。

2) 图解曲线的用途及其图解方法

(1) 直观地展示薄透镜的成像规律。

可以将物距的整个区间划分为四个部分,从凸(凹)薄透镜直观图解曲线上可以确定相应像的变化区间以及像的倒正、放缩和虚实情况,如图 1.30 和图 1.31 以及表 1.1 和表 1.2 所示。

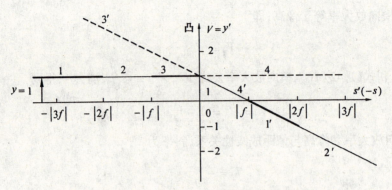

图 1.30　凸薄透镜成像规律的图解曲线

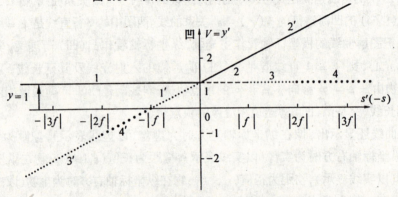

图 1.31　凹薄透镜成像规律的图解曲线

表 1.1　凸薄透镜成像规律列表

凸薄透镜	s	s'	V	成像性质
第一区间	$+\infty \sim 2|f|$	$|f| \sim 2|f|$	$0 \sim -1$	倒立、缩小、实像
第二区间	$2|f| \sim |f|$	$2|f| \sim +\infty$	$-1 \sim -\infty$	倒立、放大、实像
第三区间	$|f| \sim 0$	$-\infty \sim 0$	$+\infty \sim +1$	正立、放大、虚像
第四区间	$0 \sim -\infty$	$0 \sim |f|$	$+1 \sim 0$	正立、缩小、实像

表 1.2　凹薄透镜成像规律列表

凹薄透镜	s	s'	V	成像性质
第一区间	$+\infty \sim 0$	$-|f| \sim 0$	$0 \sim +1$	正立、缩小、虚像
第二区间	$0 \sim -|f|$	$0 \sim +\infty$	$+1 \sim +\infty$	正立、放大、实像
第三区间	$-|f| \sim -2|f|$	$-\infty \sim -2|f|$	$-\infty \sim -1$	倒立、放大、虚像
第四区间	$-2|f| \sim -\infty$	$-2|f| \sim -|f|$	$-1 \sim 0$	倒立、缩小、虚像

(2) 使用图解曲线求成像的未知量。

如图 1.32 所示，已知凸薄透镜物距 $s = s_{ac}$，物高 $y = \overline{AC}$，其中点 B 是物与 $y = 1$ 直线的交点，使用图解曲线可以求出像距 s' 和像高 y'。

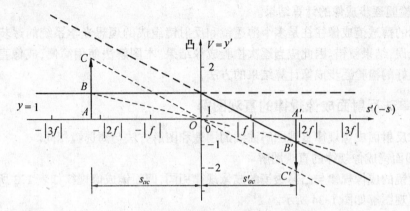

图 1.32　用图解曲线求凸薄透镜的像距和像高

在图 1.32 中，首先过点 B 和坐标中心点 O 连接直线，交斜线于点 B'。过点 B' 作坐标轴的垂线交坐标轴于点 A'，像距即为 $s'_{ac} = \overline{OA'}$。再过物的顶点 C 和坐标中心点 O 连接直线，交像面于点 C'，像高即为 $y' = \overline{A'C'}$。

如图 1.33 所示，若已知薄透镜的横向放大率 $V = \pm 2$，可以求出成像薄透镜的种类和物像距。

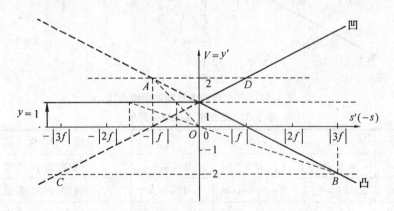

图 1.33　用图解曲线求薄透镜的种类和物像距

在图 1.33 中，分别作 $V = 2$ 和 $V = -2$ 并平行于横轴的两条直线，与图解曲线相交于 A、B、C、D 四个点，可知有四种满足薄透镜横向放大率 $V = \pm 2$ 的情况。通过点 A 连直线 AO，可以求得凸薄透镜成放大两倍正立虚像的像距 $s' = -|f|$ 和物距 $s = 0.5|f|$，通过点 B 连直线 BO，可以求得凸薄透镜成放大两倍倒立实像的像距 $s' = 3|f|$ 和物距 $s = 1.5|f|$。同理，

通过点 C 可以求得凹薄透镜成放大两倍倒立虚像的像距 $s' = -3|f|$ 和物距 $s = -1.5|f|$,通过点 D 可以求得凹薄透镜成放大两倍正立实像的像距 $s' = |f|$ 和物距 $s = -0.5|f|$。

(3) 检验逐步成像的计算结果。

实际的薄透镜成像往往是多个薄透镜和反射镜组成的理想光学系统的逐步成像。一次计算错误,结果就错。因此应当逐次检验成像结果。本图解法使用简便,成像直观,因此是一种很好的检验逐步成像计算结果的方法。

12. 单球反射面成像规律的直观图解

单球反射面成像规律直观图解曲线的用途和图解方法与薄透镜相同。

1) 凹面镜成像规律的直观图解

凹面镜的成像规律与凸薄透镜的成像规律相同,凹面镜成像规律如表 1.3 所示,成像规律的直观图解如图 1.34 所示。

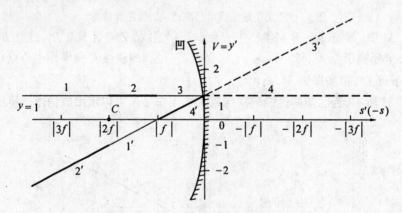

图 1.34　凹面镜成像规律的图解曲线

表 1.3　凹面镜成像规律列表

凹面镜	s	s'	V	成像性质
第一区间	$+\infty \sim 2|f|$	$|f| \sim 2|f|$	$0 \sim -1$	倒立、缩小、实像
第二区间	$2|f| \sim |f|$	$2|f| \sim +\infty$	$-1 \sim -\infty$	倒立、放大、实像
第三区间	$|f| \sim 0$	$-\infty \sim 0$	$+\infty \sim +1$	正立、放大、虚像
第四区间	$0 \sim -\infty$	$0 \sim |f|$	$+1 \sim 0$	正立、缩小、实像

2) 凸面镜成像规律的直观图解

凸面镜的成像规律与凹薄透镜的成像规律相同,成像规律如表 1.4 所示,其直观图解如图 1.35 所示。

表 1.4　凸面镜成像规律列表

凸面镜	s	s'	V	成 像 性 质
第一区间	$+\infty \sim 0$	$-|f| \sim 0$	$0 \sim +1$	正立、缩小、虚像
第二区间	$0 \sim -|f|$	$0 \sim +\infty$	$+1 \sim +\infty$	正立、放大、实像
第三区间	$-|f| \sim -2|f|$	$-\infty \sim -2|f|$	$-\infty \sim -1$	倒立、放大、虚像
第四区间	$-2|f| \sim -\infty$	$-2|f| \sim -|f|$	$-1 \sim 0$	倒立、缩小、虚像

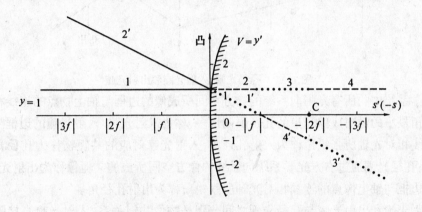

图 1.35　凸面镜成像规律的图解曲线

1.6　光　阑

1. 光阑的定义

光学系统中透镜和反射镜等光学元件的边框和特别设置的带圆孔的屏统称为光阑。一个实际光学系统可能有很多光阑，但不同的光阑对成像光束有不同的限制作用。其中对轴上点光源成像光束的入射孔径（立体角或者发光截面）限制最多的光阑称为孔径光阑或有效光阑；对成像的物面范围（视场）限制最多的光阑称为视场光阑。每一个完整的光学系统都必须有这两种光阑。

2. 孔径光阑、入射光瞳和出射光瞳

在图 1.36 所示的光学系统中有 D_1 和 D_2 两个带圆孔的屏和薄透镜 L 的边框三个光阑。位于薄透镜 L 右方的光阑 D_2 与轴上物点 Q 属于物方和像方两个不同的空间，因此不能由轴上物点 Q 向光阑 D_2 的边框直接连线确定其对入射光束孔径的限制作用，必须先将光阑

D_2 作为物通过薄透镜 L 向系统的物方空间成像为 D'_2。此时像 D'_2 与物点 Q 都处于同一个空间，就可以由轴上物点 Q 向 D'_2 直接连线确定光阑 D_2 对入射光束孔径的限制作用。光阑 D_1 和薄透镜 L 左方没有成像透镜，则可以分别自身成像为与物本身重合的像 D'_1 和 L'。

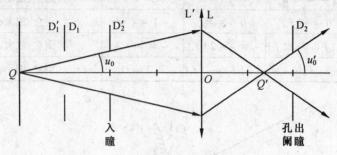

图 1.36　孔径光阑、入射光瞳和出射光瞳

光学系统中的所有光阑向系统的物方空间所成像的边框与轴上物点的连线相对光轴所张锐角最小的像对成像光束的孔径限制最多，称为入射光瞳。入射光瞳的边框与轴上物点的连线相对光轴所张锐角称为入射孔径角；入射光瞳对应的共轭物称为孔径光阑或有效光阑；孔径光阑通过右方光学系统向系统的像方空间所成的共轭像称为出射光瞳，出射光瞳的边框与轴上像点的连线相对光轴所张锐角称为出射孔径角。

入射光瞳和出射光瞳与孔径光阑之间分别是物像共轭关系。入射光瞳直接限制入射光束的孔径，是物面上各个物点光束的公共入口；出射光瞳直接限制出射光束的孔径，是像面上各个像点光束的公共出口。孔径光阑通过入射光瞳和出射光瞳对光束的直接限制实现对成像的入射和出射光束孔径的限制。

在图 1.36 中，轴上物点 Q 与三个光阑的像 D'_1、D'_2 和 L' 的边缘连线后进行比较，其中像 D'_2 的边缘与物点 Q 连线相对光轴所张锐角最小，因此 D'_2 是入射光瞳，入射光瞳的边框与物点 Q 连线相对光轴所张锐角 u_0 为入射孔径角。入射光瞳 D'_2 的共轭物 D_2 为孔径光阑。由于孔径光阑右方没有成像透镜，因此可以说孔径光阑 D_2 兼作出射光瞳，出射光瞳的边框与共轭像点 Q' 连线相对光轴所张的锐角 u'_0 为出射孔径角。

在实际的光学仪器中，入射光瞳和出射光瞳往往是虚像，如图 1.37 所示。图 1.37 中相对轴上物点 Q 而言，光阑 D 是该光学系统的孔径光阑。孔径光阑相对薄透镜 L_1 所成的虚像 D' 是入射光瞳，此时从物点 Q 发出的通过入射光瞳 D' 边缘的入射光线与光轴所夹的锐角 u_0 为入射孔径角。孔径光阑相对薄透镜 L_2 所成的虚像 D'' 是出射光瞳，经薄透镜 L_2 折射后通过出射光瞳 D'' 边缘的折射光线与光轴所夹的锐角 u'_0 为出射孔径角，折射光线与光轴的交点是像点 Q'。

应当注意的是，光学系统中孔径光阑的位置与轴上物点的位置有关。因此，在确定光学系统的孔径光阑时，一定要先弄清需要确定的是光轴上哪个物点对应的孔径光阑。

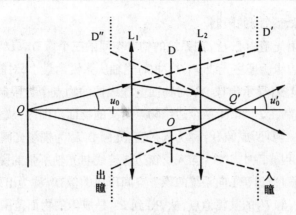

图 1.37　作为虚像的入射光瞳和出射光瞳

3. 视场光阑、入射窗和出射窗

物面上任意物点发出的通过入射光瞳中心的光线称为主光线。入射光瞳中心和出射光瞳中心与孔径光阑中心是互为物像共轭点,因此通过入射光瞳中心的主光线必然通过孔径光阑中心和出射光瞳中心。主光线是成像光束的中心线,每个物点仅对应一条主光线。图 1.38 是与图 1.36 相同的光学系统,从物面 P_1QP_2 上点 P_1 发出的 $P_1O'_1$ 光线是通过入射光瞳中心 O'_1 的主光线,其折射后的共轭主光线 $O_1P'_1$ 通过出射光瞳中心和孔径光阑中心 O_1。

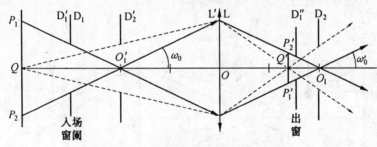

图 1.38　视场光阑、入射窗和出射窗

光学系统中的所有光阑向系统的物方空间所成像的边框与入射光瞳中心的连线相对光轴所张锐角最小时,对成像的物面范围限制最多,称为入射窗。入射窗的边框与入射光瞳中心的连线相对光轴所张锐角称为入射视场角。入射窗对应的共轭物称为视场光阑,视场光阑通过其右方光学系统向系统的像方空间所成的共轭像称为出射窗,出射窗的边框与出射光瞳中心的连线相对光轴所张锐角称为出射视场角。

入射窗和出射窗与视场光阑之间分别是物像共轭关系。入射窗直接限制成像的物面范围,出射窗直接限制成像的像面范围,视场光阑通过入射窗和出射窗的直接限制实现对成像的物面范围和像面范围的限制。

图 1.38 中由入射光瞳中心 O'_1 向系统的物方空间的三个像 D'_1、L' 和 D'_2 的边缘连主光线,其中通过 D'_1 边缘所连主光线 $P_1O'_1$ 相对光轴所张锐角最小,对能够进入光学系统的主光线数目限制最多,显示出像 D'_1 对物面上能成像的物点个数限制最多。因此,成像的物面范围被 D'_1 限制在 P_1 和 P_2 两个边缘物点所夹的物面范围内,从 P_1 到 P_2 的物面范围称为视场,光阑 D_1 自身所成像 D'_1 称为入射窗,光阑 D_1 称为视场光阑,也可以称视场光阑 D_1 兼作入射窗。入射光瞳中心 O'_1 与入射窗边缘连线与光轴所张的锐角 ω_0 称为入射视场角。视场光阑 D_1 通过薄透镜 L 向系统的像方空间所成的像 D''_1 称为出射窗。点 Q'、P'_1 和 P'_2 分别是物点 Q、P_1 和 P_2 的共轭像点,从 P'_1 到 P'_2 是成像的物面范围对应的像面范围。出射光瞳中心 O_1 与出射窗 D''_1 边缘连线与光轴所张锐角 ω'_0 称为出射视场角。从图 1.38 可以看出,入射光瞳中心 O'_1 与入射瞳边缘连线与光轴所张的锐角最大,是直角。因此,入射光瞳不可能同时又是入射窗,也就是说,孔径光阑和视场光阑不可能由光学系统中的同一个光学器件兼任。

4. 渐晕现象

图 1.39 是与图 1.36 相同的理想光学系统,通过入射光瞳中心向入射窗边框连线交物面于 P_1 和 P_2 两点,通过入射光瞳边缘向入射窗的两个边框连线分别交物面于 A_1、A_2、B_1 和 B_2 四点,这些点将物面分成了四个部分。

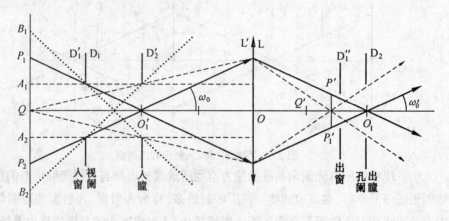

图 1.39 渐晕现象

在 A_1A_2 区域内,物点发出的进入入射光瞳的光束能量均能够参与成像;在 P_1A_1 和 P_2A_2 区域内,物点发出的进入入射光瞳的少部分光束能量被入射窗的边框挡住,大部分光束能量能够参与成像;在 B_1P_1 和 B_2P_2 区域内,物点发出的进入入射光瞳的大部分光束能量被入射窗的边框挡住,少部分光束能量能够参与成像;在 B_1 和 B_2 区域以外,所有物点发出的进入入射光瞳的光束能量均被入射窗的边框挡住,不能参与成像。因此从 P_1P_2 区域往外的物点所成像的亮度较暗,并越来越暗,称这种现象为渐晕现象,称 P_1P_2 之间的区域为成像的物面范围,即视场。

入射窗越靠近物面,渐晕区域越小,入射窗与物面重合时,渐晕区域消失。图 1.40 是两个无渐晕现象的光学系统,在投影仪中视场光阑 D 兼作入射窗,并与投影仪的物面重合,D′ 是 D 通过透镜所成的像,又是与像面重合的出射窗。在照相机中视场光阑 D 兼作出射窗,并与像面重合,D′ 是 D 通过透镜所成的像,又是与物面重合的入射窗。

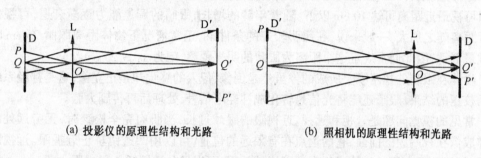

(a) 投影仪的原理性结构和光路 (b) 照相机的原理性结构和光路

图 1.40 无渐晕现象的光学系统

1.7 光学仪器

1. 眼睛

眼睛是复杂的天然光学仪器,类似于照相机,对于放大镜、显微镜和望远镜等目视光学仪器来说,眼睛是其光路系统的最后一个组成部分,这些仪器的设计都要适合眼睛的观察需要。

图 1.41 是眼睛的水平剖面图。后面布满视觉神经的视网膜相当于照相机的感光底片,虹膜相当于照相机的可变光阑,直径在 2～8 mm 之间。中间的圆孔称为瞳孔,可以通过瞳孔的张缩调节进入眼睛的光强。眼球中与照相机镜头对应的组织结构比较复杂,主要是晶状体,相当于折射率不均匀的透镜。包在眼球外面的透明组织称为角膜。角膜与晶状体之间的组织称为前房,充满水状液体。晶

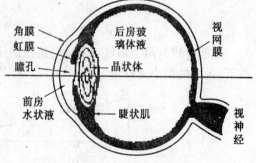

图 1.41 人眼的剖视图

状体与视网膜之间的组织称为后房,充满玻璃状液体。眼睛相当于一个物像方介质折射率不相等的成像系统,物方焦距约为 17.1 mm,像方焦距约为 22.8 mm。

照相机通过改变成像镜头和底片之间的距离调节成像物面的位置。眼睛的像距基本不变,依靠睫状肌的伸缩改变晶状体的曲率实现对焦距的调节,使不同距离的物体都能依次清晰地成像在视网膜上。

眼睛肌肉完全松弛时能看清楚的最远点称为调焦范围的远点,睫状肌收缩最大时能看清楚的最近点称为调焦范围的近点。对正常视力的眼睛来说,肌肉完全松弛时,可使无穷远处的物体成像在视网膜上。观察较近的物体时,肌肉压缩晶状体,可以增大它的曲率,使焦距缩短。眼睛的调焦能力是有限的,物像方焦距的可调范围大致为 3~4 cm。儿童的极限可视最近距离可达 10 cm 以下,随着年龄的增长,眼睛的调焦能力逐渐衰退,可视的最近距离随之加大。一般来说,在照明较好的条件下,正常情况下物体距离眼睛 25 cm 时感觉最舒适,因此通常规定这个距离为眼睛的明视距离,记为 $s_0 = 25$ cm。

物体在眼睛的视网膜上所成的像虽然是倒像,但人的感觉却是正立像,这是神经系统自动校正的结果。眼睛还能将光信息转化成神经电信号,处理后再传到大脑。

常见的视觉问题是近视和远视。近视眼的眼球过长,当肌肉完全松弛时,无穷远处的物体成像在视网膜的前面,它的远点在有限远的位置,可以用凹透镜矫正近视眼。远视眼的眼球过短,无穷远的物体成像在视网膜的后面,可以用凸透镜矫正远视眼。

如图 1.42 所示,物体相对眼睛中心的张角称为视角,记为

$$\omega = \frac{y}{s} \tag{1.66}$$

其中 y 为物高,s 为物距。物体处于明视距离,即 $s_0 = 25$ cm 时相对人眼所张的视角称为最大视角,记为

$$\omega_0 = \frac{y}{s_0} \tag{1.67}$$

刚能分辨的两个物点相对眼睛所张的视角称为人眼的最小分辨角。在白昼的照明条件下,人眼的最小分辨角为 $1' = 2.9 \times 10^{-4}$ rad。

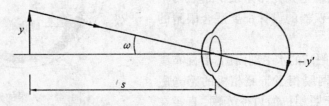

图 1.42 视角

物体越大或物体距离眼睛越近,物体在视网膜上的成像不一定越大。物体相对眼睛所张的视角越大,在视网膜上的成像才越大,物体才能被看得越清晰。要设法使视网膜上的

像尽可能大,就必须让物体相对眼睛所张的视角尽量大。如果眼睛直接观察物体时的视角过小,就需要使用助视仪器放大视角。

2. 放大镜

最简单的放大镜是能放大视角的会聚透镜,其作用是通过放大视角来放大物体在视网膜上所成的像。如果眼睛直接观察物体时的视角过小,可以将物体由远移近来增大视角。当物体与眼睛的距离小于明视距离后继续移近物体,视角虽然增大了,但由于眼睛无法继续调焦,还是看不见物体。这时可以将放大镜放在眼睛前面,让物体通过会聚透镜成虚像在明视距离处,眼睛透过放大镜观察位于明视距离处的视角变大了的虚像,就能看清楚物体了。

置于明视距离的物体相对眼睛所张的视角 ω_0 与物体通过放大镜所成的处于明视距离的像相对眼睛所张视角 ω'_0 之比,称为放大镜的视角放大率,记为

$$M = \frac{\omega'_0}{\omega_0} \tag{1.68}$$

当靠近眼睛的会聚透镜将物体成虚像于明视距离处时,由薄透镜的成像公式可知,与像距 $s' = -s_0$ 对应的物距为

$$s = \frac{s_0}{s_0 + f} f < f \tag{1.69}$$

由于放大镜的焦距很短,即 $f \ll s_0$,所以有

$$s \approx f \tag{1.70}$$

可以看出,要让会聚透镜将物体成虚像在明视距离处,需要将物体置于如图 1.43(b) 所示的焦点内侧靠近焦点的位置。

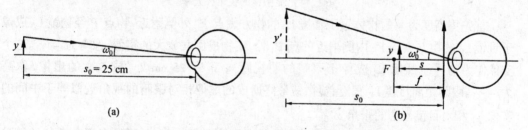

图 1.43 放大镜的视角放大率

物体所成虚像相对眼睛中心所张视角为

$$\omega'_0 \approx \frac{y}{f} \tag{1.71}$$

置于明视距离的物体直接相对眼睛所张视角为如图 1.43(a) 所示的 $\omega_0 = \frac{y}{s_0}$,将上面的两个公式代入放大镜视角放大率的定义式,就可以得到放大镜的视角放大率,即

$$M = \frac{s_0}{f} \tag{1.72}$$

一般来说,单个会聚透镜的视角放大率只有几倍,继续增加其视角放大率不但大大增加了透镜的加工难度,也会显著增加像差,提高放大镜视角放大率的有效方法是采用复合透镜,其视角放大率一般可达几十倍。

3. 显微镜

显微镜由会聚物镜和会聚目镜组成,用于观察物距很小的物体。目镜用来观察物体通过仪器中的物镜所成的实像。物镜的焦距很短,目镜的视角放大率较大,物镜和目镜通常都是复合透镜,其原理性结构和光路如图 1.44 所示。

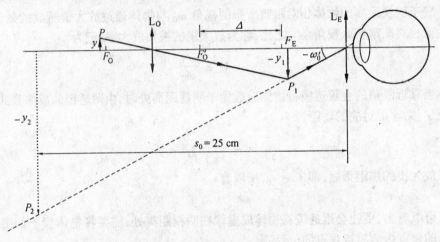

图 1.44 显微镜的视角放大率

首先将高度为 y 的物体置于物镜 L_O 的物方焦点 F_O 外侧附近,物点 P 经物镜 L_O 成像于目镜 L_E 的物方焦点 F_E 内侧附近的点 P_1 处,实物成倒立放大的实像,像高为 $-y_1$。这个实像作为物再经目镜 L_E 成像于眼睛的明视距离 $s_0 = 25$ cm 处,成放大的虚像,像高为 $-y_2$。眼睛距离目镜 L_E 很近,显微镜最终所成的虚像相对眼睛的视角近似等于中间的实像 y_1 相对目镜光心的张角 ω'_0。

为了使视角放大率的正负与显微镜最后成像的倒正一致,需要给出视角正负的符号法则。规定顺时针由光轴转到光线方向时所张锐角为正,逆时针时所张锐角为负。

图 1.44 中物镜的像方焦点 F'_O 到目镜的物方焦点 F_E 之间的距离 Δ 称为光学筒长。显微镜的物镜焦距和目镜焦距都小于明视距离和光学筒长,即 $f_O, f_E \ll s_0, \Delta$。

置于明视距离的物体 y 直接相对眼睛所张视角为如图 1.43(a) 所示的 $\omega_0 = \dfrac{y}{s_0}$。置于显微镜前的物体 y 经显微镜最终所成的虚像 y_2 相对眼睛所张视角为如图 1.44 所示

的 $-\omega'_0 \approx \frac{-y_1}{f_E}$，此时图 1.44 中的视角 ω'_0 是负值。显微镜视角放大率的定义式与放大镜视角放大率的定义式相同，可得

$$M = \frac{\omega'_0}{\omega_0} = \frac{y_1 s_0}{y f_E} = V_0 M_E \tag{1.73}$$

式中 V_0 为物镜的横向放大率；M_E 为目镜的视角放大率，即显微镜的视角放大率等于物镜的横向放大率与目镜的视角放大率的乘积。由于采用了两级放大，显微镜的视角放大率比放大镜的放大率提高很多。

由公式 $V_0 = \frac{y_1}{y} = -\frac{x'}{f_0}$、$x' \approx \Delta$ 和 $M_E = \frac{s_0}{f_E}$，可以得到显微镜的视角放大率，即

$$M = -\frac{\Delta s_0}{f_0 f_E} \tag{1.74}$$

式中的负号表示像是倒立的。此式显示，物镜和目镜的焦距越短，光学筒长越长，显微镜的视角放大率越高。

4. 望远镜

望远镜由物镜和目镜组成，物镜的焦距大于目镜的焦距。常见的折射式望远镜有开普勒和伽利略两种型号。

开普勒望远镜的物镜和目镜焦距均大于零，成倒立像，其原理性结构和光路如图 1.45 所示。

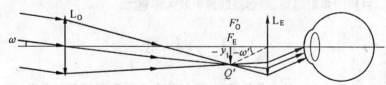

图 1.45　开普勒望远镜的视角放大率

伽利略望远镜的物镜焦距大于零，目镜焦距小于零，成正立像。其原理性结构和光路如图 1.46 所示。

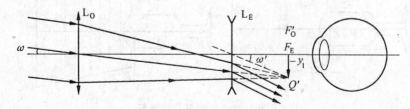

图 1.46　伽利略望远镜的视角放大率

除了折射式望远镜外，还有物镜是反射镜的反射式望远镜，以及物镜由透镜和反射镜

组合而成的折反式望远镜等类型。

望远镜通常用于观察遥远的物体,此时可以将物距近似看成无穷远,要求物镜的像方焦点 F'_O 和目镜的物方焦点 F_E 重合,构成一个平行光入射和平行光出射的望远系统。由无穷远物点发出的一束与光轴张角为 ω 的平行光,经物镜 L_O 折射后会聚在物镜像方焦平面上的点 Q' 处,形成高度为 $-y_1$ 的倒立实像。像点 Q' 作为处于目镜物方焦平面上的物点再经目镜折射后形成与光轴张角为 ω' 的出射平行光束,成像于无穷远处。

望远镜的视角放大率定义为

$$M = \frac{\omega'}{\omega} \tag{1.75}$$

无限远处物点发出的平行光相对眼睛的视角就是平行光相对物镜光轴的倾角 ω,而望远镜的最终像相对眼睛的视角就是其相对光轴的倾角 ω'。

由图 1.45 和图 1.46 可知,$\omega = \frac{-y_1}{f_O}$,开普勒和伽利略望远镜的出射平行光的视角分别为 $-\omega' = \frac{-y_1}{f_E}$ 和 $\omega' = \frac{-y_1}{-f_E}$,其中的视角正负号的规定与上一节相同。

由视角放大率的定义式可以得到望远镜的视角放大率,即

$$M = -\frac{f_O}{f_E} \tag{1.76}$$

负号表示开普勒望远镜镜的像是倒立的,伽利略望远镜的像是正立的。由此式可知,物镜的焦距越长、目镜的焦距越短,望远镜的视角放大率越大。

习 题 1

1.1 图 1.47 所示是一种有趣的酒杯,空杯时看不见底部有任何画面,倒入酒后就会看到杯底有一条小金鱼,试讨论这种酒杯的结构和成像情况。

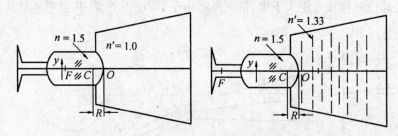

图 1.47 空酒杯和满酒杯

1.2 将水注入杯中,杯底看起来向上升高了 1 cm,水的折射率为 4/3,求杯中的水深。

1.3 空气中钠黄光的波长为 589.3 nm,求其频率和在折射率为 1.5 的玻璃中的波长。

1.4 若光在折射率为1.60的玻璃中的波长为600 nm,求其频率。

1.5 如图1.48所示,一条光线通过折射率为 n、厚度为 h 的平行平面玻璃板时,出射光线方向不变,但产生侧向平移。设入射角 i_1 很小,求平移量为 $\Delta x = \dfrac{n-1}{n} h i_1$。

1.6 已知棱镜顶角为50°,测得最小偏向角为30°,求棱镜的折射率。

1.7 顶角为50°的三棱镜的最小偏向角是30°,求将三棱镜置于折射率为1.33的水中时的最小偏向角。

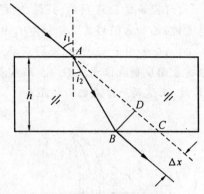

图1.48 平行平面玻璃板的折射

1.8 如图1.49所示,设光导纤维玻璃芯和外套的折射率分别为 n_1 和 n_2($n_1 > n_2$),垂直端面外侧的介质折射率为 n_0,试证明能使光线在纤维内发生全反射的入射光束的最大孔径角 θ_0 满足公式 $n_0\sin\theta_0 = \sqrt{n_1^2 - n_2^2}$($n_0\sin\theta_0$ 为光纤的数值孔径)。

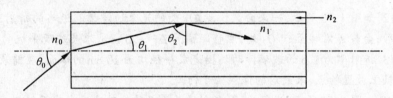

图1.49 光导纤维的入射光线的最大孔径角

1.9 极限法测液体折射率的装置如图1.50所示,ABC 是直角棱镜,已知其折射率为 n_g。将待测液体涂在 AB 表面上,然后覆盖一块毛玻璃。用扩展光源以掠入射方式照明。用望远镜观察从棱镜 AC 面的出射光线,边旋转望远镜的轴线方向边观察,当望远镜的视场中出现恰好一半明一半暗的明暗分区时,测得望远镜的轴线方向与 AC 面法线的夹角为 i',证明待测液体的折射率为 $n = \sqrt{n_g^2 - \sin^2 i'}$。用这种方法测液体折射率的测量范围有什么限制。

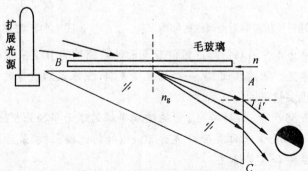

图1.50 极限法测液体折射率的装置

1.10 如图 1.51 所示,将两个相邻表面曲率相同的薄透镜密接在一起,形成密接复合薄透镜,已知它们的焦距分别为 f_1 和 f_2,求密接复合薄透镜的焦距和光焦度。

1.11 如图 1.52 所示,平行玻璃板的折射率为 n,厚度为 h,点光源 Q 发出的傍轴光束经前表面反射成像于点 Q_1 处。经前表面折射后,在后表面反射,再从前表面折射成像于点 Q_2 处。求这两个像点之间的距离。

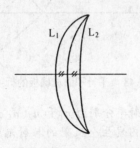

图 1.51 密接薄透镜

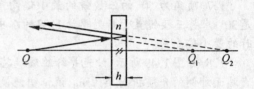

图 1.52 平行玻璃板的成像

1.12 如图 1.53 所示,一束会聚于点 Q_1 处的光束通过插入光路的折射率为 1.5 的平板玻璃后,会聚点右移至点 Q_2 处,右移距离为 $\Delta s = 5$ mm,求此玻璃平板的厚度。

1.13 折射率为 1.5 的玻璃棒两端抛光成半径均为 10 cm 的球面,在前表面左方 20 cm 处的光轴上放置物点,求最后的像点位于何处。

1.14 如图 1.54 所示,半径为 R,折射率为 1.5 的玻璃球后半球面镀铝反射膜,平行光轴的细光束入射到此玻璃球上,求光束最后的会聚点的位置。

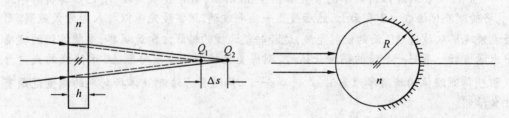

图 1.53 光束通过平板玻璃后会聚点的移动　　图 1.54 玻璃球面成像

1.15 折射率为 1.5 的双凸厚透镜前后表面的半径均为 10 cm,中心厚度为 5 cm,高度为 6 mm 的小物体置于距前表面 50 cm 处的左侧光轴上,求最后成像的位置和高度,以及像的倒正、放缩和虚实情况。

1.16 如图 1.55 所示,折射率为 1.5 的玻璃半球的球面半径为 5 cm,平面镀铝反射膜,高度为 1 mm 的小物置于球面顶点 O 左方 10 cm 处的光轴上,求最后成像的位置和高度,以及像的倒正、放缩和虚实情况。

1.17 凹面镜的半径为 50 cm,物体放在何处成放大两倍的实像?放在何处成放大两倍的虚像。

1.18 高度为 5 mm 的小物置于半径为 50 cm 的凸面镜左方 20 cm 的光轴上,求凸面镜的焦距、成像的位置和高度,以及像的倒正、放缩和虚实情况。

1.19 将凹面镜浸没在折射率为 1.33 的水中,小物置于镜前 30 cm 处的光轴上时,成像在镜前 10 cm 处,求凹面镜的半径和光焦度。

1.20 如图 1.56 所示,半径为 R,高度为 $h = 3R/4$ 的两个相同的凹面镜相对叠合,在上面的凹面镜中心处开一个圆孔形通光窗口。一个小物置于下面的凹面镜表面构成魔镜。求先后经过上下凹面镜两次反射后成像的位置和大小,以及像的倒正、放缩和虚实情况。

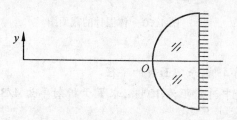

图 1.55 玻璃半球的成像

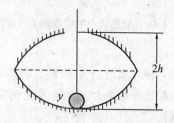

图 1.56 魔镜成像

1.21 高度为 6 mm 的实物经过反射镜成像后,在距离此物 100 cm 处得到高度为 2 mm 的实像,求此反射镜的凸凹和焦距。

1.22 如图 1.57 所示,在半径为 30 cm 的凹面镜顶点 O 的左侧 10 cm 处放置凸薄透镜,物点 Q 置于凹面镜曲率中心 C 的右侧 10 cm 处的光轴上,经凸薄透镜和凹面镜成像的最后像点 Q' 与物点 Q 重合,求此薄透镜的焦距。

1.23 如图 1.58 所示,半径均为 R 的凸凹两个面镜顶点之间的距离 $\overline{O_1O_2} = 2R$,在两镜之间的光轴上放置点光源 Q,若点光源发出的光束先经凸面镜反射成像,再经凹面镜反射成像在原点光源 Q 处,求点光源 Q 应当放置在光轴上的什么位置。

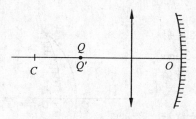

图 1.57 薄透镜和凹面镜成像

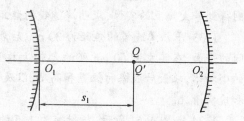

图 1.58 凸凹面镜成像

1.24 图 1.59 是显微镜中牛顿物镜的结构图,在半径为 8 cm 的凹面镜中心开一个小孔,在距凹面镜中心点 O_1 右侧 2 cm 处的光轴上放置小平面镜,在距凹面镜中心点 O_1 左侧 1 cm 处的光轴上放置高度为 1 mm 的小物,求小物经过这个装置成像的位置和高度,以及像的倒正、放缩和虚实情况。

1.25 体温计的横截面如图1.60所示,玻璃的折射率为1.5,水银柱Q位于球面顶点O的左侧2.5 mm处的光轴上,求将水银柱放大6倍的球面半径。

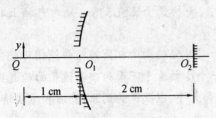

图1.59 显微镜中牛顿物镜的结构图

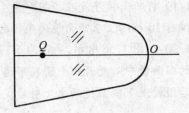

图1.60 体温计的截面图

1.26 物与像的距离为1 m,物高是像高的4倍,求凹面镜的半径。

1.27 将折射率为1.5的薄透镜置于空气中时焦距为10 cm,求置于折射率为4/3的水中时的焦距。

1.28 置于空气中的折射率为1.5的双凸薄透镜的焦距为12 cm,前后表面的半径相等,(1)求其半径;(2)若让一个面处于空气中,半径不变,另一个面浸泡在折射率为1.33的水中。光线从空气入射时保持物方焦距仍为12 cm,求浸泡在水中的球面半径。

1.29 折射率为1.5的双凸薄透镜前后表面的半径依次为1 m和0.5 m,后表面镀铝反射膜。物点置于前表面左方2 m处的光轴上,求最后的像点位于何处。

1.30 置于空气中的平凸薄透镜的光焦度为2 m^{-1},折射率为1.5,求薄透镜的焦距和凸面的半径。

1.31 薄透镜L_1对物体成横向放大率为-1的实像,将另一个薄透镜L_2紧贴在薄透镜L_1后面时,看见物体向薄透镜移近了20 cm,放大率变为原来的3/4,求两个薄透镜的焦距。

1.32 凸薄透镜将实物成倒立实像,像高为物高的一半,将物体向薄透镜移近10 cm,则得到等大倒立的实像,求凸薄透镜的焦距。

1.33 平凸薄透镜的焦距为30 cm,后表面为镀铝反射膜的平面,在其左侧60 cm处的光轴上放置高度为3 mm的小物体,求最后成像的位置和高度,以及像的倒正、放缩和虚实情况。

1.34 如图1.61所示,折射率为1.5的薄透镜的前后球面的半径为1.5 cm和5 cm,后表面镀铝反射膜,求该薄透镜相当于什么类型、半径多大的球面反射镜。

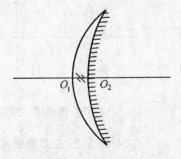

图1.61 薄透镜成像

1.35 在焦距为50 cm的薄透镜左方100 cm处放置高度为1 cm的小物体,在右方200 cm处再放置平面反射镜,求物体最后成像的位置和高度,以及像的倒正、放缩和虚实情况。

1.36 如图 1.62 所示,光学系统由焦距为 5.0 cm 的会聚薄透镜 L_1 和焦距为 10.0 cm 的发散薄透镜 L_2 组成,L_2 在 L_1 右方 5.0 cm 处,在 L_1 左方 10 cm 处的光轴上放置高度为 5 mm 小物体,用计算法和作图法分别求此光学系统最后成像的位置和高度,以及像的倒正、放缩和虚实情况。

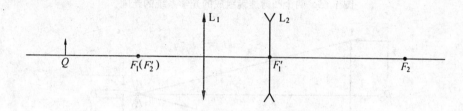

图 1.62 薄透镜组的成像

1.37 如图 1.63 所示,在焦距为 10 cm 的会聚薄透镜 L_2 左方 $\overline{O_1O_2}=5$ cm 处放置顶角为 $1°$,折射率为 1.5,厚度可以忽略的镜楔 L_1。若在镜楔左方 $\overline{QO_1}=10$ cm 处的光轴上放置物点 Q,求最后成像的像点位置和虚实情况。

1.38 三个焦距均为 20 cm 的双凸薄透镜组成理想光学系统,两相邻透镜间的距离都是 30 cm,高度为 1 cm 的物体放置在第一个薄透镜左方 60 cm 处的光轴上,求最后成像的位置和高度,以及像的倒正、放缩和虚实情况。

1.39 用作图法确定如图 1.64 所示的理想光学系统相对轴上物点 Q 的孔径光阑、入射光瞳和出射光瞳,以及入射窗、视场光阑和出射窗。

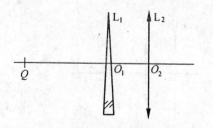
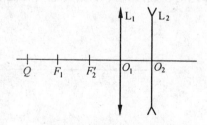

图 1.63 镜楔和薄透镜成像　　图 1.64 光学系统的光阑

1.40 如图 1.65 所示,两个相同的凸薄透镜 L_1 和 L_2 的焦距均为 $2a$,相距为 a,轴上物点 Q 置于 L_1 物方焦点 F_1 的左方,用作图法求系统的孔径光阑、入射光瞳、出射光瞳、视场光阑、入射窗和出射窗。

1.41 如图 1.66 所示,望远镜的物镜口径为 5 cm,焦距为 20 cm,目镜口径为 1.0 cm,焦距为 2.0 cm,求望远镜的孔径光阑、入射光瞳和出射光瞳的位置和口径。

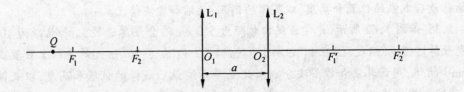

图 1.65 两个凸薄透镜组成的光学系统的光阑

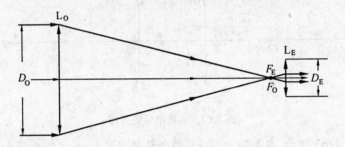

图 1.66 望远镜的光阑

1.42 在孔径为 4 cm，焦距为 5 cm 的凸薄透镜左方 3 cm 处放置口径为 2 cm 的光阑，相对于薄透镜左方 20 cm 处的轴上物点，用计算法求孔径光阑、入射光瞳和出射光瞳的位置和口径。

1.43 如图 1.67 所示，理想光学系统由两个间距为 5 cm 的凸薄透镜 L_1 和 L_2 组成，焦距依次为 9 cm 和 3 cm，口径依次为 6 cm 和 4 cm。在两薄透镜之间且与 L_2 相距 2 cm 处放置口径为 2 cm 的圆孔形光阑 D，相对 L_1 左方 12 cm 处的轴上物点 Q，用计算法求系统的孔径光阑、入射光瞳和出射光瞳的位置和口径。

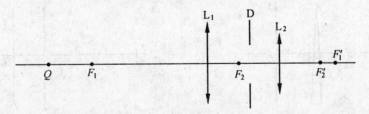

图 1.67 光学系统的光阑

1.44 如图 1.68 所示，开普勒望远镜的物镜焦距为 100 cm，口径为 5 cm；目镜焦距为 20 cm，口径为 2 cm；物镜和目镜相距 120 cm，在物镜像方焦点处放置口径为 1.6 cm 的圆孔形光阑 D，求系统的孔径光阑、入射光瞳、出射光瞳、视场光阑、入射窗和出射窗的位置和口径，以及物方视场角和像方视场角。

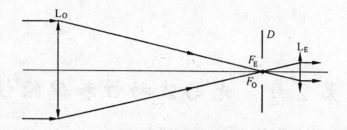

图 1.68 开普勒望远镜

1.45 如图 1.69 所示，L_1 和 L_2 是两个会聚薄透镜，Q 是物点，D 是光阑，$f_1 = 2a$，$f_2 = a$，图中标示的各个量的值分别为 $s = 10a$，$l = 4a$ 和 $d = 6a$；薄透镜的半径与光阑半径的比值为 $r_1 = r_2 = 3r_3$。求理想光学系统的孔径光阑、入射光瞳、出射光瞳、入射窗、出射窗和视场光阑的位置和半径。

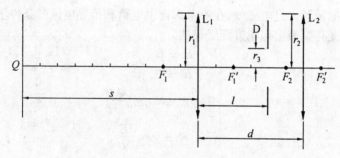

图 1.69 光学系统的光阑

1.46 放大镜的焦距为 5 cm，求其视角放大率？若虚像成在该放大镜左方 25 cm 处，求物距和放大镜的横向放大率。

1.47 眼睛紧靠焦距为 5 cm 的放大镜观察物体，看到物体在 30 cm 处，求物体与放大镜之间的距离和放大镜的视角放大率。

1.48 显微镜的物镜焦距为 1 cm，目镜焦距为 3 cm，两镜间距为 20 cm，求该显微镜的视角放大率；物体置于何处才能最终成像在目镜左方 25 cm 处，此时显微镜的横向放大率应该多大。

1.49 伽利略型望远镜的物镜和目镜相距 16 cm，若视角放大率 $M = 5$，求物镜和目镜的焦距。

1.50 显微镜的物镜焦距为 4 mm，中间像成在物镜像方焦点右方 160 mm 处，若目镜的视角放大率为 20 倍，求显微镜的视角放大率。

第2章 光的波动性和偏振性

本章从电磁理论出发讨论光的波动性和偏振性。

2.1 光的波动性

1. 光是电磁波

电磁理论揭示了光是电磁波,在不考虑自由电荷和传导电流的条件下,光的波动规律由如下所示的麦克斯韦电磁场方程组描述

$$\begin{cases} \nabla \cdot \boldsymbol{E} = 0 \\ \nabla \cdot \boldsymbol{H} = 0 \\ \nabla \times \boldsymbol{E} = -\mu\mu_0 \dfrac{\partial \boldsymbol{H}}{\partial t} \\ \nabla \times \boldsymbol{H} = \varepsilon\varepsilon_0 \dfrac{\partial \boldsymbol{E}}{\partial t} \end{cases} \tag{2.1}$$

式中 ∇ 是梯度算符,它的直角坐标表示式为 $\nabla = \dfrac{\partial}{\partial x}\hat{x} + \dfrac{\partial}{\partial y}\hat{y} + \dfrac{\partial}{\partial z}\hat{z}$;$\boldsymbol{E}$ 表示电场强度;$\boldsymbol{H}$ 表示磁场强度;ε 和 μ 分别是介质的相对介电常数和相对磁导率;ε_0 和 μ_0 分别是真空介电常数和真空磁导率。虽然在光波中同时存在电场矢量和磁场矢量,但在光与物质的相互作用中主要是电场与分子、原子或电子之间的相互作用。比如,磁场作用在电子上的力和电场作用在电子上的力相比几乎可以忽略;对视觉神经、感光乳胶和光电转换介质等物质起作用的主要是电场矢量,因此通常选择电场矢量 $\boldsymbol{E}$ 作为光矢量。

由方程组(2.1)可以推导出波动微分方程,即

$$\nabla^2 \boldsymbol{E} = \varepsilon\varepsilon_0\mu\mu_0 \dfrac{\partial^2 \boldsymbol{E}}{\partial t^2} \tag{2.2}$$

由上式可以导出光在介质中的传播速度,即

$$v = \dfrac{1}{\sqrt{\varepsilon\varepsilon_0\mu\mu_0}} \tag{2.3}$$

光在真空中的传播速度为

$$c = \dfrac{1}{\sqrt{\varepsilon_0\mu_0}} \tag{2.4}$$

由 $\varepsilon_0 = 8.854188 \times 10^{-12}$ F·m^{-1}，$\mu_0 = 4\pi \times 10^{-7}$ H·m^{-1}，可以得到真空中的光速为 $c \approx 299792458$ m·s$^{-1} \approx 3.0 \times 10^8$ m·s^{-1}。

由公式 $n = \dfrac{c}{v}$，以及式(2.3)和(2.4)可得

$$n = \sqrt{\varepsilon\mu} \tag{2.5}$$

真空中可见光的波长范围是 390～770 nm，由公式 $c = \nu\lambda_0$ 能够得到可见光对应的频率范围是 $(0.77 \sim 0.39) \times 10^{15}$ Hz。在光频范围，介质的磁化机制几乎不起作用，即 $\mu \approx 1$，因此可得

$$n = \sqrt{\varepsilon} \tag{2.6}$$

2. 光波的波动方程式

由微分方程理论可知，波动微分方程式(2.2)的解是

$$E(r,t) = E_0\cos(kr + \varphi_0 - \omega t) \tag{2.7}$$

称此式为光波的波动方程式或波函数。式中 $E(r,t)$ 是光波的瞬时矢量；E_0 是光波的振幅矢量；$(kr + \varphi_0 - \omega t)$ 是相位；k 是波矢，其方向 $\hat{k}$（单位矢量）指向波动的瞬时传播方向，其大小为 $k = \dfrac{2\pi}{\lambda}$，即

$$k = \dfrac{2\pi}{\lambda}\hat{k} \tag{2.8}$$

r 是波动沿矢径 r 方向传播的距离；$\omega = 2\pi\nu$，ν 和 ω 是光波的振动频率和圆频率（或角频率）；$(kr + \varphi_0)$ 是光波在 r 处的初相位（$t = 0$ 时刻的相位）；φ_0 是光波在 $r = 0$ 处（即光源或计算起点处）的初相位，简称为初始相位。由于 $\cos[kr + \varphi_0 - \omega t] = \cos[\omega t - (kr + \varphi_0)]$，因此如何描述相位都可以。为了使波函数的实数表示与复数表示一致，本书采用前一种表示式。

电磁理论已经证明：电场矢量和磁场矢量互相垂直（$E \perp H$），二者相位相同，均与波矢垂直（$E \perp k$，$H \perp k$）；伴随着光波的传播必定有能量的传播，其能流密度为

$$S = E \times H \tag{2.9}$$

能流密度的传播方向与波矢 k 的方向相同，而且有

$$\sqrt{\varepsilon\varepsilon_0}\,E = \sqrt{\mu\mu_0}\,H \tag{2.10}$$

3. 光强

可见光波段的振动周期 T 约为 10^{-15} s，人的眼睛能够感知光波强弱所需的最短时间（即响应时间）Δt 约为 0.1 s，目前最好的光电探测器的响应时间 τ 约为 10^{-9} s。由于光的振动频率太快，无法观测光波的瞬时能流密度，只能感知或记录光波的平均能流密度。光波的平均能流密度（或者单位面积的平均光功率）称为光强度，简称光强。

由于瞬时能流密度的值为

$$S = |E \times H| = \sqrt{\frac{\varepsilon\varepsilon_0}{\mu\mu_0}}E^2 = \sqrt{\frac{\varepsilon_0}{\mu_0}}nE^2 = \frac{n}{c\mu_0}E^2 \tag{2.11}$$

将式(2.7)代入上式，可以得到光强表示式，即

$$I = \overline{S} = \frac{1}{T}\int_0^T \frac{n}{c\mu_0}E^2 \mathrm{d}t = \frac{n}{2c\mu_0}E_0^2 \tag{2.12}$$

在两种不同介质中比较光强时有

$$\frac{I_1}{I_2} = \frac{n_1 E_{01}^2}{n_2 E_{02}^2} \tag{2.13}$$

在相同介质中 $I \propto E_0^2$，因此定义相对光强为

$$I = E_0^2 \tag{2.14}$$

2.2　球面波和平面波

波动方程解的形式按照振幅和相位随空间位置变化规律的不同具有多种形式，我们仅讨论两种典型的简谐光波，即球面波和平面波。

在各向同性介质中，点光源发出的光波以相同的速度向四面八方传播，某一时刻波动到达的位置形成了一个以点光源为中心的球形波面，称这样的波动为球面波。波面上各点具有相同的相位，与波面垂直的直线称为波线，所谓光线就是光波的波线。从点光源发出的球面波称为发散球面波，会聚于同一点的球面波称为会聚球面波。球面波在距离光源很远的地方其波面趋于平面，称为平面波，如图2.1所示。

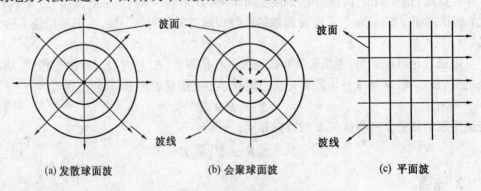

(a) 发散球面波　　(b) 会聚球面波　　(c) 平面波

图 2.1　球面波和平面波

1. 发散球面波的波函数

图2.2是由光源 Q 发出的一束发散球面波，设光源处的初始相位为 φ_0。经过 τ 时间

后，波动沿 $\hat{r}$（单位矢量）方向传播到了点 P 处，传播的距离为 r，$\boldsymbol{r} = \overrightarrow{QP} = r\hat{r}$。

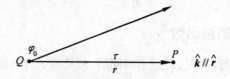

图 2.2　发散球面波

在傍轴条件下，可以把矢量波近似看成标量波。若点 Q 处的振动表示式为
$$E(0,t) = E_0(0)\cos(\varphi_0 - \omega t)$$
则点 P 处的振动表示式应该是
$$E(r,t) = E_0(r)\cos[\varphi_0 - \omega(t-\tau)] = E_0(r)\cos[\varphi(r) - \omega t]$$
其中 $\varphi(r) = \omega\tau + \varphi_0$ 是光波在点 P 处的初相位。

发散球面波振动表示式中的 $E_0(r)$ 和 $\varphi(r)$ 是需要进一步确定其具体形式的物理量。由 $n = \dfrac{\lambda_0}{\lambda}$ 可以得到 $\omega\tau = \omega\dfrac{r}{v} = \dfrac{\omega}{v}r = \dfrac{2\pi}{\lambda}r = \dfrac{2\pi}{\lambda_0}nr$。设介质中的波矢 $\boldsymbol{k} = k\hat{k} = \dfrac{2\pi}{\lambda}\hat{k}$，真空中的波矢为
$$\boldsymbol{k}_0 = k_0\hat{k} = \dfrac{2\pi}{\lambda_0}\hat{k}_0 \tag{2.15}$$
则有
$$k = nk_0 \tag{2.16}$$
其中单位矢量 $\hat{k}$ 和 $\hat{k}_0$ 的方向相同，均为光波的传播方向，而且 $\omega\tau = kr = nk_0 r$，由此可得
$$\varphi(r) = nk_0 r + \varphi_0 = kr + \varphi_0 \tag{2.17}$$
对发散球面波来说，总有 $\hat{r} \parallel \hat{k}$，因此可以得到发散球面波的初相位表示式为
$$\varphi(r) = \boldsymbol{k} \cdot \boldsymbol{r} + \varphi_0 \tag{2.18}$$

图 2.3 给出了球面波的两个波面，半径分别是 r_1 和 r_1，球面的面积分别是 $4\pi r_1^2$ 和 $4\pi r_2^2$，光强分别是 I_1 和 I_2。

根据能量守恒定律有 $I_1 4\pi r_1^2 = I_2 4\pi r_2^2$。若设 $r_1 = 1$，$I_1 = a^2$，$r_2 = r$，$I_2 = E_0^2(r)$，可以得到发散球面波的振幅表示式，即
$$E_0(r) = \dfrac{a}{r} \tag{2.19}$$

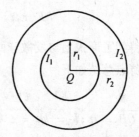

图 2.3　发散球面波能量的传播

因此，发散球面波的波函数为

$$E(r,t) = \frac{a}{r}\cos[(\boldsymbol{k}\cdot\boldsymbol{r}+\varphi_0)-\omega t] \tag{2.20}$$

2. 会聚球面波的波函数

图2.4是一束会聚球面波,经过 τ 时间后,波动沿 $\hat{r}$ 方向由点 P 会聚到点 Q,传播的距离为 r,$\boldsymbol{r}=\overrightarrow{QP}=r\hat{r}$。设会聚点 Q 处的初始相位为 φ_0,若点 Q 处的振动表示式为

$$E(0,t) = E_0(0)\cos(\varphi_0-\omega t)$$

则点 P 处的振动表示式应该是

$$E(r,t) = E_0(r)\cos[\varphi_0-\omega(t+\tau)] = E_0(r)\cos[\varphi(r)-\omega t]$$

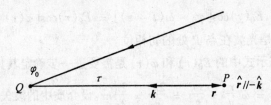

图2.4 会聚球面波

仿照发散球面波波函数中 $\varphi(r)$ 的确定过程,可以得到

$$\varphi(r) = (-nk_0 r+\varphi_0) = (-kr+\varphi_0) \tag{2.21}$$

对会聚球面波来说,总有 $-\hat{r} \mathbin{/\mkern-5mu/} \hat{k}$,因此会聚球面波初相位的表示式为

$$\varphi(r) = (\boldsymbol{k}\cdot\boldsymbol{r}+\varphi_0) \tag{2.22}$$

会聚球面波的振幅表示式与发散球面波的相同,即

$$E_0(r) = \frac{a}{r} \tag{2.23}$$

因此,会聚球面波的波函数为

$$E(r,t) = \frac{a}{r}\cos[(\boldsymbol{k}\cdot\boldsymbol{r}+\varphi_0)-\omega t] \tag{2.24}$$

由此得到了形式上与发散球面波相同的会聚球面波的波函数,可以将球面波初相位表示式的特点总结如下

$$\varphi(r) = \boldsymbol{k}\cdot\boldsymbol{r}+\varphi_0 = \pm kr+\varphi_0 \tag{2.25}$$

其中 $\boldsymbol{r}=\overrightarrow{QP}=r\hat{r}$;$\boldsymbol{k}=k\hat{k}=\pm k\hat{r}$;$\boldsymbol{k}\cdot\boldsymbol{r}=\pm kr$;负号表示会聚球面波的情形;正号表示发散球面波的情形。

3. 平面波的波函数

图2.5是一束沿 $\hat{k}$ 方向传播的平面波,平面波的光源在无限远处,等相位面是垂直于

传播方向的平面,此时不能把计算起点选在无限远处的光源源点。根据位置的相对性,可以选择坐标原点 O 为平面波的计算起点。经过 τ 时间后,波动由点 O 所在的波面传播到点 P 所在的波面,传播距离为 l,坐标原点 O 与观察点 P 之间的矢径为 $\boldsymbol{r} = \overrightarrow{OP} = r\hat{\boldsymbol{r}}$,矢径与波动传播的方向之间的夹角为 θ,传播距离与矢径长度之间的关系是 $l = \boldsymbol{r} \cdot \hat{\boldsymbol{k}} = r\cos\theta$。设坐标原点 O 处的初始相位为 φ_0。通过观察点 P 作垂直波线的等相面,与过坐标原点 O 的波线相交于点 P_0 处。

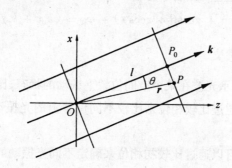

图 2.5　平面波

若坐标原点 O 处的振动表示式为

$$E(0,t) = E_0(0)\cos(\varphi_0 - \omega t)$$

点 O 和点 P_0 处于同一波线上,间距为 l,因此点 P_0 处的振动表示式应该是

$$E(l,t) = E_0(l)\cos[(kl + \varphi_0) - \omega t]$$

观察点 P 和 P_0 均处在同一个等相面上,所以振动表示式中的相位相同,因此点 P 处的振动表示式也应该是

$$U(\boldsymbol{r},t) = E_0(r)\cos[(kl + \varphi_0) - \omega t] = E_0(r)\cos[\varphi(r) - \omega t]$$

由于 $kl = kr\cos\theta = \boldsymbol{k} \cdot \boldsymbol{r}$,则平面波的初相位表示式是

$$\varphi(r) = kl + \varphi_0 = kr\cos\theta + \varphi_0 = \boldsymbol{k} \cdot \boldsymbol{r} + \varphi_0 \tag{2.26}$$

平面波在传播过程中能量不扩散,相应振幅为常数,即

$$E_0(r) = E_0 \tag{2.27}$$

因此,平面波的波函数是

$$E(\boldsymbol{r},t) = E_0\cos[(\boldsymbol{k} \cdot \boldsymbol{r} + \varphi_0) - \omega t] \tag{2.28}$$

平面波波函数相位部分的一般表示式在形式上与球面波波函数相位部分的一般表示式相同,但平面波初相位表示式的特点是

$$\varphi(r) = \boldsymbol{k} \cdot \boldsymbol{r} + \varphi_0 = kr\cos\theta + \varphi_0 = kl + \varphi_0$$
$$\boldsymbol{r} = \overrightarrow{OP} = r\hat{\boldsymbol{r}}, \boldsymbol{k} \cdot \boldsymbol{r} = kr\cos\theta = kl$$

通常矢径和波矢还可以表示成

$$r = r\hat{r} = x\hat{x} + y\hat{y} + z\hat{z} \tag{2.29}$$

$$k = k\hat{k} = k_x\hat{x} + k_y\hat{y} + k_z\hat{z} = k(\cos\alpha\hat{x} + \cos\beta\hat{y} + \cos\gamma\hat{z}) \tag{2.30}$$

其中 x、y、z 分别是矢径 r 的三个直角坐标分量；α、β、γ 分别是波矢 k 与 $\hat{x}$、$\hat{y}$、$\hat{z}$ 三个直角坐标轴正方向的夹角，即空间方向角；k_x、k_y、k_z 分别是波矢 k 在 $\hat{x}$、$\hat{y}$、$\hat{z}$ 方向的分量。

因此，平面波的初相位还可以表示为

$$\varphi(r) = k(x\cos\alpha + y\cos\beta + z\cos\gamma) + \varphi_0 = (k_x x + k_y y + k_z z) + \varphi_0 \tag{2.31}$$

4. 初相位的物理意义

光波函数中的相位表示光波在某个空间位置上振动的状态，比如振动的方向、大小和振动的变化趋势等，可以通过比较相位来比较不同位置上的光振动或同一位置上的不同光振动的超前或落后。

若光波的频率相同，可以通过比较初相位来确定不同光振动的超前或落后。不同位置的光振动或同一位置的不同光振动的超前或落后关系是：初相位越大（或者越正）则光振动越落后；初相位越小（或者越负）则光振动越超前。比如，若发散球面波在光源 Q 处的初始相位是 φ_0，在观察点 P 处的初相位是 $(kr + \varphi_0)$，则观察点 P 处的光振动落后于光源 Q 处的光振动，落后量为 $\Delta\varphi = kr$。

5. 初相位与光程的关系和光程的表示式

由于 $k \cdot r = \dfrac{2\pi}{\lambda_0}(n\hat{k} \cdot r) = k_0 L(r)$，由此可以得到初相位与光程的关系式为

$$\varphi(r) = k \cdot r + \varphi_0 = k_0 L(r) + \varphi_0 \tag{2.32}$$

其中光程的一般表示式为

$$L(r) = n\hat{k} \cdot r \tag{2.33}$$

式(2.32)说明初相位与光程成正比，因此可以通过比较光程来确定相同频率的不同光振动的超前或落后。

由光程的一般表示式可以得到球面波从点光源 Q 到观察点 P 处的光程为

$$L(r) = \pm nr \tag{2.34}$$

式中正负号分别表示发散和会聚球面波的光程。

还可以得到平面波从坐标原点 O 到观察点 P 的光程（即从坐标原点 O 所在的等相位面到观察点 P 所在的等相位面之间的光程）为

$$L(r) = nr\cos\theta = nl = n(x\cos\alpha + y\cos\beta + z\cos\gamma) \tag{2.35}$$

2.3 光波的复振幅表示

1. 光波的复数形式

光波的波函数 $E(r,t) = E_0(r)\cos[(k \cdot r + \varphi_0) - \omega t]$ 是光波的实数形式，为了方便运算，通常将光波的实数形式对应成复数形式

$$\widetilde{E}(r,t) = E_0(r)e^{i(k \cdot r + \varphi_0 - \omega t)} \tag{2.36}$$

将光波的复数形式取实部就可以得到光波相应的实数形式

$$E(r,t) = \text{Re}[\widetilde{E}(r,t)] = E_0(r)\cos(k \cdot r + \varphi_0 - \omega t) \tag{2.37}$$

2. 光波的复振幅

由于光波复数形式中的相位时间因子与相位空间因子(初相位分布)可以分离，即

$$\widetilde{E}(r,t) = E_0(r)e^{i(k \cdot r + \varphi_0)}e^{-i\omega t}$$

而且在讨论光波问题时光波场中各束光波波函数中的时间相位因子通常都相同，振幅空间分布因子和相位空间分布因子反映了光波的主要特征，因此将这两项合并在一起写成

$$\widetilde{E}(r) = E_0(r)e^{i(k \cdot r + \varphi_0)} \tag{2.38}$$

称为光波的复振幅。

对光波的实数形式运算和复数形式运算的分析表明，若光波的实数形式满足波动微分方程(2.2)，则光波相应的复数形式或者复振幅也满足波动微分方程(2.2)。两者完全等价，运算的结果相同，但复振幅运算比实波函数的运算简单得多。可以先由复振幅运算得到结果，然后通过对应关系很方便地得到实波函数相应的运算结果。因此，复振幅的概念及其运算得到了广泛的运用。

3. 光强的复振幅表示式

可以将光强表示成复振幅形式

$$I = \widetilde{E}(r)\widetilde{E}^*(r) \tag{2.39}$$

其中 $\widetilde{E}^*(r) = E_0(r)e^{-i(k \cdot r + \varphi_0)}$ 是光波复振幅的共轭复数表示式。

4. 球面波的复振幅

1) 球面波的复振幅表示式

$$\widetilde{E}(r) = \frac{a}{r}e^{i(k \cdot r + \varphi_0)} = \frac{a}{r}e^{i(\pm kr + \varphi_0)} \tag{2.40}$$

其中 $r = \sqrt{(x-x_0)^2 + (y-y_0)^2 + (z-z_0)^2}$，$(x_0, y_0, z_0)$ 和 (x, y, z) 分别是源点 Q 处和观察物点 P 处的坐标。球面波复振幅的特点是：振幅和初相位因子均为坐标的二次函数。

2) 球面波在 $z = 0$ 平面上的复振幅分布

球面波的三维复振幅分布函数中包含了光的振动频率、波长、传播方向、传播速度、振幅分布和初相位分布等多种信息，在处理光的波动问题时，重要的是首先弄清观察平面（比如感光底片或接收屏幕）上光波的二维复振幅分布。

如图 2.6(a) 所示，若坐标为 $(0, 0, -z_0)$ 的轴上点光源 Q 发出一束球面波，设其初始相位为零($\varphi_0 = 0$)，则其在 $z = 0$ 平面上的复振幅分布可以表示为

$$\widetilde{E}(x, y) = \frac{a}{\sqrt{x^2 + y^2 + z_0^2}} e^{ik\sqrt{x^2 + y^2 + z_0^2}} \tag{2.41}$$

式中矢径的表示式为

$$r = \sqrt{z_0^2 + \rho^2} \tag{2.42}$$

其中 $\rho^2 = x^2 + y^2$ 是 $z = 0$ 平面上从坐标原点到观察点的径向距离。若满足傍轴条件

$$z_0^2 \gg \rho^2 \tag{2.43}$$

则可以忽略高级小量，将矢径简化为

$$r \approx z_0\left(1 + \frac{\rho^2}{2z_0^2}\right) \tag{2.44}$$

由此球面波在 $z = 0$ 平面上的复振幅分布可以写成

$$\widetilde{E}(x, y) = \frac{a}{z_0\left(1 + \frac{\rho^2}{2z_0^2}\right)} e^{ik\left(z_0 + \frac{\rho^2}{2z_0}\right)}$$

还可以忽略振幅中的二次项因子，将公式进一步简化为

$$\widetilde{E}(x, y) = \frac{a}{z_0} e^{ik\left(z_0 + \frac{\rho^2}{2z_0}\right)} \tag{2.45}$$

注意，满足 $z_0^2 \gg \rho^2$ 条件时不能忽略初相位中的二次项因子，因为简谐波表示式中的余弦函数的取值范围是 $-1 \sim +1$（对应的初相位的取值范围是 $-\pi \sim \pi$），只有满足 $k\frac{\rho^2}{2z_0} \ll \pi$ 条件时，才有 $\cos(kz_0 + k\frac{\rho^2}{2z_0} - \omega t) \approx \cos(kz_0 - \omega t)$，此时忽略初相位中的二次项因子后，简谐波动的状态才不会有明显的变化。

如图 2.6(b) 所示，若坐标为 $(x_0, y_0, -z_0)$ 的轴外点光源 Q 发出一束发散球面波，设其初始相位为零($\varphi_0 = 0$)，也可以写出傍轴条件下在 $z = 0$ 平面上复振幅分布的表示式。

在傍轴条件下，矢径的表示式 $r = \sqrt{(x-x_0)^2 + (y-y_0)^2 + z_0^2}$ 可以简化为

$$r \approx z_0 + \frac{x_0^2 + y_0^2}{2z_0} + \frac{x^2 + y^2}{2z_0} - \frac{x_0 x + y_0 y}{z_0} = r_0 + \frac{x^2 + y^2}{2z_0} - \frac{x_0 x + y_0 y}{z_0} \tag{2.46}$$

其中 $r_0 = z_0 + \frac{x_0^2 + y_0^2}{2z_0}$。因此,轴外点光源 Q 发出的球面波在 $z = 0$ 平面上的复振幅分布可以写成

$$\widetilde{E}(x,y) = \frac{a}{z_0} e^{ik(r_0 + \frac{x^2+y^2}{2z_0} - \frac{x_0 x + y_0 y}{z_0})} \tag{2.47}$$

轴上和轴外点光源的共轭球面波的复振幅分布分别为

$$\widetilde{E}^*(x,y) = \frac{a}{z_0} e^{-ik(z_0 + \frac{\rho^2}{2z_0})} \tag{2.48}$$

$$\widetilde{E}^*(x,y) = \frac{a}{z_0} e^{-ik(r_0 + \frac{x^2+y^2}{2z_0} - \frac{x_0 x + y_0 y}{z_0})} \tag{2.49}$$

在设定光波传播的主方向均由同一侧向另一侧传播的前提下,球面波的复振幅和其共轭球面波的复振幅表示式的差别是相位的正负相反。即若一个是发散球面波,则另一个就是会聚球面波,或者相反。

轴上和轴外点光源发出的球面波及其共轭球面波的波形如图 2.6 所示,波形与其复振幅表示式相互对应,可以相互确定。

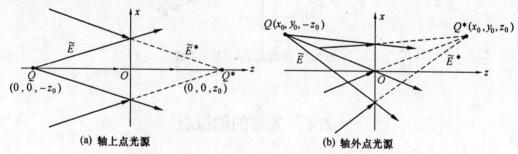

(a) 轴上点光源　　　　　(b) 轴外点光源

图 2.6　轴上和轴外点光源的球面波及其共轭球面波

5. 平面波的复振幅

1) 平面波的复振幅表示式

$$\widetilde{E}(r) = E_0 e^{i(k \cdot r + \varphi_0)} = E_0 e^{i(kr\cos\theta + \varphi_0)} \tag{2.50}$$

其中 θ 为波矢 k 和矢径 r 的夹角。初相位因子的具体表示式为

$$\varphi(r) = k \cdot r + \varphi_0 = k(x\cos\alpha + y\cos\beta + z\cos\gamma) + \varphi_0 = (k_x x + k_y y + k_z z) + \varphi_0$$

平面波复振幅的特点是:振幅是常数,初相位因子是坐标的线性函数。

2) 平面波在 $z = 0$ 平面上的复振幅分布

若一束平面波在 xz 平面内沿与 z 轴夹角 θ 方向传播,设坐标原点处的初始相位为零 ($\varphi_0 = 0$)。由于 xz 平面的平面波波矢的前两个方向角分别为 $\alpha = \frac{\pi}{2} - \theta$,$\beta = \frac{\pi}{2}$,且 $z = 0$,

因此，平面波在 $z=0$ 平面上的复振幅分布为

$$\widetilde{E}(x) = E_0 \mathrm{e}^{\mathrm{i}kx\sin\theta} \tag{2.51}$$

共轭平面波在 $z=0$ 平面上的复振幅表示式为

$$\widetilde{E}^*(x) = E_0 \mathrm{e}^{-\mathrm{i}kx\sin\theta} = E_0 \mathrm{e}^{\mathrm{i}kx\sin(-\theta)} \tag{2.52}$$

在设定平面波与其共轭平面波传播的主方向均由同一侧向另一侧传播的前提下，两者的差别是传播方向一个与 z 轴夹角为 θ，则另一个与 z 轴夹角为 $-\theta$。

在 xz 平面内沿与 z 轴夹角 θ 方向传播的平面波及其共轭平面波的波形如图 2.7 所示，波形与其复振幅表示式相互对应，可以相互确定。

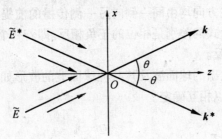

图 2.7　平面波及其共轭平面波

2.4　光波的偏振态

光是横波，仅说明光波的电场矢量方向处于与光的传播方向垂直的平面。在这个平面上电场矢量的振动有多种状态，称为光波的偏振态。光波的偏振态通常有五种，即线偏振光、圆偏振光、椭圆偏振光、自然光和部分偏振光。

1. 线偏振光

1) 线偏振光的定义

一束光沿如图 2.8 所示的 k 方向传播（图中 ⊙ 是指光的传播方向由里指向外），在垂直光传播方向的 xy 平面上，只有与 x 轴夹角为 θ 的单一方向的光波振动矢量。随着时间的推移，光矢量的方向不变，瞬时值以光频 ω 变化，其振动轨迹是一条直线，具有这种振动状态的光波称为线偏振光。

线偏振光的传播方向与振动方向构成的平面称为线偏振光的振动面。如果观察同一波线上不同点的光振动，则其光振动均处于同一振动平面上，因此又称线偏振光为平面偏

振光。因为线偏振光的偏振程度最大,因此又称为全偏振光。

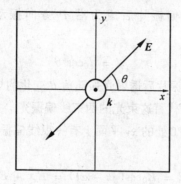

图 2.8　线偏振光

2) 偏振片

在拉伸了的赛璐珞薄膜基片上蒸镀一层硫酸碘奎宁超微晶粒,基片的应力可以使晶粒定向有序排列,形成对光波的吸收具有很强方向性的人造偏振片。若入射到偏振片上的线偏振光能够充分透过,则称与这束线偏振光的振动方向平行的方向为偏振片的透振方向,若入射线偏振光的振动方向与偏振片的透振方向正交则线偏振光被强烈吸收,无法通过。

任何偏振状态的光波通过偏振片后都变成沿透振方向振动的线偏振光了,能将任何偏振态的光波变成线偏振光的器件称为起偏器;能够检查入射光的偏振状态的器件称为检偏器。起偏器和检偏器都是偏振片,其区别仅仅是起偏和检偏的作用不同。

3) 马吕斯定律

如图 2.9(a) 所示,一束光强为 I_0 的线偏振光入射到偏振片 P 上(通常用 P(斜体字符)代表偏振片的透振方向),旋转偏振片,观察发现,出射光强从最大值变为零后又变为最大值,即 $I_0 \to 0 \to I_0$。这是因为线偏振光通过偏振片时仅仅其平行透振方向的分量通过了偏振片,其垂直分量被吸收了。

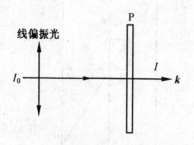

(a) 装置和光路

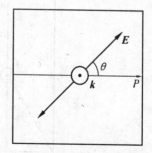

(b) 偏振方向与透振方向的方位

图 2.9　马吕斯定律

如图 2.9(b) 所示,若振幅为 E_0 的入射线偏振光的振动方向与偏振片透振方向 P 的夹角为 θ,则线偏振光透过偏振片后成为沿 P 方向振动的线偏振光,透射振幅为 $E_{01} = E_0\cos\theta$,透射光强为

$$I = I_0\cos^2\theta \tag{2.53}$$

此式表达了线偏振光通过偏振片后透射光强随角 θ 变化的规律,称为马吕斯定律。

4) 线偏振光可以分解为代替这束光的两束线偏振光

如图 2.8 所示,设在 $z = 0$ 处的 xy 平面上有一束线偏振光,其振动方向与 x 轴夹角为 θ,其振动矢量的表达式为

$$\boldsymbol{E} = E_0\cos(kz - \omega t) = E_x\hat{\boldsymbol{x}} + E_y\hat{\boldsymbol{y}}$$

沿 x、y 轴的分量表达式为

$$\begin{cases} E_x = E_{0x}\cos(-\omega t) \\ E_y = E_{0y}\cos(\delta - \omega t) \end{cases} \tag{2.54}$$

其中

$$\begin{cases} E_{0x} = E_0|\cos\theta| \\ E_{0y} = E_0|\sin\theta| \end{cases} \quad (\delta = 0, \pm\pi) \tag{2.55}$$

若将式(2.55)代入式(2.54),消去参量 t,可以得到直线方程式

$$\frac{E_y}{E_x} = \pm\frac{E_{0y}}{E_{0x}}$$

其中初相位差 δ 是 y 振动分量相对 x 振动分量的初相位落后(或延迟)量。$\delta = 0$ 时,线偏振光位于一三象限;$\delta = \pm\pi$ 时,线偏振光位于二四象限。当迎着光束传播方向 $\hat{\boldsymbol{k}}$ 观察时,线偏振光随初相位差 δ 变化的偏振态如图 2.10 所示。

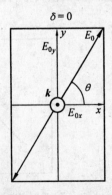 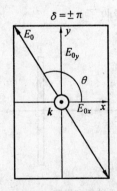

图 2.10 线偏振光随初相位差变化的偏振态

一束线偏振光可以沿任意两个互相垂直方向分解成初相位差为 0 或 $\pm\pi$ 的两束线偏

振光,并且可以由这两束线偏振光代替这束线偏振光,这样处理在很多情况下可以简化问题的求解。

2. 圆偏振光

1) 圆偏振光的定义

一束光沿如图 2.11 所示的 k 方向传播,在垂直光传播方向的 xy 平面上,只有单一的光波振动矢量 E。随着时间的推移,光矢量的大小不变,矢量方向以圆频率 ω 匀速旋转,振动矢量的端点描绘出圆形轨迹,具有这种振动状态的光波称为圆偏振光。

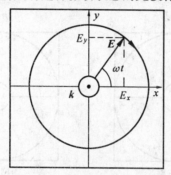

图 2.11 圆偏振光

2) 圆偏振光可以分解成代替这束光的两束线偏振光

按定义可以将圆偏振光的分量表示式写成

$$E = E_x \hat{x} + E_y \hat{y}$$

其中

$$\begin{cases} E_x = E_0 \cos(-\omega t) \\ E_y = E_0 \cos(\delta - \omega t) \end{cases} \tag{2.56}$$

$$\delta = \pm \frac{\pi}{2} \tag{2.57}$$

若将式(2.57)代入式(2.56),消去参量 t,可以得到圆方程

$$E_x^2 + E_y^2 = E_0^2$$

一束圆偏振光可以沿任意两个互相垂直的方向分解成振幅相等,初相位差为 $\pm \pi/2$ 的两束线偏振光,并且可以由这两束线偏振光代替这束圆偏振光。

3) 圆偏振光的光强

若光强为 I_0 的圆偏振光入射到偏振片上,透射光强为 $I = \frac{1}{2} I_0$。旋转偏振片 P,透射光强不变化。这是因为无论偏振片的透振方向如何转动,总可以将圆偏振光沿平行和垂直透振方向分解成两束光强相等的线偏振光。其中的一束平行透振方面的光波通过偏振片,

另一束垂直透振方向的光波被吸收。圆偏振光的总光强应该等于偏振方向互相垂直的、光强相等的两束线偏振光的光强之和,即

$$I_0 = E_{0x}^2 + E_{0y}^2 = 2E_0^2 \tag{2.58}$$

4) 左旋圆偏振光与右旋圆偏振光

圆偏振光的振动矢量有顺时针和逆时针两种旋转方式。迎着光线传播方向观看圆偏振光,若振动矢量 E 沿顺时针方向旋转称为右旋圆偏振光;若振动矢量 E 沿逆时针方向旋转则称为左旋圆偏振光。$\delta = -\pi/2$ 时圆偏振光右旋,$\delta = \pi/2$ 时圆偏振光左旋,如图 2.12 所示。

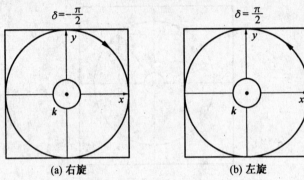

图 2.12 圆偏振光的旋向与初相位差 δ 的关系

下面给出 $\delta = \pi/2$ 时圆偏振光左旋的证明,其中 $\delta = \pi/2$ 为 y 振动分量相对 x 振动分量的初相位落后(或延迟)量。

如图 2.13 所示,设一束圆偏振光的振动分量式为

$$\begin{cases} E_x = E_0\cos(-\omega t) \\ E_y = E_0\cos(\dfrac{\pi}{2} - \omega t) \end{cases}$$

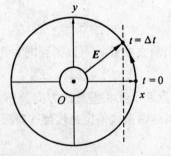

图 2.13 左旋圆偏振光对应 $\delta = \pi/2$

$t = 0$ 时刻,两个分量的值分别为 $E_x = E_0, E_y = 0$,光矢量处于如图 2.13 所示的 x 轴位置。$t = \Delta t$ 时刻,两个分量的值分别为 $E_x < E_0, E_y > 0$,光矢量处于图 2.13 中竖直虚线与圆

相交的上方位置。由图 2.13 明显看出，从 $t = 0$ 时刻转到 $t = \Delta t$ 时刻的旋转方向正是左旋，说明 $\delta = \pi/2$ 对应左旋圆偏振光。$\delta = -\pi/2$ 对应右旋圆偏振光的证明与此类似。

3. 椭圆偏振光

1) 椭圆偏振光的定义

一束光沿如图 2.14 所示的 k 方向传播，在垂直光传播方向的 xy 平面上，只有单一的光波振动矢量 E。随着时间的推移，光矢量的大小不断变化，矢量方向不断旋转，振动矢量的端点描绘出椭圆形轨迹，具有这种振动状态的光波称为椭圆偏振光。

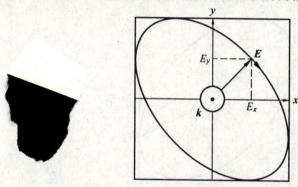

图 2.14　椭圆偏振光

2) 椭圆偏振光可以分解成代替这束光的两束线偏振光

椭圆偏振光的振动分量表达式为

$$E = E_x \hat{x} + E_y \hat{y}$$

其中

$$\begin{cases} E_x = E_{0x}\cos(-\omega t) \\ E_y = E_{0y}\cos(\delta - \omega t) \end{cases} \quad (2.59)$$

初相位差 δ 的取值范围是 $-\pi < \delta < \pi$。消去式(2.59)中的参量 t，可以得到

$$\frac{E_x^2}{E_{0x}^2} + \frac{E_y^2}{E_{0y}^2} - \frac{2E_x E_y}{E_{0x} E_{0y}}\cos\delta = \sin^2\delta \quad (2.60)$$

这是一个椭圆方程式，说明分量式(2.59)正是椭圆偏振光的振动表示式。椭圆偏振光可以沿任意两个互相垂直方向分解成两束线偏振光，并且可以由这两束线偏振光代替这束椭圆偏振光。

3) 椭圆偏振光的光强

若光强为 I_0 的椭圆偏振光入射到偏振片上，旋转偏振片 P，透射光强先由最大变为最小，然后又变为最大，即 $I = I_M \rightarrow I_m \rightarrow I_M$，没有消光现象。其中极大值 I_M 和极小值 I_m 是偏振片的透振方向分别与椭圆偏振光的长轴和短轴方向平行时的透射光强。

若偏振片的透振方向不与椭圆偏振光的长轴和短轴方向平行,如图 2.15 所示,则入射光通过偏振片后的透射光强应当为

$$I_m < I = E_{0P}^2 < I_M$$

椭圆偏振光的光强为

$$I_0 = I_M + I_m \tag{2.61}$$

这是因为椭圆偏振光的光强等于沿任意两个互相垂直方向分解成的两束线偏振光的光强之和。其中最方便的处理是,将椭圆偏振光沿互相垂直的长轴和短轴方向分解成最强和最弱的两束线偏振光,这两束光的光强和就是椭圆偏振光的总光强。

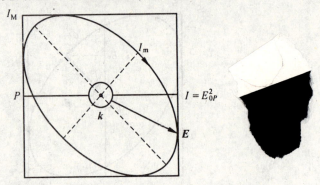

图 2.15　偏振片的透振方向沿一般方向时椭圆偏振光的透射光强

4) 左旋椭圆偏振光与右旋椭圆偏振光

迎着光线传播方向观看椭圆偏振光,若振动矢量 E 沿顺时针方向旋转则称为右旋椭圆偏振光;若振动矢量 E 沿逆时针方向旋转则称为左旋椭圆偏振光。右旋椭圆偏振光与 $-\pi < \delta < 0$ 的初相位差对应,左旋椭圆偏振光与 $0 < \delta < \pi$ 的初相位差对应。

5) 椭圆偏振光随初相位差变化的偏振态

光束沿 k 方向传播时,在垂直光传播方向的 $z = 0$ 处的 xy 平面上,利用椭圆偏振光的分量表示式(2.59),可以画出如图 2.16 所示的椭圆偏振光随初相位差 δ 变化的偏振态。

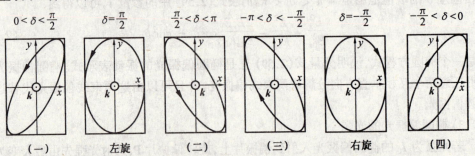

图 2.16　椭圆偏振光随初相位差变化的偏振态

4. 自然光

1) 自然光的定义

一束光沿如图 2.17 所示的 k 方向传播,在垂直光传播方向的 xy 平面上,各个方向都有频率相同的光波线偏振的振动矢量;平均看来每个方向的振幅均相等,形成轴对称的均匀分布;多个振动矢量的初始相位随机分布,互不相关;具有这种振动状态的光波称为自然光。

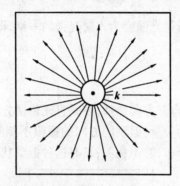

图 2.17　自然光

2) 自然光通过偏振片后的光强

若一束光强为 I_0 的自然光入射到偏振片上,则透射光强为 $I = I_0/2$。旋转偏振片 P,透射光强不变化。下面给出 $I = I_0/2$ 的证明。

自然光由大量振幅相等、初始相位随机分布的线偏振光组成,根据马吕斯定律,透射光强应该是每束线偏振光的光强在偏振片透振方向 P 上的投影分量之和。

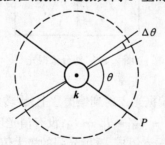

图 2.18　自然光通过偏振片后的光强

图 2.18 中的圆形虚线表示自然光,任取一个很小的角度 $\Delta\theta$,设在单位夹角内包含的线偏振光的数目为 $\rho(\theta)$,称为线偏振数密度。自然光的线偏振数密度是常数 ρ_0,在 $\Delta\theta$ 角内包含的线偏振光的数目为 $\Delta N = \rho_0 \Delta\theta$,设每束线偏振光的光强为 i,则 $\Delta\theta$ 角内所有线偏振光的合光强为 $\Delta I_0 = i\Delta N = i\rho_0\Delta\theta$,入射自然光的总光强即为

$$I_0 = \sum \Delta I_0 = \int_0^{2\pi} i\rho_0 d\theta = 2\pi i\rho_0 \tag{2.62}$$

设 $\Delta\theta$ 角内的线偏振光与偏振片的夹角为图 2.18 所示的 θ，根据马吕斯定律，$\Delta\theta$ 角内的线偏振光通过偏振片后的光强为

$$\Delta I = i\Delta N\cos^2\theta = i\rho_0\Delta\theta\cos^2\theta$$

则自然光通过偏振片后的总光强为

$$I = \int_0^{2\pi} i\rho_0\cos^2\theta d\theta = \pi i\rho_0 \tag{2.63}$$

显然，自然光通过偏振片后，透射光强变为入射光强的一半，即 $I = I_0/2$。

5. 部分偏振光

1) 部分偏振光的定义

一束光沿如图 2.19 所示的 k 方向传播，在垂直光传播方向的 xy 平面上，各个方向都有频率相同的线偏振光的振动矢量；但不同方向的振幅不相等，形成椭圆形振幅分布；多个振动矢量的初始相位随机分布，互不相关；具有这种振动状态的光波称为部分偏振光。

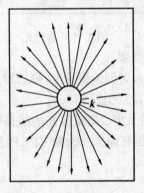

图 2.19　部分偏振光

2) 部分偏振光的光强

若一束光强为 I_0 的部分偏振光入射到偏振片上，旋转偏振片 P，透射光强先由最大变为最小，然后又变为最大，即 $I = I_M \to I_m \to I_M$，没有消光现象。部分偏振光由大量振幅不等、初始相位随机分布的线偏振光组成，透射光强的极大值 I_M 和极小值 I_m 分别是偏振片的透振方向位于部分偏振光椭圆形轮廓的长短轴位置时，构成部分偏振光的每束线偏振光的光强在偏振片透振方向 P 上的投影分量之和。因此部分偏振光的光强应当为

$$I_0 = I_M + I_m \tag{2.64}$$

3) 偏振光的偏振度

为了描述各种偏振态光波的偏振程度，将偏振度定义为

$$P = \frac{I_\mathrm{M} - I_\mathrm{m}}{I_\mathrm{M} + I_\mathrm{m}} \tag{2.65}$$

当 $I_\mathrm{M} = I_\mathrm{m}$ 时,偏振度 $P = 0$,此时光束的偏振度最小,是自然光,自然光也称为非偏振光。

若 $I_\mathrm{m} = 0$,则偏振度 $P = 1$,此时光束的偏振度最大,是线偏振光,即全偏振光。

4) 自然光和部分偏振光可以分解成代替这束光的两束线偏振光

与其它偏振光一样,自然光和部分偏振光也可以分解为两束线偏振光,分解成的两束线偏振光可以代替自然光和部分偏振光。

这两束线偏振光的特点是:

(1) 两束线偏振光的偏振方向可以任意选取,但必须互相垂直。

(2) 由自然光分解成的两束线偏振光的光强相等,均为自然光强的一半,即 $I = I_0/2$。由部分偏振光分解成的两束线偏振光的光强分别为 I_M 和 I_m,部分偏振光的总光强为 $I_0 = I_\mathrm{M} + I_\mathrm{m}$。

(3) 两束线偏振光之间的初相位差随时间变化,没有稳定值。

两束线偏振光之间没有稳定的初相位差是由自然光或部分偏振光分解成的两束线偏振光的重要标志。如果初相位差稳定,就必然等于 $-\pi$ 和 $+\pi$ 之间的某个值,合成后会形成线偏振光、圆偏振光和椭圆偏振光中的一种偏振光,不再是自然光或部分偏振光了。在实际问题中,若能首先将自然光或部分偏振光分解成两束线偏振光,然后再用这两束线偏振光代替自然光或部分偏振光对问题进行分析处理,往往能大大简化求解过程。

2.5 光波在两种各向同性介质界面的反射和折射特性

光波在两种各向同性介质的分界面上发生反射和折射时,除了传播方向改变外,振幅、光强、能流、相位和偏振态也会发生变化,这些问题可以从电磁场的边界条件出发得到解决。本节首先给出菲涅耳公式,再讨论由菲涅耳公式得到的反射率和透射率、相位突变和半波损,以及布儒斯特角和偏振态等光波在两种各向同性介质分界面上的反射和折射特性。这些结论在理论和实践中都有重要应用。

1. 菲涅耳公式

如图 2.20 所示,界面两侧的各向同性介质的折射率分别为 n_1 和 n_2,一束传播方向位于 xz 平面的单色平面波的入射角、反射角和折射角分别为 i_1、i_1' 和 i_2,若已知 $z = 0$ 分界面上任意一点 P 处入射光的波函数为

$$E_1 = \widetilde{E}_{01} e^{i(k_1 \cdot r_1 - \omega_1 t)}$$

其中 $\widetilde{E}_{01} = E_{01} e^{i\varphi_{01}}$，且有 $r_1 = r_1' = r_2 = \overrightarrow{OP} = x\hat{x} + y\hat{y}$，就可以确定 $z = 0$ 分界面上点 P 处的反射波和透射波的波函数 E_1' 和 E_2。

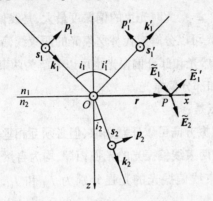

图 2.20 光波在各向同性介质界面的反射和折射

为了解决这个问题，首先建立如图 2.20 所示的三套随向坐标系和一套固定坐标系，图中画出了各套坐标系正方向的取向，组成如下的右手正交系

$$\hat{p}_1 \times \hat{s}_1 = \hat{k}_1, \quad \hat{p}_1' \times \hat{s}_1' = \hat{k}_1', \quad \hat{p}_2 \times \hat{s}_2 = \hat{k}_2, \quad \hat{x} \times \hat{y} = \hat{z}$$

将入射、反射和折射光波的波函数展开，可得

$$E_1 = \widetilde{E}_{01} e^{i(k_{1x}x + k_{1y}y - \omega_1 t)}$$

$$E_1' = \widetilde{E}'_{01} e^{i(k'_{1x}x + k'_{1y}y - \omega'_1 t)}$$

$$E_2 = \widetilde{E}_{02} e^{i(k_{2x}x + k_{2y}y - \omega_2 t)}$$

若要确保在 $z = 0$ 分界面上，对任意点和任意时刻的入射波、反射波和透射波都满足电磁波的边界条件，就必须

$$k_{1x} = k'_{1x} = k_{2x}, \quad k_{1y} = k'_{1y} = k_{2y}, \quad \omega_1 = \omega'_1 = \omega_2$$

也就是入射波、反射波和透射波的波函数中的指数项均应相等，即

$$e^{i(k_1 \cdot r_1 - \omega_1 t)} = e^{i(k_1' \cdot r_1' - \omega'_1 t)} = e^{i(k_2 \cdot r_2 - \omega_2 t)}$$

由此问题简化为，若已知 $z = 0$ 分界面上任意一点 P 处入射光波波函数的复振幅为

$$\widetilde{E}_{01} = E_{01} e^{i\varphi_{01}}$$

就可以通过边界条件确定反射波和透射波波函数的复振幅

$$\widetilde{E}'_{01} = E'_{01} e^{i\varphi'_{01}}, \quad \widetilde{E}_{02} = E_{02} e^{i\varphi_{02}}$$

由于各种偏振态的光波都能分解成可以代替它的两束互相垂直的线偏振光,因此可以将它们写成在各自随向坐标系中的分量形式,即

$$\widetilde{E}_{01} = \widetilde{E}_{1p}\hat{p}_1 + \widetilde{E}_{1s}\hat{s}_1, \quad \widetilde{E}'_{01} = \widetilde{E}'_{1p}\hat{p}'_1 + \widetilde{E}'_{1s}\hat{s}'_1, \quad \widetilde{E}_{02} = \widetilde{E}_{2p}\hat{p}_2 + \widetilde{E}_{2s}\hat{s}_2$$

参照图2.20所示的随向坐标系正方向的取向,在两种介质分界面上的电磁波的边界条件可以写成

$$\widetilde{E}_{2p}\cos i_2 = (\widetilde{E}_{1p} - \widetilde{E}'_{1p})\cos i_1, \quad \widetilde{E}_{2s} = \widetilde{E}_{1s} + \widetilde{E}'_{1s}$$

$$\widetilde{H}_{2p}\cos i_2 = (\widetilde{H}_{1p} - \widetilde{H}'_{1p})\cos i_1, \quad \widetilde{H}_{2s} = \widetilde{H}_{1s} + \widetilde{H}'_{1s}$$

在光频波段有 $n = \sqrt{\varepsilon}$,则有

$$\widetilde{H}_p = \frac{n}{c\mu_0}\widetilde{E}_s, \quad \widetilde{H}_s = \frac{n}{c\mu_0}\widetilde{E}_p$$

由此,上面的边界条件可以改写为

$$\widetilde{E}_{2p}\cos i_2 = (\widetilde{E}_{1p} - \widetilde{E}'_{1p})\cos i_1, \quad n_2\widetilde{E}_{2p} = n_1(\widetilde{E}_{1p} + \widetilde{E}'_{1p})$$

$$n_2\widetilde{E}_{2s}\cos i_2 = n_1(\widetilde{E}_{1s} - \widetilde{E}'_{1s})\cos i_1, \quad \widetilde{E}_{2s} = \widetilde{E}_{1s} + \widetilde{E}'_{1s}$$

联立求解上面的边界条件公式,再利用折射定律,即可得到如下的菲涅耳公式

$$\widetilde{E}'_{1p} = \frac{n_2\cos i_1 - n_1\cos i_2}{n_2\cos i_1 + n_1\cos i_2}\widetilde{E}_{1p} = \frac{\tan(i_1 - i_2)}{\tan(i_1 + i_2)}\widetilde{E}_{1p} \tag{2.66}$$

$$\widetilde{E}'_{1s} = \frac{n_1\cos i_1 - n_2\cos i_2}{n_1\cos i_1 + n_2\cos i_2}\widetilde{E}_{1s} = \frac{\sin(i_2 - i_1)}{\sin(i_1 + i_2)}\widetilde{E}_{1s} \tag{2.67}$$

$$\widetilde{E}_{2p} = \frac{2n_1\cos i_1}{n_2\cos i_1 + n_1\cos i_2}\widetilde{E}_{1p} = \frac{2\cos i_1 \sin i_2}{\sin(i_1 + i_2)\cos(i_1 - i_2)}\widetilde{E}_{1p} \tag{2.68}$$

$$\widetilde{E}_{2s} = \frac{2n_1\cos i_1}{n_1\cos i_1 + n_2\cos i_2}\widetilde{E}_{1s} = \frac{2\cos i_1 \sin i_2}{\sin(i_1 + i_2)}\widetilde{E}_{1s} \tag{2.69}$$

若 $\widetilde{E}_{1p}$、$\widetilde{E}_{1s}$ 已知,通过菲涅耳公式可以求得 $\widetilde{E}'_{1p}$、$\widetilde{E}'_{1s}$ 和 $\widetilde{E}_{2p}$、$\widetilde{E}_{2s}$,从而可以确定反射和折射光波的波函数。

由菲涅耳公式可知,反射波和透射波的 p 分量只与入射波的 p 分量相关,反射波和透射波的 s 分量只与入射波的 s 分量相关,p 分量和 s 分量是互相独立传播的。

要注意的是,$\widetilde{E}_{1p}$、$\widetilde{E}_{1s}$、$\widetilde{E}'_{1p}$、$\widetilde{E}'_{1s}$ 和 $\widetilde{E}_{2p}$、$\widetilde{E}_{2s}$ 均为 $z = 0$ 分界面上任意一点 P 处在任意时刻 t 的复振幅分量。如上的各个分量均有正负之分,若为负值,则处于与自己所在随向坐标系正方向相反的方向。

还要注意的是,菲涅耳公式是在入射光波处于 $\mu \approx 1$ 的光频波段、且满足 $D = \varepsilon\varepsilon_0 E$ 条件的各向同性的线性介质中时才成立,因此,使用菲涅耳公式时要满足如上的适用条

件。内部含有大量自由电子的金属表面有很高的反射率和强吸收,若光波入射到金属表面,情况就复杂了,因此,菲涅耳公式只适用于绝缘介质。

虽然上面仅讨论了单色平面波的反射和折射问题,但复色光波是单色光波的叠加,因此,可以将单色光波的结论推广到更一般的情况。

2. 反射率和透射率

1) 振幅反射率和透射率

由菲涅耳公式可以得到振幅反射率和透射率的表示式为

$$r_p = \frac{\widetilde{E}'_{1p}}{\widetilde{E}_{1p}} = \frac{n_2\cos i_1 - n_1\cos i_2}{n_2\cos i_1 + n_1\cos i_2} = \frac{\tan(i_1-i_2)}{\tan(i_1+i_2)} \quad (2.70)$$

$$r_s = \frac{\widetilde{E}'_{1s}}{\widetilde{E}_{1s}} = \frac{n_1\cos i_1 - n_2\cos i_2}{n_1\cos i_1 + n_2\cos i_2} = \frac{\sin(i_2-i_1)}{\sin(i_1+i_2)} \quad (2.71)$$

$$t_p = \frac{\widetilde{E}_{2p}}{\widetilde{E}_{1p}} = \frac{2n_1\cos i_1}{n_2\cos i_1 + n_1\cos i_2} = \frac{2\cos i_1 \sin i_2}{\sin(i_1+i_2)\cos(i_1-i_2)} \quad (2.72)$$

$$t_s = \frac{\widetilde{E}_{2s}}{\widetilde{E}_{1s}} = \frac{2n_1\cos i_1}{n_1\cos i_1 + n_2\cos i_2} = \frac{2\cos i_1 \sin i_2}{\sin(i_1+i_2)} \quad (2.73)$$

2) 光强反射率和透射率

光强的常用关系式为 $I = E_0^2$,但在比较两种不同介质中的光强时,必须使用更一般的关系式 $I = \frac{n}{2c\mu_0}E_0^2$。从振幅反射率和透射率出发,可以得到光强反射率和透射率的表示式

$$R_p = \frac{I'_{1p}}{I_{1p}} = |r_p|^2 \quad (2.74)$$

$$R_s = \frac{I'_{1s}}{I_{1s}} = |r_s|^2 \quad (2.75)$$

$$T_p = \frac{I_{2p}}{I_{1p}} = \frac{n_2}{n_1}|t_p|^2 \quad (2.76)$$

$$T_s = \frac{I_{2s}}{I_{1s}} = \frac{n_2}{n_1}|t_s|^2 \quad (2.77)$$

3) 能流反射率和透射率

平面波的横截面积与光强(平均能流密度)的乘积称为能流,记为 $W = IS$。

如图 2.21 所示,反射平面波与入射平面波的横截面积相等,即 $S'_1 = S_1$,而折射平面波与入射平面波横截面积的比值为

$$S_2/S_1 = S_0\cos i_2/S_0\cos i_1 = \cos i_2/\cos i_1$$

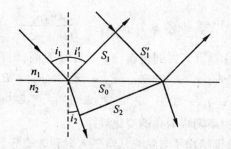

图 2.21 反射和折射截面与入射截面的关系

因此有 $\mathscr{R} = R, \mathscr{T} = (\cos i_2/\cos i_1)T$。由此可以得到能流反射率和透射率的表示式为

$$\mathscr{R}_p = \frac{W'_{1p}}{W_{1p}} = R_p \tag{2.78}$$

$$\mathscr{R}_s = \frac{W'_{1s}}{W_{1s}} = R_s \tag{2.79}$$

$$\mathscr{T}_p = \frac{W_{2p}}{W_{1p}} = \frac{\cos i_2}{\cos i_1} T_p \tag{2.80}$$

$$\mathscr{T}_s = \frac{W_{2s}}{W_{1s}} = \frac{\cos i_2}{\cos i_1} T_s \tag{2.81}$$

由于 $W'_{1p} + W_{2p} = W_{1p}, W'_{1s} + W_{2s} = W_{1s}$,可得

$$\mathscr{R}_p + \mathscr{T}_p = 1, \quad \mathscr{R}_s + \mathscr{T}_s = 1 \tag{2.82}$$

若入射光是能流为 W_1 的自然光,则有 $W_{1p} = W_{1s} = \frac{1}{2}W_1$,所以

$$\mathscr{R} = R = \frac{W'_1}{W_1} = \frac{W'_{1p}}{2W_{1p}} + \frac{W'_{1s}}{2W_{1s}} = \frac{1}{2}(\mathscr{R}_p + \mathscr{R}_s) = \frac{1}{2}(R_p + R_s) \tag{2.83}$$

同理可得

$$T = \frac{I_2}{I_1} = \frac{I_{2p}}{2I_{1p}} + \frac{I_{2s}}{2I_{1s}} = \frac{1}{2}(T_p + T_s) \tag{2.84}$$

$$\mathscr{T} = \frac{W_2}{W_1} = \frac{W_{2p}}{2W_{1p}} + \frac{W_{2s}}{2W_{1s}} = \frac{1}{2}(\mathscr{T}_p + \mathscr{T}_s) = \frac{1}{2}(T_p + T_s)\frac{\cos i_2}{\cos i_1} = T\frac{\cos i_2}{\cos i_1} \tag{2.85}$$

4) 光波垂直入射时的反射率和透射率

若光波垂直入射,有 $i_1 = i_2 = 0$,则得

$$r_p = \frac{n_2 - n_1}{n_2 + n_1} = -r_s \tag{2.86}$$

$$t_p = t_s = \frac{2n_1}{n_2 + n_1} \tag{2.87}$$

$$\mathscr{R}_p = \mathscr{R}_s = R_p = R_s = \left(\frac{n_2 - n_1}{n_2 + n_1}\right)^2 \tag{2.88}$$

$$\mathscr{T}_p = \mathscr{T}_s = T_p = T_s = \frac{4n_2 n_1}{(n_2 + n_1)^2} \tag{2.89}$$

若光波从空气($n_1 = 1.0$)垂直入射到玻璃($n_2 = 1.5$)表面,则有

$$r_p = 20\%, \ r_s = -20\%, \ \mathscr{R}_p = \mathscr{R}_s = R_p = R_s = 4\%$$

$$t_p = t_s = 80\%, \ T_p = T_s = \mathscr{T}_p = \mathscr{T}_s = 96\%$$

5) 光强反射率和透射率随入射角的变化规律

图 2.22 和图 2.23 分别给出了自然光从空气入射到玻璃分界面和从玻璃入射到空气分界面的光强反射率曲线。其中实线分别是 s 分量的光强反射率 R_s 和 p 分量的光强反射率 R_p;虚线是自然光入射时的光强反射率 R。

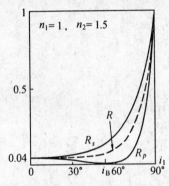
图 2.22 从空气到玻璃的光强反射率

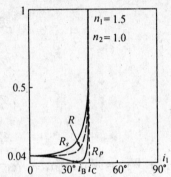
图 2.23 从玻璃到空气的光强反射率

从上面两个图可以看出,入射角不大时光强反射率保持在 4% 附近,这相当于垂直入射的情况。随着入射角 i_1 逐渐增大,s 分量的光强反射率 R_s 单调上升,但 p 分量的光强反射率先是下降到 0,然后再单调上升。光束从空气射向玻璃的入射角 i_1 增大到接近 90° 时(掠入射)和光束从玻璃射向空气的入射角 i_1 增大到接近全反射临界角 i_C 时,光强反射率 R_s、R_p 和 R 都急剧增大到 100%。

3. 布儒斯特角

不论是外反射(光从光疏介质入射到光密介质分界面的反射)还是内反射(光从光密介质入射到光疏介质分界面的反射)都存在一个使振幅反射率的 p 分量等于零($r_p = 0$)的特殊入射角,称这个角为布儒斯特角 i_B。

$r_p = 0$ 时,$i_1 = i_B$。由式(2.70)可知,此时 $\tan(i_1 + i_2) = \infty$,$i_1 + i_2 = 90°$,将其代入折射定律得

$$i_B = \arctan \frac{n_2}{n_1} \tag{2.90}$$

其中 n_1 和 n_2 分别是入射和折射介质的折射率。

若 i_{1B} 是光从光疏介质入射到光密介质分界面的布儒斯特入射角，$i_1 = i_{1B}$，则相应的折射角就是光从光密介质入射到光疏介质分界面的布儒斯特入射角 $i_2 = i_{2B}$，而且 $i_{1B} + i_{2B} = 90°$，此时反射光的传播方向与折射光的传播方向互相垂直。

光束以布儒斯特角 i_B 入射时，反射光中只有 s 分量。也就是说，不管入射光的偏振态如何，以布儒斯特角入射的反射光总是垂直入射面振动的线偏振光。因此，布儒斯特角 i_B 又称为全偏振角或起偏角。

利用光以布儒斯特角 i_B 入射时的偏振特性，可以获得线偏振光。当光以布儒斯特角入射到由多片平行放置的同种材料制成的平板玻璃（玻璃堆）时，由于第一个分界面上的入射角是布儒斯特角，则后面的每个界面的入射角都是布儒斯特角，各个分界面上的反射光都是 s 分量的线偏振光，p 分量的线偏振光完全通过，每通过一个分界面，透射光就减少一些 s 分量，经过由多块平板玻璃组成的玻璃堆后，透射光就成为几乎只有 p 分量的如图 2.24 所示的平行入射面的线偏振光了。

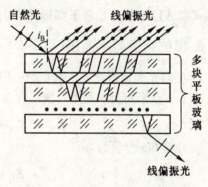

图 2.24 玻璃堆产生的透射线偏振光

4. 斯托克斯倒逆关系

在两种介质的分界面上，光从折射率为 n_1 的介质入射时的振幅反射率 r 和透射率 t，以及光从折射率为 n_2 的介质入射时的振幅反射率 r' 和透射率 t' 之间的关系可以由光的可逆性原理得到。

如图 2.25(a) 所示，若振幅为 E_0 的光束由 n_1 介质射向两种介质的分界面，则反射光的振幅为 rE_0，折射光的振幅为 tE_0。若折射光和反射光均以振幅 tE_0 和 rE_0 反向传播，如图 2.25(b) 和 (c) 所示，则图 2.25(b) 中的反射和折射光振幅分别为 $r'tE_0$ 和 $t'tE_0$，图 2.25(c)

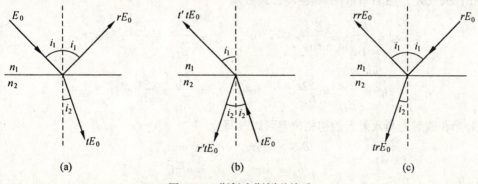

图 2.25 斯托克斯倒逆关系

中的反射和折射光振幅分别为 rrE_0 和 trE_0。按照光的可逆性原理，$r'tE_0$ 和 trE_0 应当相互抵消，$t'tE_0$ 和 rrE_0 应当合成为原入射光的振幅 E_0，即

$$trE_0 + r'tE_0 = 0, \quad r^2E_0 + tt'E_0 = E_0$$

由此可以得到如下的斯托克斯倒逆关系式

$$\begin{cases} r' = -r \\ tt' + r^2 = 1 \end{cases} \tag{2.91}$$

虽然式(2.91)中没有出现下脚标，但对 p、s 两个分量均适用。

5. 相位突变与半波损

1) 反射光和透射光与入射光的初相位差

在 $z = 0$ 平面上入射光的波函数为

$$\widetilde{E}_{01} = E_{01}e^{i\varphi_{01}} = \widetilde{E}_{1p}\hat{p}_1 + \widetilde{E}_{1s}\hat{s}_1$$

其中 p 分量和 s 分量为

$$\widetilde{E}_{1p} = E_{1p}e^{i\varphi_{1p}}, \quad \widetilde{E}_{1s} = E_{1s}e^{i\varphi_{1s}}$$

反射光和透射光的 p 分量和 s 分量为

$$\widetilde{E}'_{1p} = E'_{1p}e^{i\varphi'_{1p}}, \quad \widetilde{E}'_{1s} = E'_{1s}e^{i\varphi'_{1s}}$$

$$\widetilde{E}_{2p} = E_{2p}e^{i\varphi_{2p}}, \quad \widetilde{E}_{2s} = E_{2s}e^{i\varphi_{2s}}$$

因此，在 $z = 0$ 平面上，入射后刚刚反射和透射时，反射光和透射光与入射光之间 p、s 分量的初相位差即为

$$\delta'_p = \varphi'_{1p} - \varphi_{1p}, \quad \delta'_s = \varphi'_{1s} - \varphi_{1s}$$

$$\delta_p = \varphi_{2p} - \varphi_{1p}, \quad \delta_s = \varphi_{2s} - \varphi_{1s}$$

计算显示，虽然入射后刚刚反射和透射时光程差没有变化，相位却可能发生突变。在两种介质的分界面上，折射率等光学性质的突变，必然导致光波场的突变，因此分界面上的相位突变是自然的结果。由菲涅耳公式可知

$$r_p = \frac{\widetilde{E}'_{1p}}{\widetilde{E}_{1p}} = \frac{E'_{1p}}{E_{1p}}e^{i(\varphi'_{1p} - \varphi_{1p})}, \quad r_s = \frac{\widetilde{E}'_{1s}}{\widetilde{E}_{1s}} = \frac{E'_{1s}}{E_{1s}}e^{i(\varphi'_{1s} - \varphi_{1s})}$$

$$t_p = \frac{\widetilde{E}_{2p}}{\widetilde{E}_{1p}} = \frac{E_{2p}}{E_{1p}}e^{i(\varphi_{2p} - \varphi_{1p})}, \quad t_s = \frac{\widetilde{E}_{2s}}{\widetilde{E}_{1s}} = \frac{E_{2s}}{E_{1s}}e^{i(\varphi_{2s} - \varphi_{1s})}$$

反射光和透射光与入射光的初相位差可以改写为

$$\delta'_p = \arg r_p, \quad \delta'_s = \arg r_s$$

$$\delta_p = \arg t_p, \quad \delta_s = \arg t_s$$

其中 arg 表示幅角。显然，求出振幅反射率和振幅透射率的幅角，可以求得反射光和透射光

与入射光的初相位差,就可以知道反射光和透射光与入射光相比是否有相位突变。

2) 透射光的相位突变

对入射角和折射角来说,总有 $0 \leq i_1, i_2 \leq 90°$, 即 $\cos i_1 \geq 0, \sin i_2 \geq 0, \sin(i_2 + i_1) \geq 0, \cos(i_1 - i_2) > 0$。因此,由(2.72)和(2.73)式可知,振幅透射率 t_p 和 t_s 总是正的实数,它们的幅角均为零,即

$$\delta_p = 0, \quad \delta_s = 0$$

也就是

$$\varphi_{2p} = \varphi_{1p}, \quad \varphi_{2s} = \varphi_{1s}$$

说明刚刚透射时,透射光与入射光相比没有相位突变。

3) 外反射时反射光的相位突变

外反射($n_2 > n_1$)时,入射角 i_1 大于或等于折射角 i_2, 即 $i_1 \geq i_2$。

$i_1 < i_B$ 时,$i_1 + i_2 < 90°$, $\tan(i_1 + i_2) > 0$, $\tan(i_1 - i_2) > 0$。因此,由式(2.70)可得 $r_p > 0$, 振幅反射率的 p 分量是正的实数,$\delta'_p = 0$。说明刚刚反射时,p 分量的反射光与入射光相比没有相位突变。$i_1 = i_B$ 时,$i_1 + i_2 = 90°$, $r_p = 0$, 没有 p 分量的反射光。

$i_1 > i_B$ 时,$i_1 + i_2 > 90°$, $\tan(i_1 + i_2) < 0$, $\tan(i_1 - i_2) > 0$。因此,由式(2.70)可得 $r_p < 0$, 振幅反射率的 p 分量是负的实数

$$r_p = -|r_p| = |r_p| e^{i\pi}$$

即

$$\delta'_p = \pi$$

说明刚刚反射时,p 分量的反射光与入射光相比发生了相位突变。

同理可以推得,外反射时,s 分量的反射光与入射光相比总有相位突变。外反射时反射光的相位突变情况如图 2.26 所示。

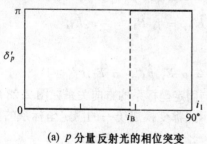
(a) p 分量反射光的相位突变

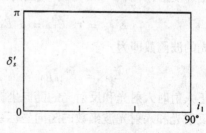
(b) s 分量反射光的相位突变

图 2.26 ($n_2 > n_1$) 外反射时反射光的相位突变

4) 内反射时反射光的相位突变

内反射时 $n_1 > n_2$, 入射角 i_1 小于或等于折射角 i_2, 即 $i_1 \leq i_2$。$i_1 \geq i_C$ 时发生全反射,计算显示,此时全反射临界角大于布儒斯特角。

仿照外反射时的推理,可以得到如图 2.27 所示的内反射时 p 分量和 s 分量的反射光

与入射光相比的相位突变情况。发生全反射后,振幅反射率 r_p 和 r_s 成为复数,相位突变情况比较复杂。如图 2.27 所示的全反射后的相位变化曲线是 $n_1 = 1.5$ 和 $n_2 = 1.0$ 时的推导和计算结果,详细的推导过程参见习题 2.26 的题解。

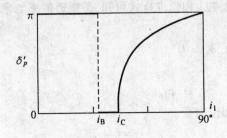
(a) p 分量反射光的相位突变

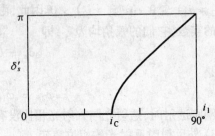
(b) s 分量反射光的相位突变

图 2.27 ($n_1 > n_2$) 内反射时反射光的相位突变

5) 外反射时,在 $z = 0$ 分界面上,正入射的反射光和入射光相比的相位突变

一束单色平面光波从光疏介质垂直入射到 $z = 0$ 的光密介质分界面上,若已知入射光波函数的两个分量分别是 $\widetilde{E}_{1p}$ 和 $\widetilde{E}_{1s}$,即已知

$$\widetilde{E}_{01} = \widetilde{E}_{1p}\hat{p}_1 + \widetilde{E}_{1s}\hat{s}_1$$

可以通过菲涅耳公式求得刚反射时反射光的波函数,并且可以得到两束光之间的相位突变情况。将式 (2.86) 改写成

$$r_p = -r_s = \frac{n_2 - n_1}{n_2 + n_1} = \alpha$$

因为是外反射,所以 $\alpha > 0$,反射光波的两个分量分别为

$$\widetilde{E}'_{1p} = r_p \widetilde{E}_{1p} = \alpha \widetilde{E}_{1p}, \quad \widetilde{E}'_{1s} = r_s \widetilde{E}_{1s} = -\alpha \widetilde{E}_{1s}$$

反射光的波函数即为

$$\widetilde{E}_{01}' = \widetilde{E}'_{1p}\hat{p}_1' + \widetilde{E}'_{1s}\hat{s}_1' = \alpha \widetilde{E}_{1p}\hat{p}_1' - \alpha \widetilde{E}_{1s}\hat{s}_1'$$

正入射时入射光和反射光的随向坐标系与固定坐标系的方向关系如图 2.28 所示,可以将反射光和入射光波函数的随向坐标系表示式都变换成统一的固定坐标系的表示式,即

$$\widetilde{E}_{01} = \widetilde{E}_{1p}\hat{p}_1 + \widetilde{E}_{1s}\hat{s}_1 = \widetilde{E}_{1p}\hat{x} + \widetilde{E}_{1s}\hat{y}$$

$$\widetilde{E}_{01}' = \alpha \widetilde{E}_{1p}\hat{p}_1' - \alpha \widetilde{E}_{1s}\hat{s}_1' = -\alpha(\widetilde{E}_{1p}\hat{x} + \widetilde{E}_{1s}\hat{y}) = -\alpha \widetilde{E}_{01}$$

注意,反射光随向坐标系单位矢量的正方向 $\hat{p}_1'$ 与固定坐标系单位矢量的正方向 $\hat{x}$ 相反。上式显示,刚刚反射时,反射光与入射光的振动方向相反。

可见,外反射时,在 $z = 0$ 分界面上,正入射的反射光和入射光相比,刚反射时,光程未

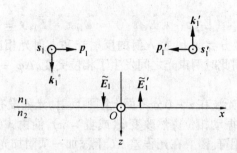

图 2.28 正入射时的随向坐标系与固定坐标系

变化,振动方向却相反了,说明此时两束光之间发生了相位突变,$\Delta\varphi = \varphi' - \varphi = \pi$。

6) 外反射时,在 $z = 0$ 分界面上,掠入射的反射光和入射光相比的相位突变

一束单色平面光波从光疏介质掠入射到 $z = 0$ 的光密介质分界面上,已知入射光的波函数为

$$\widetilde{E}_{01} = \widetilde{E}_{1p}\hat{p}_1 + \widetilde{E}_{1s}\hat{s}_1$$

则反射光的波函数为

$$\widetilde{E}_{01}' = \widetilde{E}'_{1p}\hat{p}_1' + \widetilde{E}'_{1s}\hat{s}_1' = r_p \widetilde{E}_{1p}\hat{p}_1' + r_s \widetilde{E}_{1s}\hat{s}_1'$$

由式(2.70)和(2.71)可得

$$r_p \approx \frac{\tan(90° - i_2)}{\tan(90° + i_2)} = -\frac{\cot i_2}{\cot i_2} = -1$$

$$r_s \approx \frac{\sin(i_2 - 90°)}{\sin(i_2 + 90°)} = -\frac{\cos i_2}{\cos i_2} = -1$$

即有

$$\widetilde{E}'_{01} = r_p \widetilde{E}_{1p}\hat{p}_1' + r_s \widetilde{E}_{1s}\hat{s}_1' = -(\widetilde{E}_{1p}\hat{p}_1' + \widetilde{E}_{1s}\hat{s}_1')$$

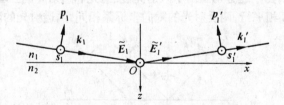

图 2.29 掠入射时的随向坐标系与固定坐标系

掠入射时入射光和反射光的随向坐标系与固定坐标系的方向关系如图 2.29 所示,可以将反射光和入射光波函数的随向坐标系表示式都变换成统一的固定坐标系的表示式,即

$$\widetilde{E}_{01} = \widetilde{E}_{1p}\hat{p}_1 + \widetilde{E}_{1s}\hat{s}_1 = -\widetilde{E}_{1p}\hat{z} + \widetilde{E}_{1s}\hat{y}$$

$$\widetilde{E}_{01}{}' = -(\widetilde{E}_{1p}\hat{p}_1{}' + \widetilde{E}_{1s}\hat{s}_1{}') = \widetilde{E}_{1p}\hat{z} - \widetilde{E}_{1s}\hat{y} = -\widetilde{E}_{01}$$

可见，外反射时，在 $z=0$ 分界面上，掠入射的反射光和入射光相比，刚反射时，光程未变化，振动方向相反了，说明此时两束光之间发生了相位突变，$\Delta\varphi = \varphi' - \varphi = \pi$。

7) 半波损

正入射和掠入射时，光波在 $z=0$ 分界面上刚刚反射，光程没有变化，光波振动矢量的方向却突然反向，或者说振动相位突然改变 π（或者 $-\pi$），使由式(2.32)表示的相位和光程之间的正比关系不再相符。需要在光程差 ΔL 上添加一项附加光程差 $\pm \lambda_0/2$（λ_0 是真空中的波长），才能保持相位和光程之间的正比关系，即

$$\Delta L' = \Delta L \pm \lambda_0/2 \tag{2.92}$$

其中 ΔL 称为实际光程差；$\Delta L'$ 称为等效光程差。

光波在介质分界面上反射或折射时，由于振动相位突然改变 π 产生的附加光程差 $\pm \lambda_0/2$ 称为半波损。

8) 正入射和掠入射时反射光和透射光的半波损

仿照上面的处理可知，正入射和掠入射时透射光与入射光相比无半波损。

将反射光和透射光的半波损规律总结如下：

光从光疏介质向光密介质正入射和掠入射时，反射光与入射光相比有半波损。

光从光密介质向光疏介质正入射时，反射光与入射光相比无半波损。

正入射和掠入射时，光无论从光疏介质向光密介质或者从光密介质向光疏介质入射，透射光与入射光相比均没有半波损。

9) 平行平面透明介质板的两束反射光或两束透射光之间的半波损

在讨论薄膜干涉等分振幅干涉问题时，入射到薄膜上的倾斜光束经上下分界面反射和折射后，在前两束反射平行光或前两束透射平行光之间是否会发生相位突变，计算它们的光程差时是否需要添加半波损，这是一个需要弄清楚的问题。

图 2.30 中画出了单色平行光斜入射到平行平面透明介质板上时的前两束反射光 1'、2' 和前两束透射光 1、2，图中还分别画出了入射光、反射光和透射光的三套随向坐标系。由于两反射光或两透射光互相平行，两反射光的随向坐标系相同，两透射光的随向坐标系也相同。

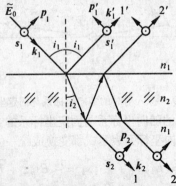

图 2.30 平行平面透明介质板的前两束反射光或前两束透射光之间的半波损

反射光或两透射光互相平行,两反射光的随向坐标系相同,两透射光的随向坐标系也相同。

不考虑介质厚度引起的光程差,先讨论在反射光束 1′ 和 2′ 之间是否存在由于不同分界面的反射引起的相位突变。

设入射平行光的波函数为

$$\widetilde{E}_0 = \widetilde{E}_{0p}\hat{p}_1 + \widetilde{E}_{0s}\hat{s}_1$$

则仅经上表面反射的光束 1′ 的波函数为

$$\widetilde{E}_{01}' = \widetilde{E}'_{1p}\hat{p}_1' + \widetilde{E}'_{1s}\hat{s}_1' = r_p \widetilde{E}_{0p}\hat{p}_1' + r_s \widetilde{E}_{0s}\hat{s}_1'$$

如图 2.30 所示,设透明介质板两侧介质的折射率相同,则经上表面透射,下表面反射,再经上表面透射的光束 2′ 的波函数为

$$\widetilde{E}_{02}' = \widetilde{E}'_{2p}\hat{p}_1' + \widetilde{E}'_{2s}\hat{s}_1' = t_p t_p' r_p' \widetilde{E}_{0p}\hat{p}_1' + t_s t_s' r_s' \widetilde{E}_{0s}\hat{s}_1'$$

由于 $tt' + r^2 = 1, r = -r'$,而且当入射角较小时,光在玻璃等绝缘的各向同性透明介质中的光强反射率很小,近似有 $1 - r^2 \approx 1$,则上式可以改写为

$$\widetilde{E}'_{02} \approx -(r_p \widetilde{E}_{0p}\hat{p}_1' + r_s \widetilde{E}_{0s}\hat{s}_1') = -\widetilde{E}'_{01}$$

可见,此时反射光束 1′ 和 2′ 之间振动方向相反,有相位 π 的突变,计算光束 1′ 和 2′ 之间的光程差时,必须添加半波损。

再讨论在透射光束 1 和 2 之间是否有相位突变。

注意到入射角较小时,$1 - r^2 \approx 1$,则经上下表面透射的光束 1 的波函数为

$$\widetilde{E}_{01} = \widetilde{E}_{1p}\hat{p}_2 + \widetilde{E}_{1s}\hat{s}_2 = t_p t_p' \widetilde{E}_{0p}\hat{p}_2 + t_s t_s' \widetilde{E}_{0s}\hat{s}_2 \approx \widetilde{E}_{0p}\hat{p}_2 + \widetilde{E}_{0s}\hat{s}_2$$

经上表面透射,下表面和上表面反射,再经下表面透射的光束 2 的波函数为

$$\widetilde{E}_{02} = \widetilde{E}_{2p}\hat{p}_2 + \widetilde{E}_{2s}\hat{s}_2 = t_p t_p'(r_p')^2 \widetilde{E}_{0p}\hat{p}_2 + t_s t_s'(r_s')^2 \widetilde{E}_{0s}\hat{s}_2 \approx R_p \widetilde{E}_{0p}\hat{p}_2 + R_s \widetilde{E}_{0s}\hat{s}_2$$

入射角较小时,光强反射率的 p、s 分量近乎相等,即 $R_p \approx R_s$,因此有

$$\widetilde{E}_{02} \approx R_p(\widetilde{E}_{0p}p_2 + \widetilde{E}_{0s}s_2) = R_p\widetilde{E}_{01}$$

即两透射光束 1 和 2 的振动方向相同,没有相位突变,计算光束 1 和 2 的光程差时,不必添加半波损。

进一步分析可以得到如下结论:光束的入射角较小时,若

$$n_1 > n_2 < n_3 \quad \text{或} \quad n_1 < n_2 > n_3 \tag{2.93}$$

平行平面透明介质板的前两束反射光之间有半波损,前两束透射光之间没有半波损;若

$$n_1 < n_2 < n_3 \quad \text{或} \quad n_1 > n_2 > n_3 \tag{2.94}$$

平行平面透明介质板的前两束反射光之间没有半波损,前两束透射光之间有半波损。

进一步的分析还可以得到下面的结论:在平行平面透明介质板的其余反射光束 2′,3′,4′⋯ 或透射光束 2,3,4⋯ 之间均没有相位突变,或者说没有半波损。

习 题 2

2.1 (1) 人眼的响应时间约为 0.1 s,在这段时间里光振动经历了多少个周期; (2) 目前光电接收器的响应时间约为 10^{-9} s,在这段时间里光振动经历了多少个周期。

2.2 在萤石里沿 z 方向传播的平面光波的波函数为 $E = 5\cos[10^{15}\pi(z/(0.7c) - t)]$,求光波的频率、在萤石中的波长和萤石的折射率。

2.3 如图 2.31 所示,一列平面波沿 y 方向传播,波长为 λ,设 $y = 0$ 点处的初始相位为 φ_0。求(1) 沿 x 轴方向的初相位分布 $\varphi(x)$;(2) 沿 y 轴方向的初相位分布 $\varphi(y)$;(3) 在 xy 平面内沿与 y 轴夹角 θ 的 r 方向的初相位分布 $\varphi(r)$。

2.4 如图 2.32 所示,一列平面波的空间方向角分别为 α、β、γ,波长为 λ,设 $r = 0$ 点处的初始相位为 φ_0。求(1) 沿 r 方向的初相位分布 $\varphi(r)$;(2) 沿 x 轴方向的初相位分布 $\varphi(x)$; (3) 沿 y 轴方向的初相位分布 $\varphi(y)$。

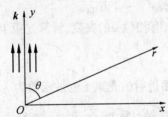

图 2.31 沿 y 轴方向传播的平面波

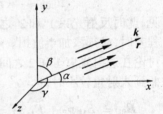

图 2.32 沿 r 方向传播的平面波

2.5 两列振幅和频率都相等的平面波的波函数分别为 $E_1(x,t) = E_0\cos(kx - \omega t)$ 和 $E_2(x,t) = E_0\cos(kx + \omega t)$,分别写出它们的复振幅和两列波叠加后的复振幅。

2.6 写出沿 x 轴传播的平面波的复振幅。

2.7 写出在 xy 平面内沿与 y 轴夹角 θ 的 r 方向传播的平面波的复振幅。

2.8 在 xy 平面内传播的平面波的复振幅为 $\widetilde{E}(x,y) = \widetilde{E}_0 e^{i(k(\frac{\sqrt{3}}{2}x + \frac{1}{2}y) + \varphi_0)}$,求这束平面波的传播方向。

2.9 求会聚于点 $Q(0,0,z_0)$ 处的球面波的复振幅。

2.10 如图 2.33 所示,在薄透镜的物方焦面上有 O_1 和 O_2 两个点光源,点 O_1 位于光轴上,点 O_2 到光轴的距离为 a,$a \ll f$,满足傍轴条件。(1) 设两个点光源发出的球面光波的振幅为 $E_1 = E_2 = E_0$,分别写出两束光波

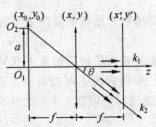

图 2.33 光波在薄透镜前后的波函数

在透镜前表面(xy 平面)的复振幅 $\widetilde{E}_1(x,y)$ 和 $\widetilde{E}_2(x,y)$;(2)设两束光波透过薄透镜后的振幅为 $E'_1 = E'_2 = E'_0$,分别写出它们在像方焦面($x'y'$ 平面)上的复振幅 $\widetilde{E}'_1(x',y')$ 和 $\widetilde{E}'_2(x',y')$。

2.11 自然光垂直入射到两个平行放置的偏振片上,如果透射光强为(1)透射光束最大光强的 1/4;(2)入射光束光强的 1/4,分别求两偏振片透振方向之间的夹角。

2.12 一束部分偏振光通过偏振片,当偏振片的透振方向由最大透射光强的位置转过 30° 角时,透射光强变为最大透射光强的 4/5,求当偏振片的透振方向由最大透射光强的位置转过 45° 角时透射光强与最大透射光强的比值。

2.13 一束部分偏振光由光强比为 4:6 的线偏振光和自然光组成,求这束部分偏振光的偏振度。

2.14 把以平行光束传播方向为轴、以角速度 ω 转动的偏振片插入透振方向正交的一对偏振片之间,求光强为 I_0 的自然光经过此装置后的透射光强。

2.15 若部分偏振光通过偏振片后的最大和最小透射光强分别为 I_M 和 I_m,偏振度为 P,证明当偏振片的透振方向与光强最大的透射光束偏振方向的夹角为 θ 时,透射光强等于 $I = I_M(1 + P\cos2\theta)/(1 + P)$。

2.16 若光波由介质入射到空气分界面的全反射临界角为 40°,求介质与空气分界面上的两个布儒斯特角。

2.17 一束自然光由折射率为 $n = 4/3$ 的水中入射到玻璃上,当入射角为 50.82° 时反射光是线偏振光,求玻璃的折射率。

2.18 一束光由空气入射到折射率为 1.56 的透明玻璃平板上,反射光强为零,求这束光的偏振态和入射角。

2.19 如图 2.34 所示,全反射棱镜的折射率为 $n = 1.6$,置于空气中,设棱镜介质无吸收,求垂直入射的自然光经棱镜反射转折,再垂直透射后,反射光强与入射光强的比值。

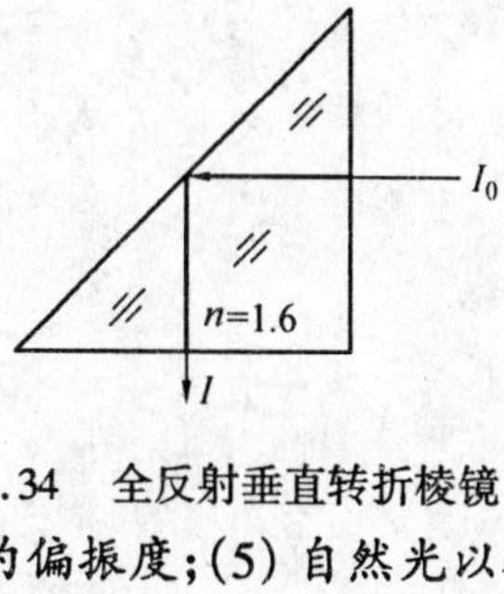

2.20 已知玻璃的折射率为 $n = 1.5$,求(1)由空气到玻璃的布儒斯特角;(2)由玻璃到空气的布儒斯特角;(3)以布儒斯特角入射时自然光由空气到玻璃的折射光的偏振度;(4)以布儒斯特角入射时自然光由玻璃到空气的折射光的偏振度;(5)自然光以布儒斯特角从空气入射到一块平行平面玻璃板后,透射光的偏振度。

图 2.34 全反射垂直转折棱镜

2.21 自然光以布儒斯特角入射到由五块折射率为 1.5 的平行玻璃板组成的玻璃堆上,求透射光的偏振度(忽略玻璃对光的吸收等损耗)。

2.22 一束右旋圆偏振光的光强为 I_0,由空气垂直入射到折射率为 1.5 的玻璃上,求反射光的偏振态和光强？由玻璃垂直入射到空气界面，求反射光的偏振态和光强。

2.23 如图 2.35 所示，线偏振光的偏振面和入射面之间的夹角称为振动方位角。入射线偏振光从折射率为 n_1 的介质入射到折射率为 n_2 的介质时，若方位角为 α，入射角为 i，求反射光和折射光的方位角 α'_1 和 α_2。

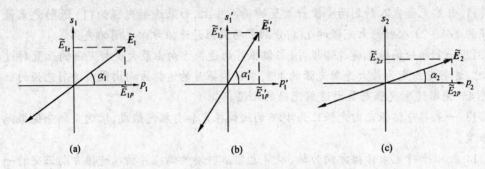

图 2.35 反射光和折射光的方位角

2.24 平行光以布儒斯特角从空气入射到玻璃($n = 1.5$)上，求(1)能流反射率 $\mathscr{R}_p$ 和 $\mathscr{R}_s$；(2)能流透射率 $\mathscr{T}_p$ 和 $\mathscr{T}_s$。

2.25 设入射光、反射光和折射光的总能流分别为 W_1、W'_1 和 W_2，则总能流反射率 $\mathscr{R}$ 和总能流透射率 $\mathscr{T}$ 分别为 $\mathscr{R} = \dfrac{W'_1}{W_1}$ 和 $\mathscr{T} = \dfrac{W_2}{W_1}$，(1)入射光为线偏振光，方位角为 α 时，证明 $\mathscr{R} = \mathscr{R}_p\cos^2\alpha + \mathscr{R}_s\sin^2\alpha$ 和 $\mathscr{T} = \mathscr{T}_p\cos^2\alpha + \mathscr{T}_s\sin^2\alpha$；(2)证明 $\mathscr{R} + \mathscr{T} = 1$；(3)入射光为圆偏振光时，求 $\mathscr{R}$、$\mathscr{T}$ 与 $\mathscr{R}_p$、$\mathscr{R}_s$、$\mathscr{T}_p$ 和 $\mathscr{T}_s$ 的关系式。

2.26 推导内反射的入射角大于全反射角时 p 分量和 s 分量的全反射相位突变随入射角变化的关系式。

第3章 光的干涉

3.1 光波的叠加和干涉

1. 光的独立传播定律和叠加原理

两列光波或多列光波在空间相遇时,在交叠区里各列光波保持自己的振动状态,独立传播、互不影响,称为光的独立传播定律。

两列光波或多列光波在空间相遇时,在交叠区内各点的振动是每列光波在该点单独存在时振动的合成。光波是矢量波,因此光波场中各点的总振动是每列光波在该点光振动的矢量叠加,称为光的叠加原理。光的叠加原理是光的独立传播定律的必然结果,数学表示式为

$$\boldsymbol{E}(r,t) = \sum_{i=1}^{n} \boldsymbol{E}_i(r,t) \tag{3.1}$$

在傍轴条件下,矢量波可以近似为标量波

$$E(r,t) = \sum_{i=1}^{n} E_i(r,t) \tag{3.2}$$

光的独立传播定律和叠加原理在真空中总是成立的,在介质中是否适用,要看光波的强度。在一般光强下,除了光折变材料等某些特殊介质,在大多数介质中它们也是适用的。光波的强度很强时,很多介质呈现明显的非线性特性。不遵循光的独立传播定律和叠加原理的光学效应称为非线性光学效应,研究光的非线性效应的学科称为非线性光学。本书在光的独立传播定律和叠加原理成立的条件下讨论光的干涉、衍射和偏振等波动光学的特性,在第十章介绍一些非线性光学的内容。

2. 光的干涉

光强 $I = E_0^2$ 与波动光场 $\boldsymbol{E}$ 和瞬时能流密度 $\boldsymbol{S} = \boldsymbol{E} \times \boldsymbol{H}$ 的重要区别在于光强是一个平均值。因为眼睛和光接收器的响应时间远大于光的振动周期($\Delta t(0.1 \text{ s}) \gg \tau(10^{-9}\text{s}) \gg T(10^{-15}\text{ s})$),所以人的眼睛和光学仪器能够响应的是光强。下面首先通过求两列光波叠加后的合光强来讨论光的干涉问题。

1) 两列光波叠加的合光强分布

已知两个点光源 Q_1 和 Q_2 发出两束球面光波，源点处光波的初始相位分别为 φ_{01} 和 φ_{02}，光波的频率分别为 ω_1 和 ω_2，传播方向为图 3.1 所示的 $\boldsymbol{k}_1$ 和 $\boldsymbol{k}_2$ 方向，振幅矢量分别为 $\boldsymbol{E}_{01}$ 和 $\boldsymbol{E}_{02}$。两束球面波在光波场中相遇，互相交叠，在交叠区中任选一个观察平面 Σ，设两个点光源到观察平面上任意一点 P 处的距离分别为 r_1 和 r_2，可以从叠加原理和光强定义出发求解两列光波在观察屏 Σ 上的合光强分布。

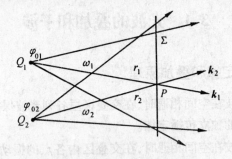

图 3.1　两列光波的叠加

由如上的已知条件可以写出两列光波的波函数

$$\boldsymbol{E}_1(P,t) = \boldsymbol{E}_{01}\cos(\varphi_1 - \omega_1 t)$$
$$\boldsymbol{E}_2(P,t) = \boldsymbol{E}_{02}\cos(\varphi_2 - \omega_2 t)$$

其中 $\varphi_1 = \boldsymbol{k}_1 \cdot \boldsymbol{r}_1 + \varphi_{01}$，$\varphi_2 = \boldsymbol{k}_2 \cdot \boldsymbol{r}_2 + \varphi_{02}$。根据叠加原理可以得到点 P 处光波的瞬时合振动为

$$\boldsymbol{E}(P,t) = \boldsymbol{E}_1(P,t) + \boldsymbol{E}_2(P,t) = \boldsymbol{E}_{01}\cos(\varphi_1 - \omega_1 t) + \boldsymbol{E}_{02}\cos(\varphi_2 - \omega_2 t)$$

由 (2.10) 式可知，相应的瞬时能流密度为

$$S = \frac{n}{c\mu_0}E^2 \propto \boldsymbol{E}(P,t) \cdot \boldsymbol{E}(P,t) =$$
$$E_{01}^2\cos^2(\varphi_1 - \omega_1 t) + E_{02}^2\cos^2(\varphi_2 - \omega_2 t) +$$
$$2\boldsymbol{E}_{02} \cdot \boldsymbol{E}_{01}\cos(\varphi_2 - \omega_2 t)\cos(\varphi_1 - \omega_1 t) =$$
$$E_{01}^2\cos^2(\varphi_1 - \omega_1 t) + E_{02}^2\cos^2(\varphi_2 - \omega_2 t) +$$
$$\boldsymbol{E}_{01} \cdot \boldsymbol{E}_{02}\{\cos[(\varphi_2 + \varphi_1) - (\omega_2 + \omega_1)t] + \cos[(\varphi_2 - \varphi_1) - (\omega_2 - \omega_1)t]\}$$

光强是能流密度的平均值，即

$$I \propto \langle \boldsymbol{E}(P,t) \cdot \boldsymbol{E}(P,t) \rangle$$

其中 $\langle \boldsymbol{E}(P,t) \cdot \boldsymbol{E}(P,t) \rangle = \frac{1}{\Delta t}\int_0^{\Delta t}(\boldsymbol{E}(P,t) \cdot \boldsymbol{E}(P,t))\mathrm{d}t$；$\Delta t$ 是观察时间。

由于

$$\langle \cos^2(\varphi - \omega t) \rangle = \frac{1}{2}$$

$$\langle \cos[(\varphi_2 + \varphi_1) - (\omega_2 + \omega_1)t] \rangle = 0$$

而且光强是一个相对量,因此两列光波叠加后的合光强分布为

$$I = E_{01}^2 + E_{02}^2 + 2E_{01} \cdot E_{02} \langle \cos[(\varphi_2 - \varphi_1) - (\omega_2 - \omega_1)t] \rangle$$

其中 $\delta(p) = \varphi_2 - \varphi_1 = k_2 \cdot r_2 - k_1 \cdot r_1 + \varphi_{02} - \varphi_{01}$ 是两列光波在观察平面上任意一点 P 处的初相位差;$k_2 \cdot r_2 - k_1 \cdot r_1$ 是位置的函数,不随时间变化;$\varphi_{02} - \varphi_{01}$ 是两列光波各自在源点处的初始相位之差。

$\Delta \varphi_0 = \varphi_{02} - \varphi_{01}$ 通常随时间极快地变化,这是由普通光源的随机发光机制决定的。比如太阳光和日光灯等普通光源中的大量原子和分子每次发光的时间大约为 10^{-9} s 量级,在空间形成一个个有限长度的光波波列。每个波列从源点发出时都有一个确定的初始相位 φ_0,不同波列的初始相位随机分布。以图3.2所示的随机发光为例,不仅点光源 Q_1 和 Q_2 发出的不同波列之间的初始相位彼此独立、互不相关,而且同一个点光源发出的不同光波列的初始相位也是彼此独立和互不相关的。因此,在观察点 P 处或者说在波场中任意点处相遇的两列光波的初始相位差 $\Delta\varphi_0(t) = \varphi_{02} - \varphi_{01}$ 通常随时间极快地变化,只有在特殊情况下相遇的两列光波的初始相位差才不随时间变化。

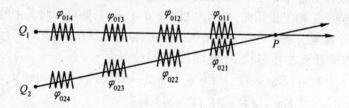

图3.2 普通光源随机发光的波列

2) 振幅矢量互相垂直时的合光强分布

若两束光波的振幅矢量互相垂直($E_{01} \perp E_{02}$),则 $E_{01} \cdot E_{02} = 0$,则合光强分布为

$$I = E_{01}^2 + E_{02}^2 = I_1 + I_2$$

此时观察平面上的光强处处相同,亮度均匀分布。

3) 初始相位差变化时的合光强分布

若两束光波的振幅矢量互相平行($E_{01} \parallel E_{02}$),但初始相位差 $\Delta\varphi_0(t) = \varphi_{02} - \varphi_{01}$ 随时间极快地变化,即 $\varphi_2 - \varphi_1 = k_2 \cdot r_2 - k_1 \cdot r_1 + \Delta\varphi_0(t)$,因此

$$\langle \cos[(\varphi_2 - \varphi_1) - (\omega_2 - \omega_1)t] \rangle = 0$$

则合光强分布为

$$I = E_{01}^2 + E_{02}^2 = I_1 + I_2$$

此时观察平面上的光强处处相同,亮度均匀分布。

4) 频率不相等时的合光强分布

若两束光波的振幅矢量互相平行($E_{01} /\!/ E_{02}$),且$\Delta\varphi_0(P) = \varphi_{02} - \varphi_{01}$不随时间变化,但频率不相等($\omega_2 \neq \omega_1$),因此仍有

$$\langle \cos[(\varphi_2 - \varphi_1) - (\omega_2 - \omega_1)t] \rangle = 0$$

则合光强分布为

$$I = E_{01}^2 + E_{02}^2 = I_1 + I_2$$

此时观察平面上的光强处处相同,亮度均匀分布。

5) 光的干涉和相干条件

若两束光波的振幅矢量互相平行,初始相位差$\Delta\varphi_0 = \varphi_{02} - \varphi_{01}$不随时间变化,而且频率相同($\omega_2 = \omega_1$),则

$$\langle \cos[(\varphi_2 - \varphi_1) - (\omega_2 - \omega_1)t] \rangle = \cos\delta(P)$$

其中$\delta(P)$不随时间变化,形成稳定的空间分布,则合光强分布为

$$I = E_{01}^2 + E_{02}^2 + 2E_{01}E_{02}\cos\delta = I_1 + I_2 + 2\sqrt{I_1 I_2}\cos\delta \tag{3.3}$$

$$\delta = \varphi_2 - \varphi_1 = (k_2 \cdot r_2 - k_1 \cdot r_1) + \Delta\varphi_0 \tag{3.4}$$

此时合光强分布中出现具有稳定空间分布的交叉项$2\sqrt{I_1 I_2}\cos\delta$,在光波场的交叠区里或观察平面上可以看见明暗相间的干涉条纹,这种叠加称为相干叠加,这种现象称为光的干涉。

若两束光的振幅矢量相交,夹角为$\theta(0 < \theta < \pi/2)$,则可以将其中的一个振幅分量分解成与另一个振幅分量平行和垂直的两个分量,如图3.3所示。此时平行量之间是相干叠加,平行量与垂直量之间是非相干叠加,合光强分布为

$$\begin{aligned}I &= (E_{01}\cos\theta)^2 + E_{02}^2 + 2E_{01}E_{02}\cos\theta\cos\delta + (E_{01}\sin\theta)^2 = \\ &\quad E_{01}^2 + E_{02}^2 + 2E_{01}E_{02}\cos\theta\cos\delta\end{aligned} \tag{3.5}$$

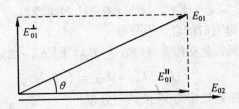

图 3.3 两振幅矢量相交时光的干涉

综上所述,两光束或多光束相干的条件是:① 频率相同;② 存在相互平行的振动分量;③ 初相位差稳定。

6) 讨论

如果合光强是两束或多束光波光强的简单相加,则称为非相干叠加,这是一种非相干现象。由上述分析可以看出,相干叠加和非相干叠加均服从光波的独立传播定律和叠加原理。计算显示,相干叠加的交叉项不随时间变化,呈现稳定的空间分布,取时间的平均值后

是空间位置的函数,即

$$\langle \cos[(\varphi_2 - \varphi_1) - (\omega_2 - \omega_1)t] \rangle = \cos\delta(P)$$

非相干叠加的交叉项随时间极快地变化,取时间的平均值后恒等于零,即

$$\langle \cos[(\varphi_2 - \varphi_1) - (\omega_2 - \omega_1)t] \rangle = 0$$

可见,相干叠加和非相干叠加的关键区别在于叠加后交叉项取平均值的结果大不相同。

3. 相干光强的计算方法

如果满足相干条件的各列光波的振动矢量互相平行,可以将波函数写成标量形式

$$E_i(P, t) = E_{0i}\cos(\varphi_i - \omega t)$$

其中 $\varphi_i = \boldsymbol{k}_i \cdot \boldsymbol{r}_i + \varphi_{0i}, i = 1, 2, 3\cdots$。通常有三种计算相干叠加合光强的方法。

1) 余弦函数法

若只有两列光波相干叠加,由于两个同频率的简谐振动相加后的合振动仍然是同频率的简谐振动,使用余弦函数法求和,可以得到

$$E = E_1 + E_2 = E_{01}\cos(\varphi_1 - \omega t) + E_{02}\cos(\varphi_2 - \omega t) = E_0\cos(\varphi - \omega t)$$

将等式两边展开得

$$E_0(\cos\varphi\cos\omega t + \sin\varphi\sin\omega t) =$$
$$E_{01}(\cos\varphi_1\cos\omega t + \sin\varphi_1\sin\omega t) + E_{02}(\cos\varphi_2\cos\omega t + \sin\varphi_2\sin\omega t) =$$
$$(E_{01}\cos\varphi_1 + E_{02}\cos\varphi_2)\cos\omega t + (E_{01}\sin\varphi_1 + E_{02}\sin\varphi_2)\sin\omega t$$

可得

$$I = E_0^2 = E_{01}^2 + E_{02}^2 + 2E_{01}E_{02}\cos\delta = I_1 + I_2 + 2\sqrt{I_1 I_2}\cos\delta$$

其中 $\delta = \varphi_2 - \varphi_1$。

若有多列光波相干叠加,使用这种方法计算合光强较麻烦。

2) 矢量图解法

若只有两列光波相干叠加,先画出如图 3.4 所示的矢量叠加图,再使用余弦定理求出合光强

$$I = E_C^2 = E_{01}^2 + E_{02}^2 + 2E_{01}E_{02}\cos\delta$$

若有多列光波相干叠加,先画出如图 3.5 所示的矢量叠加图,再将每个振幅矢量沿 x 轴方向和 y 轴方向分解成相应分量,求出 x 和 y 方向的分量,即

$$E_{0x} = E_{01}\cos\varphi_{01} + E_{02}\cos\varphi_{02} + E_{03}\cos\varphi_{03} + \cdots$$
$$E_{0y} = E_{01}\sin\varphi_{01} + E_{02}\sin\varphi_{02} + E_{03}\sin\varphi_{03} + \cdots$$

合振动的光强即为

$$I = E_0^2 = E_{0x}^2 + E_{0y}^2 \tag{3.6}$$

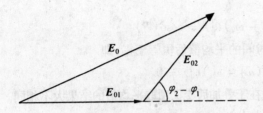 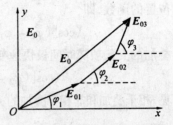

图 3.4 两光束相干叠加的矢量图　　图 3.5 三光束相干叠加的矢量图

3) 复振幅叠加法

若只有两列光波相干叠加,应当首先写出每列光波的复振幅,然后相加,即 $\widetilde{E} = \widetilde{E}_1 + \widetilde{E}_2$。利用等式 $\cos\alpha = \dfrac{e^{i\alpha} + e^{-i\alpha}}{2}$,可以得到合光强

$$\begin{aligned} I &= (\widetilde{E}_1 + \widetilde{E}_2)(\widetilde{E}_1^* + \widetilde{E}_2^*) = \\ &\quad (E_{01}e^{i\varphi_1} + E_{02}e^{i\varphi_2})(E_{01}e^{-i\varphi_1} + E_{02}e^{-i\varphi_2}) = \\ &\quad E_{01}^2 + E_{02}^2 + E_{01}E_{02}(e^{i\delta} + e^{-i\delta}) = \\ &\quad I_1 + I_2 + 2\sqrt{I_1 I_2}\cos\delta \end{aligned}$$

若有多列光波叠加,应首先将多列实波函数对应成相应的复振幅形式,即

$$E_i(P, t) = E_{0i}\cos(\varphi_i - \omega t) \to \widetilde{E}_i = E_{0i}e^{i\varphi_i}$$

其中 $\varphi_i = \boldsymbol{k}_i \cdot \boldsymbol{r}_i + \varphi_{0i}, i = 1, 2, 3, \cdots$。

然后求复振幅的和:$\widetilde{E} = \sum\limits_{i=1}^{n} \widetilde{E}_i$。则相干叠加后合光强的复振幅表示式为

$$I = \widetilde{E}\widetilde{E}^* = \left(\sum \widetilde{E}_i\right)\left(\sum \widetilde{E}_i^*\right) \tag{3.7}$$

这三种方法中的后两种方法经常使用。

4) 非相干叠加合光强的复振幅表示式

为了进行对比,下面给出多列光波非相干叠加时合光强的复振幅表示式。多列光波不满足相干条件时,合光强等于每列光波光强的简单相加,即 $I = \sum I_i, i = 1, 2, 3\cdots$。

由于每列光波的光强都可以用复振幅表示为 $I_i = \widetilde{E}_i\widetilde{E}_i^*$,因此,非相干叠加的合光强表示式为

$$I = \sum I_i = \sum(\widetilde{E}_i\widetilde{E}_i^*) \tag{3.8}$$

4. 干涉条纹的可见度

满足相干条件是两光束或多光束叠加后产生干涉条纹的必要条件,但是,这些条件还不能确定干涉条纹是否清晰可见,为了描述干涉条纹亮暗对比的鲜明程度,需要引入可见度的定义式

$$\gamma = \frac{I_M - I_m}{I_M + I_m} \qquad (3.9)$$

其中 I_M 和 I_m 分别是相干光强的极大和极小值。可见度的取值范围为 $0 \leqslant \gamma \leqslant 1$。

相干光强的极小值为零($I_m = 0$)时,可见度最大($\gamma = 1$),此时光强分布的亮暗反差最大,干涉条纹清晰可见。相干光强的极大值趋近极小值($I_M \to I_m$)时,可见度趋于零($\gamma \approx 0$),此时干涉条纹逐渐变得模糊不清;相干光强的极大值等于极小值($I_M = I_m$)时,可见度等于零($\gamma \approx 0$),光波场中的光强均匀分布,干涉条纹完全消失。

振幅矢量夹角为 θ 的两光束相干光强的一般表示式如式(3.5)所示,此时相干光强的极大值和极小值分别为

$$I_M = E_{01}^2 + E_{02}^2 + 2E_{01}E_{02}\cos\theta, \quad I_m = E_{01}^2 + E_{02}^2 - 2E_{01}E_{02}\cos\theta$$

可见度为

$$\gamma = \frac{2E_{01}E_{02}}{E_{01}^2 + E_{02}^2}\cos\theta = \frac{2(E_{01}/E_{02})}{1 + (E_{01}/E_{02})^2}\cos\theta \qquad (3.10)$$

显然,可见度随振幅矢量夹角 θ 的增大变小,因此应当让 θ 尽量小,干涉条纹的可见度才能变好。若两振幅矢量平行,则可见度仅随两光束的振幅比变化,其表示式为

$$\gamma_0 = \frac{2E_{01}E_{02}}{E_{01}^2 + E_{02}^2} = \frac{2(E_{01}/E_{02})}{1 + (E_{01}/E_{02})^2} = \gamma/\cos\theta \qquad (3.11)$$

显然,应当让两光束的振幅尽量接近,干涉条纹的清晰度才能变得越来越好。若令 $I_0 = I_1 + I_2 = E_{01}^2 + E_{02}^2$,并将其代入式(3.5),则振幅矢量夹角为 θ 的两光束相干光强的一般表示式可以改写为用可见度表示的形式,即

$$I = I_0(1 + \gamma_0\cos\theta\cos\delta) = I_0(1 + \gamma\cos\delta) \qquad (3.12)$$

若两光束振幅矢量的夹角为零,则两光束相干光强的表示式为

$$I = I_0(1 + \gamma_0\cos\delta) \qquad (3.13)$$

3.2 两光束干涉

两光束干涉包括两球面波的干涉、两平面波的干涉和球面波与平面波的干涉三种情形。参与干涉的球面波中又分为发散球面波和会聚球面波两种情况。弄清各类两光束干涉问题的特点有利于多光束干涉问题的处理。

1. 两球面波的干涉

1) 光强分布、相位差和光程差

如图3.6所示,两个点光源 Q_1 和 Q_2 发出两束发散球面波,两源点处的初始相位分别为 φ_{01} 和 φ_{02},振幅分别为 E_{01} 和 E_{02},两个点光源到观察点 P 处的距离分别为 r_1 和 r_2。设

两束球面波在光波场中交叠,满足相干条件。由前面的讨论可知,两光束的相干光强为

$$I = I_1 + I_2 + 2\sqrt{I_1 I_2}\cos\delta$$

且

$$I_1 = E_{01}^2 = \left(\frac{a_1}{r_1}\right)^2, \quad I_2 = E_{02}^2 = \left(\frac{a_2}{r_2}\right)^2$$

若满足 $r_1, r_2 \gg \overline{Q_1 Q_2}$ 的傍轴条件,设 $a_1 = a_2 = a$,则振幅可以简化为 $E_{01} \approx E_{02} = E_0$。令 $I_0 = E_0^2$,则有

$$I = 2I_0(1 + \cos\delta) = 4I_0\cos^2\left(\frac{\delta}{2}\right) \tag{3.14}$$

其中 $\delta = (\mathbf{k}_2 \cdot \mathbf{r}_2 - \mathbf{k}_1 \cdot \mathbf{r}_1) + (\varphi_{02} - \varphi_{01})$。

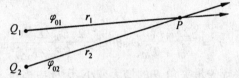

图 3.6 两球面波的干涉

由于两光束满足相干条件,因此 $\varphi_{02} - \varphi_{01}$ 是不随时间变化的常量,为了简化问题,令 $\Delta\varphi_0 = 0$。球面波的波矢和矢径方向一致,而且 $k_1 = k_2 = \frac{2\pi}{\lambda}$,因此初相位差公式简化为

$$\delta = \frac{2\pi}{\lambda}(r_2 - r_1) \tag{3.15}$$

若 $n = 1$,相应的光程差公式为

$$\Delta L = r_2 - r_1 \tag{3.16}$$

2) 干涉条纹的级次和形状

若初相位差满足

$$\delta = \frac{2\pi}{\lambda}(r_2 - r_1) = 2m\pi \quad (m = 0, \pm 1, \pm 2, \cdots) \tag{3.17}$$

其中 m 称为干涉级次,则光程差为

$$\Delta L = r_2 - r_1 = m\lambda \tag{3.18}$$

此时光强取极大值 $I_M = 4I_0$。若初相位差满足

$$\delta = \frac{2\pi}{\lambda}(r_2 - r_1) = (2m+1)\pi \quad (m = 0, \pm 1, \pm 2, \cdots) \tag{3.19}$$

则光程差为

$$\Delta L = r_2 - r_1 = (m + 1/2)\lambda \tag{3.20}$$

此时光强取极小值 $I_m = 0$。

干涉场中等光强(即等初相位差和等光程差)点的集合的形状就是干涉条纹的形状,

这是一组如图 3.7 所示的以两个点光源 Q_1 和 Q_2 为焦点的回转双曲面。

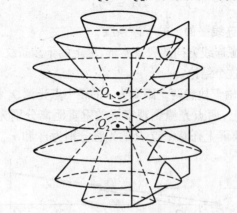

图 3.7　两个相干点光源的球面波的空间干涉条纹

3) 在平行两点光源连线平面上的干涉条纹

若在平行两个点光源连线方向放置平面观察屏，屏上的干涉条纹是一组对称分布的双曲线，在通过两个点光源连线中点的垂直线附近的傍轴区域里，干涉条纹可以近似看成一组平行直线。通过下面的计算可以得到这个结论。

如图 3.8 所示，在 xz 平面内相对 z 轴对称放置两个距离为 d 的相干点光源 Q_1 和 Q_2，平面观察屏垂直 z 轴放置在 $z=0$ 的位置上，两点源到观察屏的垂直距离为 D，$D \gg d$，两点光源到观察屏上任意一点 P 的光程分别为 r_1 和 r_2。

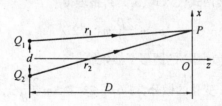

图 3.8　平行两点光源连线的观察屏上的干涉条纹

在傍轴条件下光程 r_1 和 r_2 的一级近似分量展开式分别为

$$r_1 = D + \frac{(d/2)^2}{2D} + \frac{x^2+y^2}{2D} - \frac{d/2}{D}x$$

$$r_2 = D + \frac{(d/2)^2}{2D} + \frac{x^2+y^2}{2D} - \frac{-d/2}{D}x$$

将上面两式代入式(3.17)得

$$x = m\frac{D}{d}\lambda \tag{3.21}$$

此式显示，观察屏上的干涉条纹是垂直 x 轴的一组直线，干涉条纹的间距为

$$\Delta x = \frac{D}{d}\lambda \tag{3.22}$$

4) 在垂直两点光源连线平面上的干涉条纹

若在垂直两个点光源连线方向放置观察屏,屏上的干涉条纹是一组圆形干涉条纹,也可以通过下面计算得出这个结论。

如图 3.9 所示,在 z 轴上放置两个距离为 d 的相干点光源 Q_1 和 Q_2,平面观察屏垂直 z 轴放置在 $z = 0$ 的位置上,两点光源到观察屏的垂直距离分别为 $D + d/2$ 和 $D - d/2$,$D \gg d$,两点光源到观察屏上任意一点 P 的光程分别为 r_1 和 r_2。

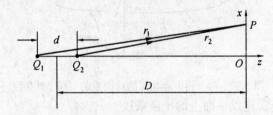

图 3.9 垂直两点光源连线的观察屏上的干涉条纹

在傍轴条件下光程 r_1 和 r_2 的一级近似分量展开式分别为

$$r_1 \approx D + d/2 + \frac{\rho^2}{2(D + d/2)}$$

$$r_2 \approx D - d/2 + \frac{\rho^2}{2(D - d/2)}$$

其中 $\rho^2 = x^2 + y^2$。将上面两式代入式(3.17),整理得

$$\rho^2 = \frac{2D^2}{d}m\lambda + 2D^2 \tag{3.23}$$

显然这是一组以坐标原点为圆心的圆形干涉条纹。

对式(3.23)求 ρ 随 m 变化的微分,得 $\Delta\rho \cdot 2\rho \approx \Delta m \frac{2D^2\lambda}{d}$,令 $\Delta m = 1$ 即可得到圆形干涉条纹的间距为

$$\Delta\rho \approx \frac{D^2\lambda}{\rho d} \tag{3.24}$$

由此式可知,圆形干涉条纹的间距随半径的增大逐渐变小。

2. 两平行光的干涉

1) 干涉条纹的光强分布、初相位差和光程差

如图 3.10 所示,两束相干平面光波入射到 $z = 0$ 位置的平面观察屏上,振幅分别为 E_{01} 和 E_{02},坐标原点处的初始相位分别为 φ_{01} 和 φ_{02},波矢的空间方向角分别为 $(\alpha_1, \beta_1, \gamma_1)$ 和 $(\alpha_2, \beta_2, \gamma_2)$,$P$ 是 $z = 0$ 处的平面观察屏上的任意一点。

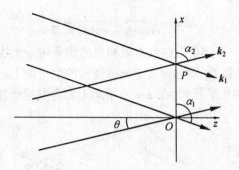

图 3.10 两束平行光的干涉

由于是两光束干涉，合光强分布为

$$I = I_1 + I_2 + 2\sqrt{I_1 I_2}\cos\delta$$

$z=0$ 平面上的初相位分布为 $\delta = \varphi_2 - \varphi_1, r_2 = r_1 = \overrightarrow{OP} = x\hat{x} + y\hat{y}$

$$k_1 = k(\cos\alpha_1 \hat{x} + \cos\beta_1 \hat{y} + \cos\gamma_1 \hat{z})$$
$$k_2 = k(\cos\alpha_2 \hat{x} + \cos\beta_2 \hat{y} + \cos\gamma_2 \hat{z})$$

因此两束光波在平面观察屏上的初相位分布分别为

$$\varphi_1 = k_1 \cdot r_1 + \varphi_{01} = k(x\cos\alpha_1 + y\cos\beta_1) + \varphi_{01}$$
$$\varphi_2 = k_2 \cdot r_2 + \varphi_{02} = k(x\cos\alpha_2 + y\cos\beta_2) + \varphi_{02}$$

两光束的初相位差为

$$\delta = k[(\cos\alpha_2 - \cos\alpha_1)x + (\cos\beta_2 - \cos\beta_1)y] + \Delta\varphi_0 \tag{3.25}$$

若设 $\Delta\varphi_0 = 0, n = 1$，则光程差为

$$\Delta L = (\cos\alpha_2 - \cos\alpha_1)x + (\cos\beta_2 - \cos\beta_1)y \tag{3.26}$$

2) 干涉条纹的形状和间距

令 $\Delta L = m\lambda$，可得

$$y = -\frac{\cos\alpha_2 - \cos\alpha_1}{\cos\beta_2 - \cos\beta_1}x + \frac{m\lambda}{\cos\beta_2 - \cos\beta_1} \tag{3.27}$$

可见，干涉图样是一组处于 xy 平面上的直线条纹。

在如图 3.10 所示的沿 xz 平面传播的两束平面波中，若设 $\alpha_2 = \alpha, \alpha_1 = 180° - \alpha$，$\alpha + \theta = 90°$，且有 $\beta_1 = \beta_2 = 90°$，以及 $\Delta\varphi_0 = 0, n = 1$。则在点 P 处相遇的两相干光线的光程差即为

$$\Delta L = (\cos\alpha_2 - \cos\alpha_1)x = 2x\cos\alpha = 2x\sin\theta \tag{3.28}$$

令 $\Delta L = m\lambda$，可得

$$x = \frac{m\lambda}{\cos\alpha_2 - \cos\alpha_1} = \frac{m\lambda}{2\sin\theta} \tag{3.29}$$

此时干涉图样是一组垂直 x 轴的直线条纹，干涉条纹的间距为

$$\Delta x = \frac{\lambda}{\cos\alpha_2 - \cos\alpha_1} = \frac{\lambda}{2\sin\theta} \tag{3.30}$$

还可以从图 3.11 中直接得出在点 P 处相遇的两条相干光线的光程差。图中 xz 平面上的两个相干点光源 Q_1 和 Q_2 对称分布于薄透镜 L 的焦平面上。光线经薄透镜折射后变为与 z 轴交角均为 θ 的两束平行光,在 $z=0$ 平面上相遇发生干涉。

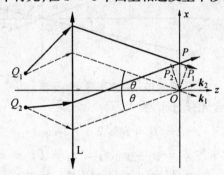

图 3.11　处于 xz 平面的两束平行光的干涉

为了计算观察点 P 处两条相干光线的光程差,可以分别过坐标原点 O 作两平行光线的等相面 $\overline{OP_1}$ 和 $\overline{OP_2}$。显然,光线 Q_1O 和 Q_2O 的光程相等,光线 Q_1P 比 Q_1O 短 $L_1 = \overline{PP_1} = x\sin\theta$,光线 Q_2P 比 Q_2O 长 $L_2 = \overline{PP_2} = x\sin\theta$。因此,光线 Q_2P 与 Q_1P 的光程差即为 $\Delta L = L_2 + L_1 = 2x\sin\theta$,这与式(3.26)的结果一致。

3.3　分波面干涉

1. 实现干涉的方法

普通光源之间非相干的主要原因是随机发光的波列之间的初始相位彼此独立、互不相关,造成光波场中相遇波列之间的初相位差随时间极快地变化。

实现光束相干的办法是先将一个波列分成两个子波列,再让它们经过不同途径后重新相遇。此时相遇的子波列之间不但频率相同,振动矢量的方向也相同或基本相同。更为重要的是,由于两个相干子波列来自同一个波列,虽然相遇点处的两个子波列的初始相位随机分布,却时刻相同,两个子波列的初相位差总等于零,从而相干条件得以满足,在空间或平面观察屏上产生干涉条纹。将一个波列分成两个或多个子波列的方法有两种。

第一种方法是让点光源发出的光波分别通过两个或多个小孔或细缝,透射光发生衍射后形成两束或多束相互交叠的相干光束;或者让点光源发出的光波经过两个或多个反射面或折射面后,分成两束或多束相互交叠的相干光束。这种将光束的一个波面分成若干个子波面,从而形成若干相干光束的方法称为分波面法。

第二种方法是让一束光波入射到两种透明介质的分界面上,一部分光波被反射,另一部分透射,形成两束或多束相互交叠的反射或透射相干光束。这种将光能或者光波的振幅分成若干份,从而形成若干相干光束的方法称为分振幅法。

2. 杨氏实验

1) 杨氏实验装置

如图 3.12 所示,在面光源前面放置一个小孔或细缝,使之成为点光源或垂直中心轴的缝光源 S,后面再放置一个相对中心轴对称分布的两个小孔或两条与缝光源平行的细缝。光源 S 发出的光波入射到双孔或双缝上后,形成间距为 $d = (0.1 \sim 1)$ mm 的两个次波源 S_1 和 S_2,在后面较远处再放置与双孔或双缝距离为 $D = (1 \sim 10)$ m 的观察屏 Σ,双孔或双缝到观察屏之间的空间介质折射率为 n_2,组成杨氏实验装置。两个次波源发出的两束相互交叠的相干光束投射到观察屏上,在屏幕上 $x = \pm (1 \sim 10)$ cm 范围的傍轴区域里可以看到一组几乎平行的直线干涉条纹。

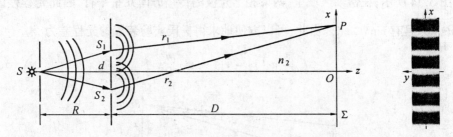

图 3.12　杨氏实验装置、光路和干涉条纹

两个次波源 S_1 和 S_2 取自光源 S 发出的光波的同一波面,因此两束光波的频率相同。由于 $d \ll D$,在傍轴区域里可以认为两束光波的传播方向近乎平行,因此两个光矢量的振动方向也基本平行。最为重要的是,尽管光源 S 发出的不同波列的初始相位随机分布,但到达观察屏后,相遇的是来自同一波列的两个子波列,它们的初始相位时刻相等($\varphi_{01} = \varphi_{02}$),在任意点 P 处相遇的两相干光束的初相位差为

$$\delta = \varphi_2 - \varphi_1 = \mathbf{k}_2 \cdot \mathbf{r}_2 - \mathbf{k}_1 \cdot \mathbf{r}_1 + \varphi_{02} - \varphi_{01} = k_0 n_2 (r_2 - r_1)$$

消除了初相位差中随时间变化的不稳定因素。由此,三个相干条件均得以满足,两束光波相干。

杨氏实验装置简单巧妙,成为历史上首先为光的波动学说提供实验证据、导致波动理论被普遍承认的决定性实验。以后的许多干涉装置的设计大都源于杨氏实验装置的设计思想。

2) 光强分布和光程差

由于 $r_1, r_2 \gg d$,设 $a_1 = a_2 = a$,可以认为在观察屏上有 $\frac{a_1}{r_1} \approx \frac{a_2}{r_2} = E_0, I_1 = I_2 = I_0$,由杨氏实验装置形成的两光束干涉的光强分布为

$$I = 2I_0(1 + \cos\delta) = 4I_0\cos^2\left(\frac{\delta}{2}\right) \tag{3.31}$$

其中初相位差为
$$\delta = \frac{2\pi}{\lambda} n_2 (r_2 - r_1)$$
注意，λ 是相应的真空中的波长，光程差为
$$\Delta L = n_2 (r_2 - r_1)$$
图 3.13 给出了杨氏实验中以初相位差 δ 为自变量的相干光强分布曲线。

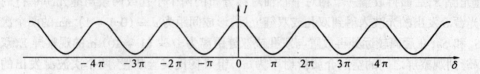

图 3.13　杨氏实验的光强分布曲线

如图 3.14 所示，在傍轴区域里，两束相干光波的传播方向几乎平行，因此光程差满足 $\Delta L \approx d\sin\theta$，且有 $\sin\theta \approx \dfrac{x}{D}$。由此，可以方便地求得杨氏实验装置的光程差为

$$\Delta L = n_2 (r_2 - r_1) \approx n_2 \frac{d}{D} x \tag{3.32}$$

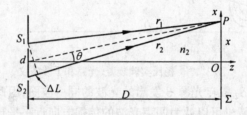

图 3.14　杨氏实验的光程差

3) 干涉条纹的形状和间距

令 $\Delta L = n_2 \dfrac{d}{D} x = m\lambda$，可得

$$x = m \frac{D}{n_2 d} \lambda \tag{3.33}$$

上式说明杨氏实验的干涉图样是一组与 x 轴垂直的直线条纹，如图 3.12 所示，条纹间距为

$$\Delta x = \frac{D}{n_2 d} \lambda \tag{3.34}$$

采用白光照明杨氏实验装置时，观察屏上呈现的是许多套不同颜色的干涉条纹的非相干叠加。由于各种单色光形成的干涉条纹的间距不同，除中央零级条纹是各单色光的零级干涉极大条纹重合后形成的白色亮条纹外，其它级次的不同波长的亮暗条纹彼此错开，红色条纹靠外，紫色条纹靠里，形成多个彩色的干涉条纹带。

3. 几种分波面干涉装置

1) 菲涅耳双面镜

如图 3.15 所示,点光源或垂直 x 轴的线光源 S 放置在两个夹角 θ 很小的平面反射镜 M_1 和 M_2 的左上方,观察屏置于两反射镜右侧,组成菲涅耳双面镜装置。光源 S 发出的光波入射到反射镜 M_1 和 M_2 上后,反射光的反向延长线会聚成两个次波源 S_1 和 S_2,形成两束相互交叠的相干光束投射到观察屏上,两束相干次波所在空间介质的折射率为 n_2,构成类似杨氏实验的相干光路,在观察屏上可以看到一组垂直 x 轴的直线干涉条纹。

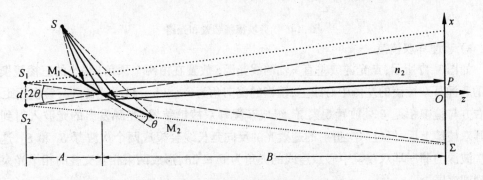

图 3.15 菲涅耳双面镜装置和光路

由于两个次波源到双面镜中心点处的夹角为 2θ,间距为 $d = 2\theta A$,次波源所在平面到观察屏的距离为 $D = A + B$,满足 $d \ll D$ 的傍轴条件,则相应干涉条纹的间距为

$$\Delta x = \frac{D\lambda}{n_2 d} = \frac{(A+B)\lambda}{2\theta n_2 A} \tag{3.35}$$

2) 劳埃德镜

如图 3.16 所示,点光源或垂直 x 轴的线光源 S 放置在平面反射镜 M 附近的左侧,距镜面的垂直高度为 a,平面反射镜右边缘放置观察屏,组成劳埃德镜装置。光源 S 发出的光波掠入射到镜面上后,反射光的反向延长线会聚成次波源 S',形成由光源 S 和 S' 发出的两束相互交叠的相干光束,在观察屏上可以看到一组垂直 x 轴的直线干涉条纹。

光源 S 与 S' 的间距为 $d = 2a$,光源所在平面与观察屏的距离为 D,满足 $d \ll D$ 的傍轴条件,若装置所在空间介质的折射率为 n_2,则相应干涉条纹的间距为

$$\Delta x = \frac{D\lambda}{n_2 d} = \frac{D\lambda}{2n_2 a} \tag{3.36}$$

应当注意的是,在如图 3.16 所示的劳埃镜与观察屏的交点 O 处,光源 S 发出的一条光线直接入射到观察屏上的点 O 处,光源 S 发出的另一光线掠入射到镜面上的点 O 处后立即反射到观察屏上的点 O 处,在观察屏上的点 O 处相遇的两相干光线的光程差为零,此时该点处本应当出现亮条纹,但由于掠入射光反射后产生相位突变,带来半波损,因此交

点 O 处呈现的是暗条纹。

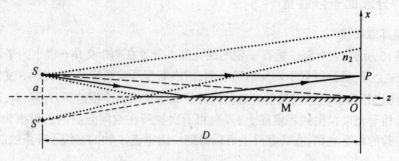

图 3.16　劳埃德镜装置和光路

3) 菲涅耳双棱镜

如图 3.17 所示，点光源或垂直 x 轴的线光源 S 放置在由两个顶角 α 很小的三棱镜楔组成的菲涅耳双棱镜的左侧中心线上，镜楔的偏向角为 $\delta = (n-1)\alpha$，光源 S 与镜楔相距 A，在右方与镜楔相距 B 处放置观察屏，组成菲涅耳双棱镜装置。光源发出的光波入射到菲涅耳双棱镜上后，经过两次折射的透射光的反向延长线会聚成两个次波源 S_1 和 S_2，这两个次波源与菲涅耳双棱镜中心点连线的夹角为 $\theta = 2\delta$，形成两束相互交叠的相干光束投射到观察屏上。

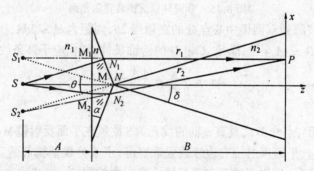

图 3.17　菲涅耳双棱镜装置和光路

这也是一个类似杨氏实验的干涉装置，在观察屏上可以看到一组垂直 x 轴的直线干涉条纹。求出到达屏上任意点 P 的两条光线的光程差，就可以得到干涉条纹的间距。

如图 3.17 所示，若菲涅耳双棱镜介质的折射率为 n，其左侧和右侧空间介质的折射率分别为 n_1 和 n_2，两个虚像点 S_1 和 S_2 到观察点 P 的直线距离分别为 $r_1 = \overline{S_1N_1P}$，$r_2 = \overline{S_2N_2P}$。设由光源 S 发出的经过上下两个镜楔折射后到达点 P 的两条光线的光程分别为 (SM_1N_1P) 和 (SM_2N_2P)，则这两条相干光线的光程差为

$$\Delta L = (SM_2N_2P) - (SM_1N_1P)$$

可以根据物像等光程性改写上式。

光源 S 通过两个镜楔生成的两个虚像 S_1 和 S_2 的物像等光程公式分别为

$$n_1 \overline{SM_1} + n \overline{M_1N_1} - n_2 \overline{S_1N_1} = n_1 \overline{SM} + n \overline{MN} - n_2 \overline{S_1N}$$

$$n_1 \overline{SM_2} + n \overline{M_2N_2} - n_2 \overline{S_2N_2} = n_1 \overline{SM} + n \overline{MN} - n_2 \overline{S_2N}$$

由于两个虚像对称分布,所以 $\overline{S_1N} = \overline{S_2N}$,则有

$$n_1 \overline{SM_2} + n \overline{M_2N_2} - n_2 \overline{S_2N_2} = n_1 \overline{SM_1} + n \overline{M_1N_1} - n_2 \overline{S_1N_1}$$

整理后有

$$(n_1 \overline{SM_2} + n \overline{M_2N_2}) - (n_1 \overline{SM_1} + n \overline{M_1N_1}) = n_2 \overline{S_2N_2} - n_2 \overline{S_1N_1}$$

将上式代入展开后的光程差公式,可得

$$\Delta L = (SM_2N_2P) - (SM_1N_1P) =$$
$$(n_1 \overline{SM_2} + n \overline{M_2N_2} + n_2 \overline{N_2P}) - (n_1 \overline{SM_1} + n \overline{M_1N_1} + n_2 \overline{N_1P}) =$$
$$(n_2 \overline{S_2N_2} + n_2 \overline{N_2P}) - (n_2 \overline{S_1N_1} + n_2 \overline{N_1P}) =$$
$$n_2(\overline{S_2N_2P} - \overline{S_1N_1P})$$

菲涅耳双棱镜的光程差即为

$$\Delta L = n_2(r_2 - r_1) \tag{3.37}$$

由于 $\theta = 2\delta = 2(n-1)\alpha, d = \theta A = 2A(n-1)\alpha, D = A + B$,而且 r_1、r_2、D 远大于 $\overline{S_1S_2}$,因此,由 $n_2(r_2 - r_1) = n_2 \dfrac{xd}{D} = m\lambda$ 就可以得到菲涅耳双棱镜垂直 x 轴的直线条纹的间距

$$\Delta x = \frac{(A+B)\lambda}{2An_2(n-1)\alpha} \tag{3.38}$$

若 $n_2 = 1$,则有

$$\Delta x = \frac{(A+B)\lambda}{2A(n-1)\alpha} \tag{3.39}$$

3.4 光波场的空间相干性

实际的单色点光源不但在垂直 x 轴(垂直纸面)的方向有扩展,在平行 x 轴的方向也有一定的宽度,称为光源的空间展宽。光源的空间展宽常常会影响干涉条纹的可见度,下面以杨氏实验为例讨论这个问题。

1. 杨氏实验的干涉条纹随单色点光源移动的变化

在如图 3.18 所示的杨氏实验中,若光源 S 是由无数个非相干点源组成的线光源,每个点源都在屏幕上产生一套干涉条纹,则观察屏上的总光强分布是这无数套干涉条纹光

强分布的非相干叠加。

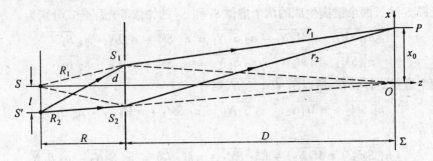

图 3.18 干涉条纹随单色点光源移动的变化

由于在如上图所示的杨氏实验中 S 点光源形成的干涉条纹是沿 x 方向分布的,因此当 S 点光源沿垂直纸面的 y 方向平移时,干涉条纹仅仅在 y 方向整体反向平移,条纹在 x 方向的级次和位置等分布不变化。当 S 点光源在 y 方向扩展成平行 y 轴的线光源时,线光源上不同点光源形成的各套干涉条纹平行地沿 y 方向排开,互不重叠,条纹间距也都相同。因此,沿 y 方向分布的线光源不影响干涉条纹的可见度。

如图 3.18 所示,当 S 点光源在 xz 平面的 x 方向向下移动 l 距离到达位置 S' 时,观察屏 Σ 上零级干涉条纹将沿 x 方向向上移动 x_0 距离,整套干涉条纹也随之上移。此时零级条纹位于点 P 处,光程差为零时有 $\Delta L = (R_2 + r_2) - (R_1 + r_1) = 0$,或 $r_2 - r_1 = R_1 - R_2$。

由于 $R_1 - R_2 \approx \dfrac{l}{R}d$,$r_2 - r_1 \approx \dfrac{x_0}{D}d$,因此 S 点光源移动的距离 l 与相应零级干涉条纹移动的距离 x_0 之间的关系为

$$x_0 = \frac{D}{R}l \tag{3.40}$$

若 S 点光源沿 x 轴方向展宽成线光源,由于每个点源在屏幕上形成的各套干涉条纹沿 x 方向展开,不同点光源的干涉条纹相互错开、重叠。因此,多套干涉条纹非相干叠加的结果使屏幕上的干涉条纹变得模糊,即可见度下降了。

2. 横向分布的两个点光源使干涉条纹的可见度呈周期性变化

如图 3.18 所示,杨氏实验中有两个横向分布(沿 x 方向分布)的波长相同的非相干单色点光源 S 和 S',若点光源 S 位于 z 轴上,点光源 S' 位于 z 轴下方。两点光源的间距为 l,两个点光源形成的两套干涉图样的零级条纹沿 x 方向错开的距离为 x_0,则 $l = \dfrac{R}{D}x_0$。设两个点光源在观察屏 Σ 上产生的光强相同,即 $I_0 = I_1 = I_2$,点光源 S 和 S' 发出的光波在任意观察点 P 处(坐标为 x)形成的初相位差分别为

$$\delta_S = k(r_2 - r_1) = k\frac{d}{D}x, \quad \delta_{S'} = k[(r_2 - r_1) - (R_1 - R_2)] = k\frac{d}{D}(x - x_0)$$

两套非相干条纹在观察屏上形成的总光强分布为

$$I = I_S + I_{S'} = 2I_0(2 + \cos\delta_S + \cos\delta_{S'}) =$$

$$4I_0[1 + \cos(k\frac{d}{2D}x_0)\cos(k\frac{d}{2D}(2x - x_0))]$$

由于每套干涉条纹间距均为 $\Delta x = \frac{D\lambda}{d}$,而且 $k = \frac{2\pi}{\lambda}$,则有

$$I = 2I_0[1 + \cos(\pi\frac{x_0}{\Delta x})\cos(\pi\frac{1}{\Delta x}(2x - x_0))] \tag{3.41}$$

总光强分布的可见度即为

$$\gamma = \left|\cos(\pi\frac{x_0}{\Delta x})\right| = \left|\cos(\pi\frac{ld}{R\lambda})\right| \tag{3.42}$$

图 3.19 显示,随横向分布的两个离散非相干点光源之间的距离 l 逐渐变大,两套互相错开的干涉条纹非相干叠加的可见度 γ 呈周期性变化。当 $x_0 = \frac{1}{2}\Delta x$,即两点光源错开半个条纹间距时,可见度下降为零。

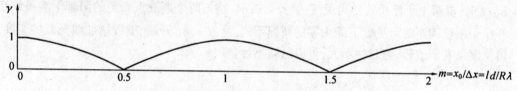

图 3.19 可见度随两点光源距离变化呈周期性变化

3. 单色线光源的横向扩展使干涉条纹的可见度单调下降

若杨氏实验装置的光源是沿 x 方向分布的线光源,组成线光源的各个点光源是波长相同的单色非相干光源,在线光源上任选一个与 z 轴相距 l 的可以看作点光源的线元 dl,设其直接投射到观察屏上的光强为 $I_0 dl$,干涉条纹的间距为 Δx,由上面的计算可知,这个线元在观察屏上形成的光强分布为

$$dI = 2I_0(1 + \cos(\frac{2\pi}{\Delta x}(x - x_0)))dl = 2I_0(1 + \cos(\frac{2\pi}{\Delta x}(x + \frac{D}{R}l)))dl$$

注意,此处设 l 为代数量,$x_0 = -Dl/R$。

长度为 b 的线光源在观察屏上形成的总光强分布为

$$I(x) = 2I_0\int_{-b/2}^{b/2}\{1 + \cos[\frac{2\pi}{\Delta x}(x + \frac{D}{R}l)]\}dl =$$

$$2bI_0[1 + \frac{\sin(\pi bd/R\lambda)}{\pi bd/R\lambda}\cos(2\pi\frac{x}{\Delta x})] \tag{3.43}$$

可见度为

$$\gamma = \left|\frac{\sin(\pi\frac{b}{b_M})}{\pi\frac{b}{b_M}}\right| = \left|\frac{\sin(\pi\frac{d}{d_M})}{\pi\frac{d}{d_M}}\right| \tag{3.44}$$

其中

$$b_M = \frac{R}{d}\lambda \tag{3.45}$$

$$d_M = \frac{R}{b}\lambda \tag{3.46}$$

b_M 和 d_M 分别称为线光源的最大宽度和双孔间距的最大宽度。

图 3.20 显示,当双孔间距 d 一定时,随着横向线光源变宽,可见度逐渐下降。当线光源的宽度扩展到 $b = b_M = \frac{R}{d}\lambda$ 时,屏上干涉条纹的可见度下降为零。当线光源上两个边缘点光源的间距为 $b = b_M$ 时,由 $x_0 = \frac{D}{R}b_M = \Delta x$ 可知,两边缘点光源产生的两套干涉条纹的零级条纹刚好错开一个条纹间距。计算表明,线光源上两个边缘点光源的间距为 $b = b_M/2$ 时,屏幕上干涉条纹的可见度为 $\gamma \approx 0.64$,这与两个离散点光源的两套干涉条纹错开半个条纹间距时可见度下降为零的情况不同。从 $b = b_M$ 开始,继续增加线光源的宽度,可见度虽有所改善,但起伏不大,可以忽略不计。

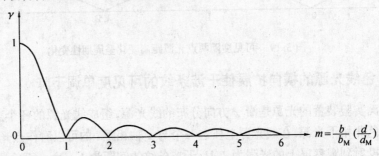

图 3.20 可见度随线光源横向宽度或双孔间距变化的曲线

线光源的宽度 b 一定时,随着横向分布的双孔间距变大,可见度也逐渐下降。当双孔间距为 $d = d_M = \frac{R}{b}\lambda$ 时,屏上干涉条纹的可见度也下降为零。

4. 单色次波源 S_1 和 S_2 的部分相干性

线光源上不同点源是非相干光源,双孔 S_1 和 S_2 接收来自 a、b 和 c 等各个点源的光波,其中既有相干光,比如来自同一点光源的光波 $\widetilde{E}_{a1}$ 和 $\widetilde{E}_{a2}$、$\widetilde{E}_{b1}$ 和 $\widetilde{E}_{b2}$,以及 $\widetilde{E}_{c1}$ 和 $\widetilde{E}_{c2}$ 等,

也有非相干光,比如来自不同点光源的光波 $\widetilde{E}_{a1}$ 和 $\widetilde{E}_{b2}$、$\widetilde{E}_{b1}$ 和 $\widetilde{E}_{c2}$,以及 $\widetilde{E}_{c1}$ 和 $\widetilde{E}_{a2}$ 等。说明次波源 S_1 和 S_2 之间既有相干成分,也有非相干成分,因此,称次波源 S_1 和 S_2 是部分相干次波源,其相干程度由可见度 γ 来衡量。若 $\gamma = 1$,则次波源 S_1 和 S_2 是完全相干的;若 $0 < \gamma < 1$,则次波源 S_1 和 S_2 是部分相干的;若 $\gamma = 0$,则次波源 S_1 和 S_2 是完全非相干的。

5. 横向分布的两个次波源的空间相干性

当线光源宽度 b 给定后,双孔 S_1 和 S_2 保持部分相干性的最大宽度为 $d_M = R\lambda/b$,令

$$\theta_M = \frac{d_M}{R} \qquad (3.47)$$

θ_M 称为相干孔径角,且有

$$b\theta_M = \lambda \qquad (3.48)$$

此式称为空间相干反比公式。

如图 3.21 所示,横向非相干扩展光源的宽度 b 确定后,光波场中两个横向分布的单色次波源 S_1 和 S_2 的相干范围是相干孔径角所辖的区域。当 S_1 和 S_2 处于相干孔径角 θ_M 所辖区域外时,两个次波源非相干,称图中的最大横向线度 d_M 为相干宽度。若光源是面光源,则称 d_M^2 为相干面积。两个次波源越靠近相干孔径角 θ_M 所辖区域的中心,干涉条纹的可见度越好,相干程度越高。在给定宽度的单色线光源(或面光源)照明的空间中,随着两个横向分布次波源间距 d 的变化,其相干程度也随之变化,这种现象称为两个横向分布次波源的空间相干性。连续分布的点光源组成的线或面光源的空间范围的扩展是横向分布的两个次波源空间相干性的起因。

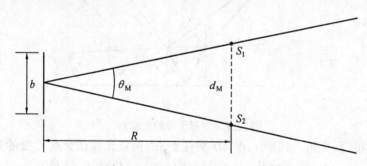

图 3.21 横向非相干扩展光源的空间相干范围

6. 太阳光波场的空间相干性

设太阳光的平均波长为 550 nm,太阳到地球的距离为 R,太阳的直径为 b,则太阳的视角约为 $\theta' = b/R = 10^{-2}$ rad。因此,太阳光源的相干宽度为 $d_M = \lambda/\theta' = 55\ \mu\text{m} = 0.055$ mm,相干面积为 $d^2 \approx 3 \times 10^{-3}\ \text{mm}^2$。由此可以看出,若要通过两个小孔直接观看太阳光波的干涉

条纹,双孔间距必须小于0.055 mm。也就是说,光源的线度越大,能够看到明显干涉现象的两个次波源的相干宽度 d_M 就越小。为了增大相干宽度,必须限制非相干扩展光源的线度,比如在太阳前面加一个狭缝,然后再通过间距稍大的双孔观察透过狭缝的太阳光波场,就可以看到干涉条纹了。

3.5 等厚干涉

一束光入射到透明介质上时,经过多次反射和透射,能量或者振幅被多次分割,只要透明介质很薄(通常称为薄膜),反射或透射光束在空间相遇时,就可以满足相干条件,发生干涉,称这种干涉为分振幅干涉。普遍地讨论薄膜上下表面交叠区内干涉条纹的特性是一个复杂的问题,但最有实际意义的是厚度不均匀薄膜表面的等厚干涉和厚度均匀薄膜在无穷远处的等倾干涉。

1. 薄膜表面的等厚干涉

1) 等厚干涉的光程差

如图 3.22 所示,薄膜介质的折射率为 n,薄膜上下方介质的折射率分别为 n_1 和 n_2,观察点 C 处的膜层厚度为 h,从点光源 S 发出的两条相干光线相交于薄膜表面的点 C 处。

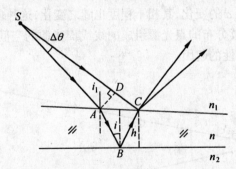

图 3.22 等厚干涉的光程差

由于膜层很薄,夹角 $\Delta\theta$ 很小,作 AD 垂直于 SC,两条光线在交点 C 处的光程差为

$$\Delta L = (SABC) - (SC) = (ABC) - [(SC) - (SA)]$$
$$(SC) - (SA) \approx (DC) \approx n_1 \overline{AC}\sin i_1 = n\overline{AC}\sin i =$$
$$n(2h\tan i)\sin i = 2nh\sin^2 i/\cos i$$
$$(ABC) \approx 2(AB) \approx 2nh/\cos i$$

可得

$$\Delta L \approx 2nh\cos i \tag{3.49}$$

这是两束反射光在薄膜表面相交时的光程差近似公式,i 是折射角。膜层越薄,光程差的近似程度越好。

若 $n_1 < n > n_2$ 或 $n_1 > n < n_2$,在薄膜表面相交的两束反射光有半波损,需要在光程差中添加半个相应的真空中的波长。有半波损时光程差为

$$\Delta L \approx 2nh\cos i \pm \lambda/2 \quad (3.50)$$

有无半波损只影响干涉条纹的级次,对条纹的形状、间隔和可见度等特性没有影响。因此,在很多情况下可以不考虑半波损。等厚干涉极大(亮纹)和极小值(暗纹)的条件是

$$\Delta L \approx 2nh\cos i \pm \lambda/2 = \begin{cases} m\lambda \Rightarrow I_M \\ (m+1/2)\lambda \Rightarrow I_m \end{cases}$$

2) 等厚干涉条纹的特点

由光程差公式可知,干涉条纹的形状与薄膜的厚度和入射光线的倾角有关,一般来说,干涉条纹的形状比较复杂。

光线垂直入射时,$\cos i \approx 1$,光程差为

$$2nh \pm \lambda/2 = \begin{cases} m\lambda \\ (m+1/2)\lambda \end{cases} \quad (3.51)$$

式中折射率 n 和入射波长 λ 是固定值,只有膜厚 h 是随位置变化的变量。干涉条纹的级次 m 仅与薄膜的厚度 h 有关,某一级次的干涉条纹与薄膜的某一厚度对应,这种干涉称为等厚干涉,相应的干涉条纹称为等厚干涉条纹。

由(3.51)式可以得到相邻干涉条纹对应的薄膜厚度差为

$$\Delta h = \frac{\lambda}{2n} \quad (3.52)$$

若 $n = 1$,则

$$\Delta h = \lambda/2 \quad (3.53)$$

等厚干涉的照明光源通常是点光源,首先将点光源发出的球面波扩束成平行光,然后垂直入射到薄膜上,等厚条纹处于薄膜表面附近。产生等厚条纹的薄膜厚度一般来说是不均匀的,严格的等厚条纹与薄膜的等厚线重合,等厚条纹的形状就是薄膜等厚线的形状。

3) 观察等厚条纹的方法

观察严格等厚条纹需要使用如图 3.23 所示的观察装置。点光源 S 发出的球面光波经透镜 L_1 准直,入射到半反半透平面玻璃 M 上后被垂直反射。平行光

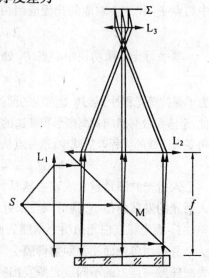

图 3.23 严格等厚条纹的观察装置

束垂直入射到薄膜表面,经薄膜上下表面反射的光束两两相交于薄膜表面附近,形成等厚条纹。为了扩大观察范围,可以先让薄膜表面的干涉条纹位于透镜 L_2 的焦面上,然后通过透镜 L_3 将从 L_2 折射的平行光束会聚在平面 Σ 上,观察成像于平面 Σ 上的等厚干涉条纹,或者去掉 L_3,直接用眼睛观看。

4) 入射光的倾角对等厚条纹的影响

点光源发出的球面波直接照射薄膜时,光线通常不再垂直入射到薄膜表面,干涉条纹将偏离薄膜的等厚线。比如,平行光垂直入射到楔角 θ 很小的两片平板玻璃所夹薄空气层的楔形薄膜上时,形成的等厚条纹是与等厚线重合的平行棱边的直线,如图 3.24(b) 的虚线所示。若按图 3.24(a) 所示,让球面波直接照射薄膜,薄膜表面附近的干涉条纹将偏离等厚线,向膜厚增加的方向弯曲,如图 3.24(b) 的实线所示。

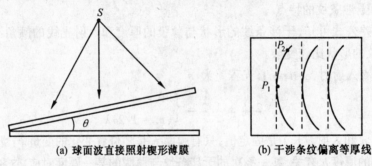

(a) 球面波直接照射楔形薄膜　　(b) 干涉条纹偏离等厚线

图 3.24　球面波直接照射下的薄膜表面的干涉条纹

这是因为干涉条纹是等光程点的集合,同一级干涉条纹上的两个点(比如图 3.24(b) 中的点 P_1 和 P_2)对应的光程应当相等,即

$$2nh_1\cos i_1 = 2nh_2\cos i_2$$

非平行光的照明使中心点 P_1 处光线的入射角小于边缘点 P_2 处光线的入射角,即

$$i_1 < i_2 \quad \cos i_1 > \cos i_2$$

为了保持等光程性,点 P_2 处对应的薄膜厚度必须大于点 P_1 处对应的薄膜厚度,即 $h_2 > h_1$。因此,干涉条纹必然向背离楔形膜棱边的膜层更厚的方向弯曲,以便用膜层厚度的增加补偿入射角变大造成的光程差的减少。这一点从下面的光程差的全微分公式中看得更分明

$$\delta(\Delta L) = -2nh\sin i\delta i + 2n\cos i\delta h = 0 \tag{3.54}$$

入射光的倾角越大或膜层越厚,干涉条纹相对等厚线的偏离越大。若膜层很薄,或者入射光的发散角很小,则可以看到近似等厚线形状的干涉条纹。

5) 面光源或白光照明下薄膜表面的干涉条纹

直接用单色面光源照射薄膜会降低条纹的可见度,甚至看不到条纹。因为入射到薄膜表面任意一点上的不同点光源发出的各条光线的入射倾角不同,对应每条入射光线的两条反射光线之间的光程差各不相同,在表面附近生成的一套套干涉条纹的亮暗分布彼此

互相错开,这样的无数套干涉花样非相干叠加的结果必然降低干涉条纹的可见度。光源面积越大,薄膜越厚,干涉条纹的可见度越差。

如果用点光源发出的白光照明,各单色光产生的干涉条纹彼此错开,在薄膜表面附近将形成彩色干涉条纹。日常生活中很容易看到这样的干涉现象,比如在雨后的马路上铺展的汽油膜、肥皂泡、附着在玻璃上的油垢层、昆虫的翅膀和高温切削下来的金属碎屑表面,以及镀了膜的眼镜表面都可以看到色彩绚丽的图案,这些都是薄膜的彩色干涉图样。

2. 楔形薄膜的等厚条纹

1) 楔形薄膜等厚条纹的形状和间距

平行光垂直入射到如图 3.25 所示的楔角 θ 很小的楔形薄膜上时,在薄膜表面附近形成平行楔形薄膜棱边的等厚直线条纹。

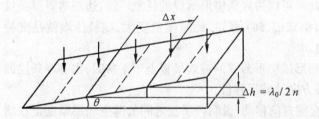

图 3.25 楔形薄膜的等厚条纹

若 $n = 1$,由图 3.25 可以得到条纹间距的表示式,即

$$\Delta x = \frac{\lambda}{2n\theta} = \frac{\lambda}{2\theta} \tag{3.55}$$

以及如下的楔角表示式

$$\theta = \frac{\lambda}{2\Delta x} \tag{3.56}$$

2) 楔形薄膜等厚条纹的应用

利用楔形薄膜的等厚干涉条纹能够测量楔形薄膜的楔角 θ 或细丝的直径 D。如图 3.26 所示,两片薄玻璃平板中间夹着直径待测的圆形细丝,当波长为 λ_0 的平行光垂直入射时,若在长为 l 的平板玻璃上面看到 m 条等厚条纹,等厚条纹的间距即为 $\Delta x = l/m$,进而由式(3.56)可以求得楔角 $\theta = \frac{m\lambda}{2l}$,再由式(3.53)可以求得细丝的直径 $D = m\frac{\lambda}{2}$。

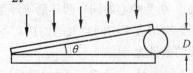

图 3.26 利用楔形薄膜的等厚条纹测量细丝直径

利用楔形薄膜的等厚条纹可以检测玻璃平板表面的平整程度。如图3.27所示,将表面平整的玻璃平板覆盖在待测玻璃平板上面,如果待测玻璃板表面不平整,等厚干涉条纹会是图中所示的弯弯曲曲的形状,条纹弯曲得越厉害,说明玻璃表面的平整度越差。

图3.27 利用楔形薄膜的等厚条纹检测平板玻璃表面的平整度

利用楔形薄膜的等厚干涉条纹还可以检测楔形薄膜交棱的位置。在待测平板玻璃上面放置一块一边微微翘起的平整玻璃平板,用平行光垂直照射。由于楔角很小,直接观察很难判断楔形薄膜的交棱在哪边。此时可以边轻压楔形薄膜的任意一端,边观察等厚条纹间距的变化。若等厚条纹间距变窄,由式(3.56)可知,此时楔角变大,则被压端就是交棱边。反之,被压端的对侧才是交棱边。

若已知楔形薄膜的交棱位置,当形成楔形薄膜的玻璃平板上下平移时,由等厚条纹的变动情况可以判断玻璃平板的平移方向及其平移量。

如图3.28所示的等厚条纹向交棱方向移动,说明两平板之间的薄空气层厚度正在增加,即上面的平板玻璃在上移;反之则为下移。在等厚条纹移动的过程中,记录玻璃平板表面某一位置上干涉条纹移过的数目,可以计算出玻璃平板的平移量。

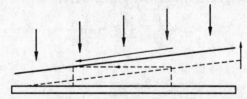

图3.28 由等厚条纹的变动判断平板玻璃的相对移动

3. 牛顿环

1) 牛顿环的形状、半径公式和条纹间距

如图3.29所示,将一个半径很大的平凸透镜放在一块玻璃平板上,两块玻璃之间形成厚度不均匀的薄空气层,构成牛顿环干涉装置。平行光垂直入射到装置上,在空气层表面附近产生以两块玻璃接触点 O 为中心的同心圆环形等厚条纹,称为牛顿环。

因为两边玻璃介质的折射率均大于中间空气层的折射率,所以两反射光之间有半波损。因此,满足牛顿环暗条纹的条件为

$$\Delta L = 2h_m + \lambda/2 = (m + 1/2)\lambda$$

即 $2h_m = m\lambda$。注意, $m = 0$ 时, $h_0 = 0$,中心点是暗点。

由如图 3.29 所示的牛顿环装置的几何关系可得

$$r_m^2 = R^2 - (R - h_m)^2 = 2Rh_m - h_m^2 \approx 2Rh_m$$

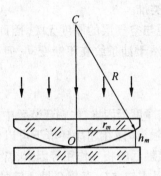 

图 3.29 牛顿环装置和干涉条纹

将上面两式合并,得

$$r_m^2 = mR\lambda \quad 或 \quad r_m = \sqrt{mR\lambda} \tag{3.57}$$

可见干涉条纹是一系列圆环,条纹间距为

$$\Delta r_m \approx \frac{R\lambda}{2r_m} \tag{3.58}$$

2) 牛顿环的特点

由式(3.57)可知,$r_m < r_{m+1}$,即牛顿环内侧干涉条纹的级次低于外侧干涉条纹的级次。由式(3.58)可知,干涉条纹中心附近的条纹间距大(条纹稀疏),边缘附近的条纹间距小(条纹密集),如图 3.29 所示。

当牛顿环装置中的玻璃平板下移时,薄空气层逐渐变厚,观察场中的干涉条纹向内收缩,中心点处的干涉条纹不断消失,称为吞条纹;当空气层变薄时,观察场中的干涉条纹向外扩展,中心点附近的干涉条纹不断涌出,称为吐条纹。

条纹的吞吐情况可以由图 3.30 清楚地看出。设牛顿环装置中心点处空气层厚度为 h_0,中心点处附近有如图 3.30(a) 所示的三个级次的暗条纹。牛顿环装置中心点处空气层厚度增加 $\Delta h = \lambda/2$ 后,原来的暗条纹公式 $2h_0 = m\lambda$ 变为 $2(h_0 + \lambda/2) = (m+1)\lambda$,原来中心点处附近的三个级次的暗条纹分别变成如图 3.30(b) 所示的三个级次的暗条纹。

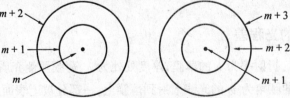

(a) h_0 (b) $h_0 + \lambda/2$

图 3.30 牛顿环随膜厚改变的变化

显然,当牛顿环的空气层厚度增加 $\Delta h = \lambda/2$ 后,原来 m 级次的中心条纹消失了(中心吞条纹),原来 $m+1$ 级次的干涉条纹收缩为一个点,中心条纹的级次由 m 级变为 $m+1$ 级,观察场中的干涉条纹整体向中心收缩;反之可以类推。

要注意的是,由式(3.58)可知,干涉条纹的间距与空气层的厚度无关。因此,若牛顿环装置中玻璃平板平移,空气层厚度随之变化时,虽然干涉条纹在不断变动,但干涉场中固定位置附近的条纹间距不变化。

3) 牛顿环的应用

利用牛顿环装置可以测量透镜的半径,但由于洁净度等因素,牛顿环装置中的平凸透镜中心与玻璃平板之间通常不容易形成理想的点接触。即使在超净环境下可以做到严格接触,但由于平凸透镜的半径很大和物质之间紧密接触后的相互作用等因素,常常使中心点处的理想点接触变为实际的面接触。此时不能使用式(3.57)直接测量透镜的半径,但可以先测出任意两个干涉圆环的半径 r_m 和 r_k(级次可以未知),以及这两个干涉条纹的级次差($m-k$),由此可以推算出透镜的半径,即

$$R = \frac{r_m^2 - r_k^2}{(m-k)\lambda} \tag{3.59}$$

上式的具体推导过程如下:

设 m 和 k 级次的暗条纹对应的空气层厚度分别为 h_m 和 h_k,牛顿环装置中心处空气层的厚度为 Δh_0(是可正可负的代数量),则有 $2h_m = m\lambda, 2h_k = k\lambda$,并有

$$r_m^2 = R^2 - (R - (h_m - \Delta h_0))^2 \approx 2R(h_m - \Delta h_0) = mR\lambda - 2R\Delta h_0$$

$$r_k^2 = R^2 - (R - (h_k - \Delta h_0))^2 \approx 2R(h_k - \Delta h_0) = kR\lambda - 2R\Delta h_0$$

因此

$$r_m^2 - r_k^2 = (m-k)R\lambda$$

即

$$R = \frac{r_m^2 - r_k^2}{(m-k)\lambda}$$

3.6 等倾干涉

1. 等倾干涉的光程差

如图 3.31 所示,折射率为 n 的薄膜,厚度处处为 h,薄膜两侧介质的折射率分别为 n_1 和 n_2。点光源发出的倾角为 i_1 的光线入射到薄膜上,一部分被上表面反射,另一部分沿角 i 方向折射到薄膜后被下表面反射,然后再经上表面折射后从薄膜表面出射。两束反射光线相互平行,会聚于无穷远处,在实际应用中通常使用透镜将两束平行光会聚在透镜的焦

平面上,形成等倾干涉条纹。

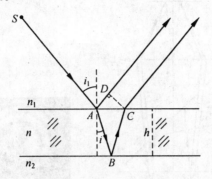

图3.31 等倾干涉的光程差

如图3.31所示,作 CD 线垂直光线 AD,则两相干光束的光程差为
$$\Delta L = (ABC) - (AD) = 2(AB) - (AD)$$
其中 $(ABC) = 2nh/\cos i$,$(AD) = n_1 \overline{AC} \sin i_1 = 2nh\sin^2 i/\cos i$。因此光程差为
$$\Delta L = 2nh\cos i \tag{3.60}$$
这是厚度均匀薄膜上下表面的两束反射平行光线的准确光程差公式,其中 i 是折射角,当满足 $n_1 < n > n_2$ 或 $n_1 > n < n_2$ 条件时,光程差中需要添加半波损,即
$$\Delta L = 2nh\cos i \pm \lambda/2 \tag{3.61}$$
半波损只影响条纹的绝对级次,对条纹的形状、间隔和可见度没有影响。因此,求解上述问题时可以不考虑半波损。

等倾干涉的极大(亮纹)和极小(暗纹)值条件是
$$\Delta L = 2nh\cos i \pm \lambda/2 = \begin{cases} m\lambda \\ (m + 1/2)\lambda \end{cases}$$
式中波长 λ 和折射率 n 是固定值;薄膜的厚度 h 处处等值;只有折射角 i 是随入射光倾角 i_1 变化的变量;干涉条纹的级次 m 仅与折射角 i 有关。具有同一倾角的反射光线将会聚于同一级次的干涉条纹上,这种干涉称为等倾干涉,相应的干涉条纹称为等倾干涉条纹。

2.等倾干涉条纹的形状和间距

观察无穷远处等倾干涉条纹的装置如图3.32所示。光源 S 发出的光束,经半反射镜 M 反射到薄膜上,薄膜上下表面的反射光经会聚透镜 L 聚焦在观察屏 Σ 上。具有同一入射倾角的反射光线也具有相同的反射倾角,对应的两相干光束之间的光程差都相同。聚焦后的多个会聚点与透镜中心连线的夹角均相等,到观察屏中心 O 的距离也都相等,必然形成如图3.32所示的圆形等倾干涉条纹。

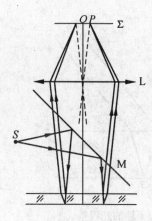

图 3.32 观察等倾干涉条纹的装置和等倾干涉条纹

由等倾干涉的极大值公式可以推导出等倾干涉条纹的间距。首先将等倾条纹的光程差公式改写为

$$\cos i_m = \frac{1}{2nh}(m\lambda \mp \lambda/2)$$

再以折射倾角 i_m 和干涉级次 m 为变量对上式两边微分,并令 $\Delta m = 1$,得

$$\Delta(\cos i_m) \approx -\sin i_m \Delta i_m = \frac{\lambda}{2nh}$$

即

$$\Delta i_m = -\frac{\lambda}{2nh\sin i_m}$$

在傍轴条件下有 $i' \approx ni$,因此相邻等倾干涉条纹的半径差近似为

$$\Delta r_m = r_{m+1} - r_m \approx f\Delta i_m' = nf\Delta i_m$$

等倾干涉条纹的间距即为

$$\Delta r_m = \frac{-f\lambda}{2h\sin i_m} \propto \frac{\lambda}{2h\sin i_m} \tag{3.62}$$

3. 扩展光源对等倾干涉条纹的影响

将单色扩展光源作为等倾干涉装置的光源不但不会降低等倾干涉条纹的可见度,反而能增加干涉条纹的亮度。因为不论入射到薄膜上的光束来自面光源上的哪个发光点源,只要入射倾角相同,而且在空间的取向也相同时,经薄膜反射后的相干光总是两两会聚于同一点,它们的光程差和相干光强都相同,非相干叠加的结果使干涉条纹变得更加明亮,如图 3.33 所示。

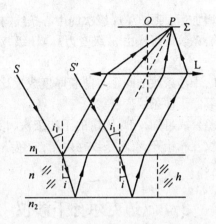

图 3.33　扩展光源使等倾干涉条纹更明亮

4. 等倾干涉条纹的特点

如图 3.33 所示，光束的入射倾角越大，两相干光束的反射倾角就越大，观察屏上干涉条纹的位置越靠外，干涉级次越低。也就是级次高的等倾干涉条纹的半径小，级次低的干涉条纹的半径大，即

$$r_{m+1} < r_m \tag{3.63}$$

从等倾干涉条纹的间距公式(3.62)可知，靠近中心的级次较高的干涉条纹对应的 $\sin i_m$ 值较小，因此靠近干涉场中心的干涉条纹的间隔较宽，靠近边缘的干涉条纹的间隔较窄。观察场中心的条纹较稀疏，越往外条纹越密集。

薄膜厚度增加时，观察场中的等倾干涉条纹向外扩展，中心处吐条纹；反之则等倾干涉条纹向内收缩，中心处吞条纹。

条纹的吞吐情况可以由图 3.34 清楚地看出。设薄膜厚度为 h，干涉场中心点附近有如图 3.34(a) 所示三个级次的暗条纹。若薄膜厚度增加后，暗条纹公式由 $2nh_0\cos i = m\lambda$ 变成 $(2nh_0 + \lambda)\cos i = (m+1)\lambda$，则中心点附近的原来的三个暗条纹变成如图 3.34(b) 所示的三个级次的暗条纹。

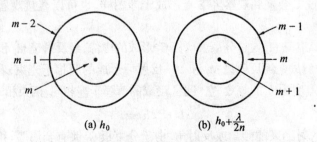

图 3.34　等倾干涉条纹随膜厚增加的变化

显然,空气层的厚度增加后,原来的 m 级次的中心条纹向外扩展了,$m+1$ 级次的干涉条纹从中心冒出来,中心条纹的级次由 m 级变为 $m+1$ 级,观察场中的干涉条纹整体向外扩展;反之可以类推。

由条纹间距公式可知,干涉条纹的间距与薄膜厚度成反比,若薄膜变厚,则干涉场各处干涉条纹的间距变小,等倾干涉条纹变密。

白光入射时,由光程差公式可知,相对固定的干涉级次,相干光的倾角随波长的增加减小,各种颜色的干涉条纹互相错开,红色条纹在内侧,紫色条纹在外侧,观察场中呈现彩色的圆环形等倾干涉条纹。

3.7 迈克尔孙干涉仪

1. 迈克尔孙干涉仪的装置和光路

迈克尔孙干涉仪的结构及光路如图 3.35 所示,M_1 和 M_2 分别是沿竖直和水平方向放置的全反射平面镜。G_1 和 G_2 分别是与水平方向成 45° 的分束玻璃板和光程补偿板,厚度和折射率均相同。G_1 的背面蒸镀半反半透金属膜,可以将入射光平分为等光强的两部分。L 和 Σ 分别是会聚透镜和观察屏。光源 S 发出的光束被 G_1 分成两部分,一部分光束透过 G_1 后被后面的金属膜层反射到 M_2 上,再经 M_2 反射,然后透过 G_1 入射到会聚透镜 L 上,这部分光束三次通过 G_1;另一部分光束透过 G_1 和 G_2 后,经 M_1 反射,再次通过 G_2,然后被 G_1 反射到会聚透镜 L 上,这部分光束也相当于三次通过 G_1,补偿板 G_2 补偿了这部分光束由于少通过两次分束板 G_1 造成的光程差,消除了白光照明时由此引起的色散效应。两部

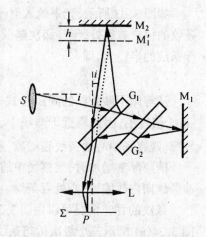

图 3.35 迈克尔孙干涉仪的结构及光路

分相干光束经透镜 L 会聚到观察屏 Σ 上形成干涉图样。也可以直接观看两束相干光形成的干涉条纹。

图 3.35 中的 M_1' 是 M_1 通过分束玻璃板 G_1 形成的虚像,经反射镜 M_1 和 M_2 反射的两相干光束,可以等效地看成是经反射镜 M_2 和 M_1' 反射后形成的两相干光束,看到的干涉条纹与 M_2 和 M_1' 之间的厚度为 h 的等效"空气层"形成的薄膜干涉相同,两束相干光的光程差为

$$\Delta L = 2h\cos i \tag{3.64}$$

其中 $n=1$;i 是入射光束的倾角或反射角。由于分束板 G_1 镀有金属膜,相位突变情况比较复杂,因此不考虑由此引起的附加光程差。

2. 迈克尔孙干涉仪的等倾干涉条纹

M_2 和 M_1' 平行时,通过透镜 L 将相干光会聚在观察屏 Σ 上,可以得到圆形等倾干涉条纹。开始时 M_2 和 M_1' 相距较远,按图 3.36 所示方向逐渐平移 M_2,等效"空气层"由厚逐渐变薄,密集的圆形等倾干涉条纹不断向中心收缩,观察屏上的干涉条纹逐渐变得稀疏,M_2 和 M_1' 完全重合时,中心处的干涉圆斑扩大到整个视场。继续平移 M_2,"空气层"由薄逐渐变厚,稀疏的圆形等倾干涉条纹不断从中心冒出,观察屏上的干涉条纹逐渐变得密集。

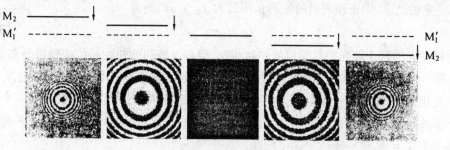

图 3.36　迈克尔孙干涉仪的等倾干涉条纹的变化

3. 迈克尔孙干涉仪的等厚干涉条纹

如果 M_2 和 M_1' 之间有微小夹角,光束垂直或近似垂直入射到厚度很小的等效"空气层"上时,在"空气层"表面附近形成等厚干涉条纹,透镜 L 将"空气层"附近的干涉条纹成像在观察屏 Σ 上。按图 3.37 所示方向逐渐平移 M_2,由于是扩展光源照明装置,而且 M_2 和 M_1' 相距较远,"空气层"较厚,因此开始时条纹的可见度很小,随着楔形"空气层"逐渐由厚变薄,条纹逐渐清晰,干涉条纹向背离交棱方向弯曲,偏离等厚线的干涉条纹不断向远离交棱的方向平移。随着 M_2 和 M_1' 逐渐靠近、相交,弯曲的条纹逐渐变直。继续平移 M_2,楔形"空气层"逐渐由薄变厚,此时交棱方向移到另一侧,直线干涉条纹逐渐朝背离交棱方向弯曲,干涉条纹不断向交棱方向平移,条纹又逐渐变得模糊。

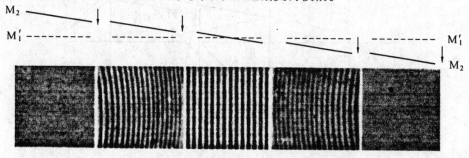

图 3.37　迈克尔孙干涉仪的等厚干涉条纹的变化

3.8 光波场的时间相干性

1. 随机发光时间的有限性决定了波列长度的有限性

太阳和日光灯等普通光源是随机辐射发光,设每次持续发光的时间为 τ_0,相应地,在介质折射率为 n,传播速度为 v 的介质里的光波波列长度就是 $l = v\tau_0$。由于 $v = c/n$,其中 c 为真空中的光速,用光程表示的波列长度即为 $L_0 = nl$,则有

$$L_0 = c\tau_0 \tag{3.65}$$

随机发光的每个波列都有固定的初始相位,但各个波列的初始相位值随机分布,彼此没有关联,不同波列相遇时非相干。必须先将同一个波列分成两个波列,然后再让它们在观察屏上相遇,才能满足相干条件。由于波列的长度是有限的,为了确保来自同一个波列的两个子波列相遇,在相遇点处两个子波列的光程差不能大于波列的长度 L_0。下面以迈克尔孙干涉仪为例,进一步讨论这个问题。

2. 迈克尔孙干涉仪的等效光路

图 3.38 是迈克尔孙干涉仪的等效光路,随机发光的点光源 S 通过平面镜 G_1 成像于图中的点 S' 处,等效点光源 S' 又分别通过平面镜 M_1' 和 M_2 成像于图中的点 S_1' 和 S_2' 处。从点光源 S 发出的光束就像分别从点光源 S_1' 和 S_2' 发出的光束一样。实际上,等效点光源 S_1' 和 S_2' 是来自点光源 S 的沿纵向分布的两个次波源。若平面镜 M_1' 和 M_2 的间距为 h,且点光源 S 发出的光束的倾角为 i,次波源 S_1' 和 S_2' 发出的两束光波到达观察屏后的光程差即为 $\Delta L = 2h\cos i$。沿纵向分布的这两个次波源沿其连线方向传播时的光程差就是这两个次波源的间距,即 $\Delta L = 2h$。

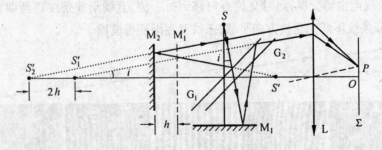

图 3.38 迈克尔孙干涉仪的等效光路

3. 波列长度的有限性导致沿纵向分布的两个次波源的时间相干性

若两个次波源 S_1' 和 S_2' 的间距或者两个次波源沿其连线方向传播时的光程差 ΔL 大于波列长度 L_0,即 $\Delta L > L_0$,则两个次波源非相干;若 $\Delta L < L_0$,则两个次波源部分相干。ΔL 越小,两个次波源的部分相干程度越高;若 $\Delta L \to 0$,则两个次波源几乎完全相干。因此,将波列长度 L_0 称为相干长度,将决定波列长度的发光时间 τ_0 称为为相干时间,在非单色点光源 S 照明的光波场中,随着两个次波源的间距或者两者光程差的变化,其相干程度也随之变化,这种现象称为两个纵向分布次波源的时间相干性。随机发光时间的有限性决定了波列长度的有限性,波列长度的有限性导致了沿纵向分布的两个次波源的时间相干性,随机发光时间的有限性是纵向分布的两个次波源时间相干性的起因。

4. 随机发光时间的有限性决定了光波的非单色性

就像实际波列的长度都是有限的一样,实际光源都是非单色的,当谱线的线宽为 $\Delta \lambda \approx 1$ nm 量级时,单色性较差;线宽为 $\Delta \lambda \approx 10^{-3}$ nm 量级时,单色性较好,线宽为 $\Delta \lambda \approx 10^{-6}$ nm 量级时,单色性很好。

将谱线连续分布的多个单色光波的波函数叠加起来可以求得非单色光的波列长度。为了简化计算,首先将单色光波的波函数对应成复数形式

$$d\widetilde{E} = e^{i(kr-\omega t)}dE_0$$

其中 $dE_0 = e(\lambda)d\lambda$。由于 $k = 2\pi/\lambda$,可以将自变量改为 k,即 $dE_0 = e(k)dk$。其中 $e(k)$ 称为光波的振幅谱密度函数,准单色光的振幅谱密度函数曲线通常呈图 3.39 所示形状。

在空间传播的非单色光波的波函数即为

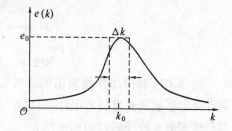

图 3.39 振幅谱密度函数曲线

$$\widetilde{E}(r) = \int_0^\infty d\widetilde{E} = \int_0^\infty e^{i(kr-\omega t)}dE_0$$

设准单色光的光谱范围从 $k - \Delta k/2$ 到 $k + \Delta k/2$,由于其谱线宽度 Δk 较窄,可以近似地将 $e(k)$ 取为常数,即

$$dE_0 = e(k)dk = e_0 dk$$

通过单色光波函数的线性叠加计算准单色光的波函数时,应当给定一个确定的时刻,比如 $t = 0$ 时刻,则有

$$\widetilde{E}(r) = e_0 \int_{k_0 - \Delta k/2}^{k_0 + \Delta k/2} e^{ikr}dk = (e_0 \Delta k) \frac{\sin(\Delta kr/2)}{\Delta kr/2} e^{ik_0 r}$$

令 $E_0 = e_0 \Delta k$,将上式对应成简谐波函数,则有

$$E(r) = E_0' \frac{\sin(\Delta kr/2)}{\Delta kr/2} \cos(k_0 r) \tag{3.66}$$

准单色光波列的空间图像如图 3.40 所示,这是一个振幅逐渐衰减的有限长波列。振幅为零处的位置分别对应 $\Delta kr_{\pm 0}/2 = \pm \pi$,可得 $r_{\pm 0} = \pm |\lambda^2/\Delta\lambda|$,波列长度为 $L_0 = (r_{+0} - r_{-0})/2$(量级关系),即

$$L_0 = \frac{\lambda^2}{\Delta\lambda} \tag{3.67}$$

显然有限长度的波列和光源的非单色性相互对应或者说相互等价。

由 $\nu = c/\lambda$,可得 $\Delta\nu = |c\Delta\lambda/\lambda^2|$,将其代入式(3.67)得到 $L_0 = c/\Delta\nu$,再与式 $L_0 = c\tau_0$ 联立,可以得到时间相干反比公式,即

$$\tau_0 \Delta\nu \approx 1 \tag{3.68}$$

由此式可知,发光时间越短,波列越短,频带越宽;反之,谱线越窄,波列越长。

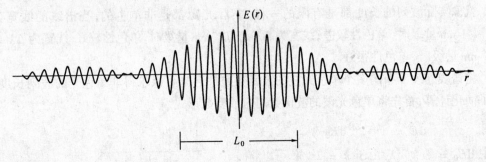

图 3.40　准单色光的空间波列

式(3.67)和(3.68)将有限的波列长度与光波的非单色性联系起来了,发光时间的有限性决定了波列长度的有限性,也决定了光源的非单色性。由此,我们也可以从光源的非单色性理解光波场的时间相干性。

5. 光源的非单色性使干涉条纹可见度随光程差变化单调下降

单色线光源空间宽度的扩展会影响光波场干涉条纹的可见度。点光源光谱宽度的扩展(光源的非单色性)也会影响光波场干涉条纹的可见度。

计算显示,具有一定光谱宽度的非单色点光源使干涉条纹的可见度随光程差的变化单调下降。

若迈克尔孙干涉仪的光源是谱宽为 $\Delta\lambda$(或者为 Δk)的非单色点光源,则从迈克尔孙干涉仪出射的光波的总光强就是各单色光形成的无数套干涉图样光强的非相干叠加。设某种单色光产生的干涉条纹的光强分布为

$$dI = dI_0(1 + \cos(k\Delta L))$$

其中 $dI_0 = i(\lambda)d\lambda = i(k)dk$，$i(k)$ 称为光强谱密度函数。若光源的光谱范围为 $k_1 \sim k_2$，设 $\Delta k = k_1 - k_2$, $k = (k_1 + k_2)/2$，类似图 3.39 所示的将准单色光的振幅密度函数取为常数线型的近似方法，光强谱密度的线型也可以取简化的常数近似模型，即 $i(k) = I_0/\Delta k$，若在观察场中心点处的光程差为 ΔL，则非相干叠加的总光强分布可以写成

$$I(\Delta L) = \int_{k-\Delta k/2}^{k+\Delta k/2} dI_0 (1 + \cos(k\Delta L)) = I_0 [1 + \frac{1}{\Delta k}\int_{k-\Delta k/2}^{k+\Delta k/2} \cos(k\Delta L) dk]$$

积分结果为

$$I(\Delta L) = I_0 [1 + \frac{\sin(\Delta k \Delta L/2)}{\Delta k \Delta L/2} \cos(k\Delta L)] \tag{3.69}$$

总光强分布的可见度即为

$$\gamma(h) = \left| \frac{\sin(\Delta k \Delta L/2)}{\Delta k \Delta L/2} \right| \tag{3.70}$$

具有一定谱线宽度的非单色点光源形成的总光强分布和可见度随光程差变化的曲线如图 3.41 所示。

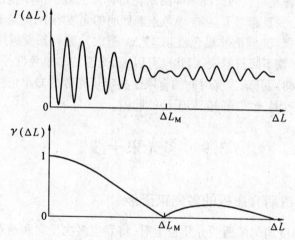

图 3.41　准单色光的总光强分布和可见度随光程差改变的变化

当光程差由 0 增加到 $\Delta L = \frac{2\pi}{\Delta k}$ 时，可见度 γ 变为 0，继续增加光程差，由于曲线的起伏较小，可以忽略，称此时的光程差为最大光程差

$$\Delta L_M = \frac{\lambda^2}{\Delta \lambda} \tag{3.71}$$

由式(3.62)可知，单色光干涉条纹的间距与波长成正比，由此出发也可以得到式(3.71)给出的最大光程差公式，具体论述如下。

设开始时迈克尔孙干涉仪的光程差为 0，中心观察场的条纹可见度为 $\gamma = 1$，条纹清晰。随着光程差的增加，由于不同波长对应的条纹间距不同，各种单色光形成的亮暗条纹

逐渐错开,中心观察场的条纹可见度逐渐下降。直到中心观察场波长最短和波长最长的两个单色光的干涉条纹间距错开一个条纹间距,即最短波长的某一级亮条纹正好与最长波长的低一级次的亮条纹重叠时,可见度下降到0,中心视场附近一片模糊。此时有

$$\Delta L_M = N_m \lambda_m = (N_m - 1)(\lambda_m + \Delta \lambda) \approx (N_m - 1)\lambda_M$$

解得 $N_m = \dfrac{\lambda_M}{\Delta \lambda}$,即可见度为 $\gamma = 0$ 时,有

$$\Delta L_M = \frac{\lambda^2}{\Delta \lambda}$$

6. 点光源的非单色性导致光波场的时间相干性

由式(3.71)和(3.67)可以得到

$$\Delta L_M = \frac{\lambda^2}{\Delta \lambda} = L_0 \tag{3.72}$$

由此式给出的最大光程差与波列长度相等的结论可知,光源的非单色性 $\Delta \lambda$ 将最大光程差 ΔL_M 和波列长度 L_0 联系起来了。在非单色点源照明的光波场中,随着光程差的增加,干涉条纹可见度单调下降。光源的非单色性越差($\Delta \lambda$ 越大),波列长度越短,最大光程差越小,干涉条纹可见度单调下降得越快。因此也可以说,光源的非单色性导致了光波场的时间相干性。而由式(3.68)可知,发光时间的有限性决定了光源的非单色性,这就再次说明随机发光时间的有限性是光波场时间相干性的起因。

3.9 多光束干涉

1. 厚度均匀的透明介质板的多光束干涉

一束光入射到厚度均匀的透明介质板上时,将发生多次反射和透射,振幅被反复分割。通常情况下,透明介质板的反射率较小,讨论厚度均匀的透明介质板的等倾干涉问题时,可以仅考虑前两束反射光的干涉。若采用镀膜等方法提高透明介质板表面的反射率,处理透明介质板的干涉问题时不能忽略多次反射和透射的影响。

1) 多光束干涉的光强分布和条纹特征

如图3.42所示,折射率为 n、厚度为 h 的透明介质板置于折射率为 n' 的均匀介质中。振幅为 E_0 的光束以倾角 i' 入射后,经折射角为 i 的上下表面的多次反射和透射,形成多束反射相干光束 $1, 2, 3, \cdots$ 和多束透射相干光束 $1', 2', 3', \cdots$。

若设透明介质板表面从 n' 到 n 和从 n 到 n' 的振幅反射率和透射率分别为 r, r', t, t',其中 $r = -r'$,$r^2 + tt' = 1$,则反射光的振幅依次为

$$|E_0 r|, |E_0 tr't'|, |E_0 tr'^3 t'|, |E_0 tr'^5 t'|, \cdots$$

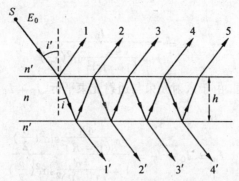

图 3.42 光束在厚度均匀的透明介质板上的多次反射和透射

透射光的振幅依次为

$$E_0tt', E_0tr'^2t', E_0tr'^4t', E_0tr'^6t', \cdots$$

由图 3.42 可以看出,相邻反射光之间和相邻透射光之间的光程差都是

$$\Delta L = 2nh\cos i$$

对应的初相位差为

$$\delta = \frac{4\pi}{\lambda}nh\cos i \tag{3.73}$$

设第一束反射光和透射光的复振幅分别为 $\widetilde{E}_1 = E_0r, \widetilde{E}_1' = E_0tt'$,则各反射和透射光束的复振幅分别为

$$\begin{cases} \widetilde{E}_1 = -E_0r = E_0r' \\ \widetilde{E}_2 = E_0tt'r'e^{i\delta} \\ \widetilde{E}_3 = E_0tt'r'^3e^{i2\delta} \\ \widetilde{E}_4 = E_0tt'r'^5e^{i3\delta} \\ \vdots \end{cases} \begin{cases} \widetilde{E}_1' = E_0tt' \\ \widetilde{E}_2' = E_0tt'r'^2e^{i\delta} \\ \widetilde{E}_3' = E_0tt'r'^4e^{i2\delta} \\ \widetilde{E}_4' = E_0tt'r'^6e^{i3\delta} \\ \vdots \end{cases}$$

由于透明介质板两侧介质的折射率相等,第一束反射光复振幅前面的负号来自第一束和第二束反射光之间的半波损,其余相邻的反射和透射光线之间均没有半波损。透射光的总复振幅即为

$$\widetilde{E}_T = E_0tt'(1 + r'^2e^{i\delta} + r'^4e^{i2\delta} + r'^6e^{i3\delta} + \cdots)$$

这是无穷等比级数的和,由等比级数的一般求和公式 $S = $ 首项$/(1-$公比$)$ 和 $tt' = 1 - r^2 = 1 - R$,可得

$$\widetilde{E}_T = E_0\frac{(1-R)}{1-Re^{i\delta}}$$

多光束干涉的透射光强即为

$$I_T = \widetilde{E}_T\widetilde{E}_T^*$$

可以进一步改写为

$$I_T = \frac{I_0}{1 + \frac{4R}{(1-R)^2}\sin^2(\frac{\delta}{2})} \tag{3.74}$$

其中 $I_0 = E_0^2$ 为入射光强。由于入射光束与透射光束平行，$I_R + I_T = I_0$，则多光束干涉的反射光强为

$$I_R = I_0 - I_T = \frac{I_0 \frac{4R}{(1-R)^2}\sin^2(\frac{\delta}{2})}{1 + \frac{4R}{(1-R)^2}\sin^2(\frac{\delta}{2})} \tag{3.75}$$

图 3.43 给出了多光束干涉的透射和反射光强分布曲线，图中的曲线显示，随着光强反射率 R 的增加，透射光的干涉亮条纹越来越细锐。由式(3.74)和(3.75)可知，干涉条纹的形状由初相位差 δ 中的折射角 i 确定，属于等倾干涉条纹，当会聚透镜的光轴与透明介质板表面垂直时，在透镜的焦平面上可以接收到同心圆环形干涉条纹。反射和透射条纹互补，反射亮条纹的位置对应透射暗条纹的位置。反射和透射条纹的极值位置由初相位差 δ 决定，与透明介质板的光强反射率 R 无关。

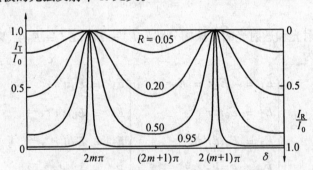

图 3.43　多光束干涉的透射和反射光强分布

若透明介质板的振幅反射率很低，即 $|r| \ll 1$，则 $tt' \approx 1$，因此前两束反射光的振幅近似相等，并与后面所有反射光束的振幅相比大得多，此时的多光束干涉类似双光束干涉。这一点从透射光强公式也可以看出来，由于 $R \ll 1$，$(1-R)^2 \approx 1$，所以

$$(1 + \frac{4R}{(1-R)^2}\sin^2\frac{\delta}{2})^{-1} \approx 1 - 4R\sin^2(\frac{\delta}{2}) = 1 - 2R(1-\cos\delta)$$

即

$$I_T = I_0[(1-2R) + 2R\cos\delta], \quad I_R = 2RI_0(1-\cos\delta)$$

此时的反射光强分布公式与双光束干涉的光强分布公式相同，其可见度为 $\gamma = 1$。由于第一束透射光束的振幅远大于后面的各束透射光的振幅，由上面的透射光强分布公式可以看出，其可见度为 $\gamma = 2R/(1-2R) \approx 0$，此时透射条纹显得很模糊。

若 $R \approx 1$，各透射光束的振幅基本相等，不能忽略多次反射和透射光束。由透射光强分布公式(3.74)可知，此时 $4R/(1-R)^2 \gg 1$，透射光强中 $\sin^2(\delta/2)$ 的微小变化都将导致透射光强极快地衰减，致使干涉条纹变得非常细锐。由式(3.74)和(3.9)可以得到此时透射条纹的可见度，即

$$\gamma = \frac{2R}{1+R^2} \tag{3.76}$$

虽然透射条纹的可见度总小于1，但由于 $R \to 1$，因此 $\gamma \to 1$。图3.43显示出，当 R 增大时，反射亮条纹越来越宽，整套反射条纹是亮场下的一组暗线；透射亮条纹越来越细锐，整套透射条纹是暗场下的一组亮线。因此，透射条纹更易于观察。

随着光强反射率 R 的增大，多光束干涉中不能忽略的光束数目越来越多，导致多光束干涉的可见度很高，透射条纹非常细锐、清晰，这是多光束干涉的显著特征。

2) 多光束干涉的相位半宽和角半宽

由图3.43可以看出，$R \to 1$ 时，透射亮条纹的极小值虽然很小，但总不等于零。通常定义透射光强极大值一半处对应的两个初相位的差为相位半宽，记为 $\Delta\delta$。如图3.44所示，当 $I_T/I_0 = 1/2$ 时，$\delta = 2k\pi \pm \Delta\delta/2$，这时

$$\sin^2(\delta/2) = \sin^2(\Delta\delta/4) \approx (\Delta\delta/4)^2$$

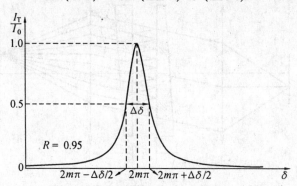

图3.44 透射亮条纹的相位半宽

将其代入透射光强公式，可得

$$\Delta\delta = \frac{2(1-R)}{\sqrt{R}} \tag{3.77}$$

当 $R \to 1$ 时，$\Delta\delta \to 0$，亮条纹变得非常细锐。通常将 2π 值与相位半宽的比值定义为干涉条纹的精细度，即

$$F = \frac{2\pi}{\Delta\delta} = \frac{\pi\sqrt{R}}{1-R} \tag{3.78}$$

精细度 F 的值越大，条纹越细锐。

为了便于测量，还可以计算极大值附近的折射角半宽 Δi，它比 $\Delta\delta$ 更直观地描述了条

纹的细锐程度。对式(3.73)求初相位差 δ 随折射角 i 变化的微分，并取绝对值，得

$$\Delta\delta = \frac{4\pi}{\lambda}nh\sin i(\Delta i)$$

将式(3.77)代入上式，可得角半宽为

$$\Delta i = \frac{\lambda}{2\pi nh\sin i}\frac{1-R}{\sqrt{R}} \tag{3.79}$$

此式显示，光强反射率 R 越高，均匀透明介质板的厚度 h 越大，折射角 i 越大，则角半宽越小，亮条纹越细锐。

2. 法布里－珀罗干涉仪

法布里－珀罗干涉仪是实现多光束等倾干涉的重要仪器，是超精细光谱结构分析的有效工具，在光学和激光技术等方面有广泛的应用。

1) 法布里－珀罗干涉仪的结构、光路和条纹特征

法布里－珀罗干涉仪的结构和光路如图 3.45 所示，仪器的关键部件是两块透明玻璃或石英平板 G_1 和 G_2，彼此相对的两个平面精密抛光和高度平行，并且镀有高反射膜层，其间形成厚度均匀的空气腔，通常称为 F－P 腔。G_1 和 G_2 的外平面与内平面有一个小倾角，让外平面的反射光与内平面的反射光分离，排除外平面反射光对内平面反射光的干扰。

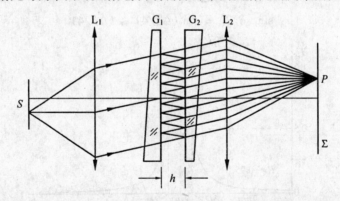

图 3.45 法布里－珀罗干涉仪的结构和光路

扩展光源 S 置于透镜 L_1 的焦面附近，其上任意点发出的光束经透镜准直后，形成平行光入射到 F－P 腔里，在两个高反射的内平面之间多次反射，强度递减得很慢，形成多光束干涉的平行光束。相干平行光束从 G_2 出射后，经透镜 L_2 会聚到焦平面 Σ 上，形成如图 3.46 所示的非常细锐明亮的圆环形等倾干涉条纹。

F－P 腔内平面的高反射膜层会带来一定的

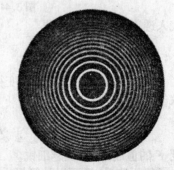

图 3.46 多光束干涉的透射亮条纹

附加相位差，但定量分析比较复杂，因此不考虑镀膜后的附加相位变化，相邻两反射光束的初相位差一般写为

$$\delta = \frac{2\pi}{\lambda} nh\cos i$$

其中 i 是反射角；h 是折射率为 $n = 1$ 的空气层的厚度。由式(3.62)可知，等倾干涉条纹的间隔随波长的增加变宽。如果扩展光源是白光，则在平面 Σ 上形成彩色圆环形等倾干涉条纹，由于法布里－珀罗干涉仪的干涉条纹十分细锐，不同波长光谱的角间隔 δi 较大，因此具有优良的分光特性。

2) 角色散本领

描述法布里－珀罗干涉仪分光特性的物理量主要是角色散本领和色分辨本领。

角色散本领表示法布里－珀罗干涉仪能将不同波长谱线(干涉条纹)分开的程度，两条谱线的波长间隔 $\delta\lambda$ 与谱线中心被分开的角距离 δi 之比称为角色散本领，记为 $D_i = \delta i / \delta\lambda$。由等倾干涉的光程差公式 $2nh\cos i_m = m\lambda$ 出发，可以推导出角色散本领的表示式。对光程差公式两边的变量 i 和 λ 取微分，并取绝对值得

$$2nh\sin i\delta i = m\delta\lambda$$

即

$$D_i = \frac{\delta i}{\delta \lambda} = \frac{m}{2nh\sin i} \tag{3.80}$$

由此式易见，随着干涉级次 m 的增加和反射角 i 的减小，角色散本领逐渐增大。因此，对于给定的波长间隔 $\delta\lambda$，越靠近干涉场的中心，谱线被分开的角间隔越大。

3) 瑞利判据和色分辨本领

角色散本领只表示不同波长的谱线被分开的程度，还不能确定两条谱线是否能够被分辨，是否能够被分辨还与每条谱线自身的线宽有关。

图 3.47 给出了两条谱线刚可分辨的判据。当一条谱线的极大值位置恰好与另一条谱线的极小值位置重合时，非相干叠加的合光强分布的中心出现如图 3.47 所示的凹陷，凹陷中心处的光强约为谱线极大值处光强的 73.5%，两条谱线刚可分辨，此时谱线的角半宽 Δi 与两条谱线中心被分开的角距离 δi 相等。由此得到的两条谱线刚可分辨的判据为

$$\Delta i = \delta i \tag{3.81}$$

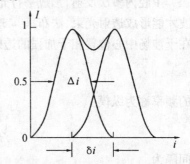

图 3.47 两条谱线刚可分辨的判据

此式称为瑞利判据。

将式(3.79)和(3.80)代入式(3.81)，λ 与 $\delta\lambda$ 之比称为色分辨本领，记为 G，得

$$G = \frac{\lambda}{\delta\lambda} = m\pi\frac{\sqrt{R}}{1-R} \tag{3.82}$$

式中 $\delta\lambda$ 是在波长 λ 附近的第 m 级谱线中刚可分辨的两条谱线的最小波长间隔。法布里－珀罗干涉仪中空气腔的厚度 h 可以很大（$h \approx 10$ cm），从而谱线的级次可以很高（$m \approx 10^6$），而且 F－P 腔的反射率很高（$R \approx 99\%$），使得仪器的色分辨本领很高。

4) 自由光谱范围

干涉仪的角色散大了，有利于分光，但若入射光的光谱线宽 $\Delta\lambda$ 较大，不同级次的不同波长的干涉条纹就容易互相重叠，致使谱线变得模糊，不易分辨。因此要对光谱的线宽 $\Delta\lambda$ 进行限制，并将不发生相邻干涉级次重叠的最大光谱线宽 $\Delta\lambda$ 称为法布里－珀罗干涉仪的自由光谱范围。

当谱线中最短波长 λ 的第 m 级干涉极大与最长波长 $\lambda + \Delta\lambda$ 的第 $m-1$ 级干涉极大刚好重叠时，有

$$2nh\cos i = m\lambda = (m-1)(\lambda + \Delta\lambda)$$

由此可以得到自由光谱范围为

$$\Delta\lambda = \frac{\lambda}{m-1} \approx \frac{\lambda^2}{2nh\cos i}$$

干涉场中心附近的自由光谱范围为

$$\Delta\lambda = \frac{\lambda^2}{2nh} = \frac{\lambda}{m} \tag{3.83}$$

可以看出，虽然空气腔厚度 h 或干涉级次 m 越大，色分辨本领越好，但自由光谱范围将变窄。实际使用时要根据需要，选取适当的空气腔厚度。

5) 法布里－珀罗干涉仪的选频功能

当线宽为 $\Delta\lambda$ 的非单色点光源发出的平行光轴的平行光入射到法布里－珀罗干涉仪后，在 F－P 腔内多次反射，形成平行光轴的相干光束，其中只有波长满足 $2nh = m\lambda_0$ 条件的光波才能形成透射光束，法布里－珀罗干涉仪的这种作用称为选频功能。

在干涉场中心位置相干加强的透射光波的波长为

$$\lambda_m = \frac{2nh}{m} \tag{3.84}$$

对应的频率称为纵模

$$\nu_m = \frac{c}{\lambda_m} = \frac{mc}{2nh} \tag{3.85}$$

纵模间隔为

$$\delta\nu = \frac{c}{2nh} \tag{3.86}$$

可见各纵模之间是等间隔的，如图 3.48 所示。图中的虚线轮廓是输入光谱，实线是输出纵模谱线。

第3章 光的干涉

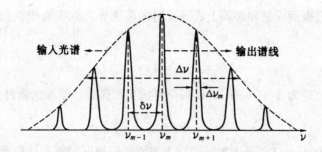

图 3.48 法布里 – 珀罗干涉仪的选频功能

对 δ 取随 λ 变化的微分,并取绝对值,得

$$\Delta\delta = 4\pi nh\cos i(\Delta\lambda)/\lambda^2$$

将式(3.77)代入上式,且令 $\cos i = 1$,可以得到用波长表示的单模半值宽

$$\Delta\lambda_m = \frac{\lambda^2}{2\pi nh}\frac{1-R}{\sqrt{R}} = \frac{\lambda}{\pi m}\frac{1-R}{\sqrt{R}} \tag{3.87}$$

用频率表示称为单模线宽

$$\Delta\nu_m = \frac{c\Delta\lambda_m}{\lambda^2} = \frac{c}{2\pi nh}\frac{1-R}{\sqrt{R}} = \frac{c}{\pi m\lambda}\frac{1-R}{\sqrt{R}} \tag{3.88}$$

此式表明,光强反射率越高,腔长越长,则输出谱线的宽度越窄。F – P 腔从输入的非单色光中挑选波长,压缩线宽的功能大大提高了输出光的单色性。

3. 增透膜和高反膜

为了增加透过率常常要在玻璃等介质上镀制透明介质薄膜,称为增透膜。因为较复杂的光学仪器通常由十几个透镜组成,若每个透镜表面反射4%的入射光强,透过前后几十个透镜表面后,光强损失将非常可观。不但无法保证清晰成像,而且反射形成的杂散光还会降低成像质量,因此必须蒸镀增透膜来提高透射率。为了提高反射率,有时也需要在玻璃等介质表面镀制反射薄膜,称为高反膜。

在如图3.49所示的折射率为 n_2 的玻璃基底上蒸镀一层折射率为 n 的透明介质薄膜。

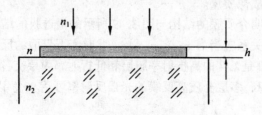

图 3.49 增透膜

设薄膜厚度为 h,且 $n_1 < n < n_2$

因此从薄膜上表面反射和玻璃上表面反射的两束光之间没有半波损,满足反射光相消干涉的光程差应该是

$$\Delta L = 2nh = (m + \frac{1}{2})\lambda$$

相应的初相位差为 $\delta = \pi$,令 $m = 0$,可得满足薄膜最小厚度的条件为

$$h_m = \frac{\lambda}{4n}$$

设入射光强为 $I_0 = E_0^2$,正入射时薄膜上表面的振幅反射率和透射率分别为 r_1、t_1 和 t'_1,玻璃上表面的反射率为 r_2,则有

$$I = (E_0 r_1)^2 + (E_0 r_2 t_1 t'_1)^2 + 2(E_0^2 r_1 r_2 t_1 t'_1)\cos(\pi) = I_0[r_1 - r_2(1 - r_1^2)]^2 = 0$$

由于玻璃的折射率较低,且 $n_1 < n < n_2$,因此 $(1 - r_1^2) = [1 - (\frac{n - n_1}{n + n_1})^2] \approx 0$,可得

$$(r_1 - r_2) = (\frac{n - n_1}{n + n_1} - \frac{n_2 - n}{n_2 + n}) = 0$$

可以解得

$$n = \sqrt{n_1 n_2}$$

计算显示,若 $n_1 < n < n_2$,薄膜厚度为 h,波长为 λ 的平行光垂直入射到介质膜上时,实现完全消反射的条件为

$$\begin{cases} n_1 < n < n_2 \\ 2nh = (m + 1/2)\lambda, (m = 0, \pm 1, \pm 2, \cdots) \\ n = \sqrt{n_1 n_2} \end{cases} \tag{3.89}$$

若取 $n_1 = 1, n_2 = 1.52$,则膜层的材质应当选取 $n = 1.23$ 的物质,这种材料尚未找到。实际上经常使用 $n = .138$ 的氟化镁材料作为镀膜材料。单层增透膜仅能使个别波长的反射光达到极小,同时对相邻波长的反射光也会有不同程度的减弱。对照相机镜头和近视镜等光学器件来说,一般选用 550 nm 的黄绿光消反射光,所以增透膜的反射光中呈现与它互补的蓝紫色。多层增透介质膜则可以使较宽波段的光谱具有极低的光强反射率,从而能够确保光学仪器的成像质量。

实现高反射的透明介质膜的结构与图 3.49 所示的增透膜的结构相同,但透明介质膜与周围介质的折射率关系应当为 $n_1 < n > n_2$,此时上下界面的反射光之间有半波损。常用的高反膜是由 nh 都是 $\lambda/4$ 的高折射率膜层和低折射率膜层交替镀制的多层反射膜,单层高反膜的反射率不高,多层介质高反膜的光强反射率可达 99% 以上。

习 题 3

3.1 两列振动方向平行的相干光束的振幅比分别为 $E_{01}/E_{02} = 1, 1/3, 3, 6, 1/6$,求干涉条纹的可见度。

3.2 如图3.50所示,在 xz 平面传播的两束波长均为 400 nm 的相干平行光对称入射到位于 xy 平面的观察屏上,(1)两束光与 z 轴的夹角均为 $\theta = 30°$,求干涉条纹的间距;(2)两束光与 z 轴的夹角均为 $\theta = 45°$,求干涉条纹的间距;(3)两束相干平行光的波长均为 600 nm,与 z 轴的夹角均为 $\theta = 30°$,求干涉条纹的间距?

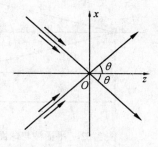

图3.50 两束平行光的干涉

3.3 杨氏双孔干涉实验中,双孔间距为 0.6 mm,双孔与接收屏的距离为 1.2 m,波长为 600 nm 的点光源照明双孔,求干涉条纹的间距。

3.4 如图3.51所示,杨氏双缝干涉装置中,波长为 600 nm 的光源在观察屏上形成角宽度为 0.02° 的暗条纹,在傍轴条件下求双缝的间距;若将整个装置浸入折射率为 1.33 的水中,求暗条纹的角宽度。

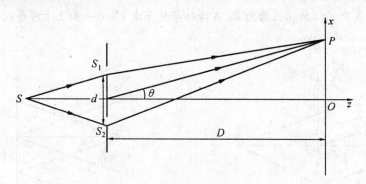

图3.51 杨氏双缝干涉

3.5 如图3.52所示,波长为 λ,在 xz 平面沿 z 轴方向传播的平面波,与源点在轴上,距坐标原点为 a,波长也是 λ 的球面波在 $z = 0$ 平面相遇,发生干涉。设球面波在源点 C 处与平面波在坐标原点 O 处的初始相位均为零,在傍轴条件下求 $z = 0$ 平面上干涉条纹的形状和间距。

3.6 如图3.53所示,源点 $Q(0, 0, -a)$ 发出的波长为 λ 的发散球面波,与在点 $Q'(0,$

$0,a)$ 处会聚的波长也为 λ 的会聚球面波在 $z=0$ 平面相遇，发生干涉。设源点 Q 处的初始相位为 φ_{02}，会聚点 Q' 处的初始相位为 φ_{01}，在傍轴条件下求 $z=0$ 平面上干涉条纹的形状和间距。

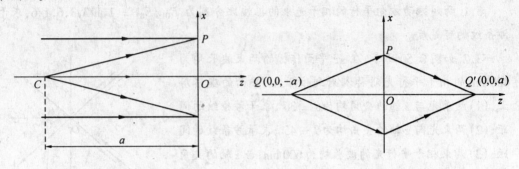

图 3.52　平面波与球面波的干涉　　　　图 3.53　两球面波的干涉

3.7　如图 3.54 所示，波长为 λ，在 xz 平面沿与 z 轴夹角 θ 方向传播的平面波，与源点 Q 在轴上、距坐标原点为 a，波长也是 λ 的会聚球面波在 $z=0$ 平面相遇，发生干涉。设会聚球面波在光源处和平面波在坐标原点处的初始相位均为零，在傍轴条件下求 $z=0$ 平面上干涉条纹的形状和间距。

3.8　如图 3.55 所示，波长为 λ，在 xz 平面沿与 z 轴夹角 θ_1 方向传播的平面波，与波长也为 λ，在 xz 平面沿与 z 轴夹角 θ_2 方向传播的平面波在 $z=0$ 平面相遇，发生干涉。设两平面波在坐标原点处的初始相位均为零，在傍轴条件下求 $z=0$ 平面上干涉条纹的形状和间距。

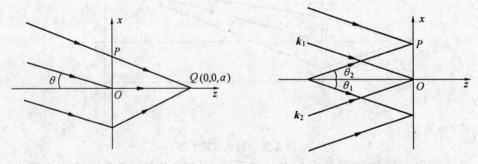

图 3.54　平面波与球面波的干涉　　　　图 3.55　两平面波的干涉

3.9　如图 3.56 所示，三束沿 xz 平面传播的相干平行光在坐标原点 O 处的初始相位均为零，即 $\varphi_{01}=\varphi_{02}=\varphi_{03}=0$，振幅比为 $E_{01}:E_{02}:E_{03}=1:2:1$，与 z 轴的夹角分别为 θ、0 和 θ。(1) 在傍轴条件下分别用复振幅法和矢量图解法求 $z=0$ 平面上的相干光强分布；(2) 分析干涉条纹的特征。

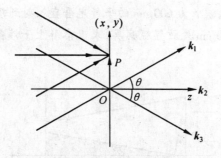

图 3.56 三束平面波的干涉

3.10 如图 3.57 所示,将薄透镜从中心切成两半,中间放置厚度为 2 mm 的不透光垫,构成对切透镜。薄透镜的焦距为 100 mm,透镜与波长为 600 nm 的点光源相距 300 mm,与观察屏相距 450 mm,在傍轴条件下求观察屏上干涉条纹的间距和可能出现的暗条纹数目。

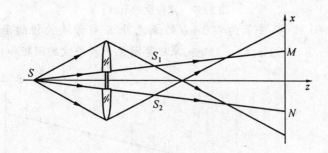

图 3.57 对切透镜的干涉

3.11 如图 3.58 所示,菲涅耳双面镜 M_1 和 M_2 的夹角为 $15'$,在双面镜交棱的左上方放置波长为 600 nm 的平行交棱的缝光源 S,经双面镜分别成像于 S_1 和 S_2,两像光源的连线与交棱相距 10 cm。接收屏 Σ 位于两个像光源的右方,与交棱相距 250 cm,求 (1) 干涉条纹的间距;(2) 观察屏上可能出现的干涉亮条纹的数目;(3) 点源 S 垂直交棱位移 δs 时,观察屏上零级条纹相应移动的距离;(4) 可见度下降到零时缝光源的宽度。

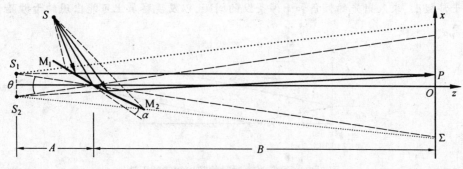

图 3.58 菲涅耳双面镜的干涉

3.12 如图 3.59 所示,波长为 600 nm 的平行光垂直入射到顶角为 6′、折射率为 1.5 的双棱镜上,在相距棱镜 150 cm 处放置观察屏,求观察屏上干涉条纹的间距和可能出现的干涉暗条纹的数目。

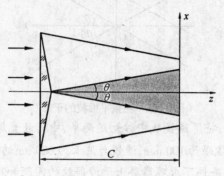

图 3.59 双棱镜的干涉

3.13 如图 3.60 所示,波长为 600 nm 的点光源 S 与劳埃德镜的垂直距离为 $h = 0.5$ mm,$A = 3$ cm,$B = 5$ cm,$C = 15$ cm,求观察屏上干涉条纹的间距和可能出现的干涉条纹的数目。

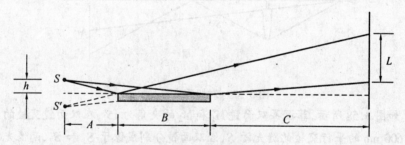

图 3.60 劳埃德镜的干涉

3.14 图 3.61 所示,波长为 600 nm 的平行光掠入射到长度为 30 cm 的劳埃德镜上,紧靠劳埃德镜的左侧放置观察屏,在观察屏上距离镜面高度 $x_0 = 0.1$ mm 的点 P 处出现第二个干涉极小,求入射光的倾角和干涉条纹的间距,以及观察屏上可能出现的干涉暗条纹的数目。

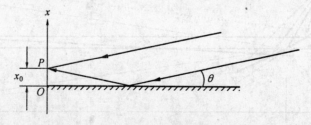

图 3.61 平行光入射时的劳埃德镜的干涉

3.15 如图3.62所示,波长为600 nm的平行光垂直入射到顶角为0.5°、折射率为1.5的菲涅耳双棱镜上,点光源相距菲涅耳棱镜10 cm,观察屏相距棱镜200 cm,求观察屏上干涉条纹的间距和可能出现的干涉亮条纹的数目。

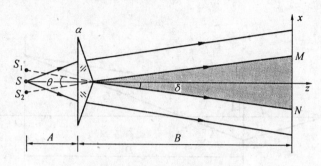

图3.62 菲涅耳双棱镜的干涉

3.16 在如图3.63所示的杨氏干涉实验中,点光源S发出波长为500 nm的单色光,双缝间距为0.6 mm。在距双缝所在屏为10 cm处放置焦距为10 cm的凹薄透镜,薄透镜到观察屏的距离为25 cm,求观察屏上干涉条纹的形状和间距。

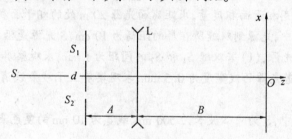

图3.63 杨氏干涉实验

3.17 如图3.64所示的装置是瑞利干涉仪,在双缝后面放置两个透明长管T_1和T_2,其中T_2管已充满待测的空气,T_1管在初始时刻为真空,然后徐徐注入空气,直至充满与T_2管气压相同的空气。充气过程中,观测到点P处光强变化98.5次,T_1管中空气柱长度为20 cm,入射光波长为589.3 nm,求空气的折射率。

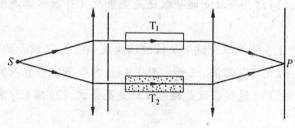

图3.64 瑞利干涉仪的干涉

3.18 如图 3.65 所示,在杨氏双孔干涉装置的圆孔 S_1 后面放置折射率为 1.58 的薄玻璃平板。若双孔所在屏到观察屏的垂直距离为 50 cm,双孔间距为 0.1 cm,放置薄玻璃平板后零级干涉条纹移到 0.2 cm 的点 P 处。设光线均垂直穿过薄玻璃平板,求薄玻璃平板的厚度。

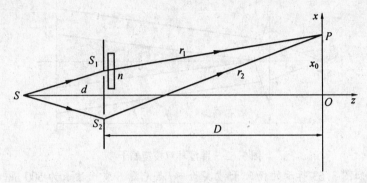

图 3.65 杨氏干涉实验

3.19 波长为 550 nm 的面光源的直径为 2 cm,如果用干涉孔径角来度量,求其空间相干范围是多少。如果用相干面积度量,求距离面光源 20 m 处的相干面积。

3.20 杨氏实验中,光源到双缝所在屏的距离为 10 cm,S 光源是沿 x 方向扩展的波长为 500 nm 的单色线光源,(1) 若双缝 S_1 和 S_2 的间距为 1 mm,求观察屏上干涉条纹消失时光源的线宽度;(2) 若光源的线宽度为 0.5 mm,求观察屏上干涉条纹消失时双缝 S_1 和 S_2 的间距。

3.21 杨氏实验中,S 为中心波长为 500 nm、线宽为 10 nm 的复色点光源,求观察屏上干涉条纹消失时的级次。

3.22 直径为 d 的细丝夹在两块平板玻璃的边缘形成尖劈形空气层,在波长为 589.3 nm 钠黄光的垂直照射下形成如图 3.66 所示的干涉条纹分布,求细丝的直径。

3.23 折射率均为 1.5 的平凹透镜与平板玻璃构成如图 3.67 所示的干涉装置,中间的空腔充满折射率为 1.33 的水溶液,波长为 589.3 nm 的平行光垂直照射时可以看到反射光的 4 个圆形干涉条纹,(1) 这些条纹是暗条纹还是亮条纹;(2) 求水溶液中心处的可能最大厚度。

3.24 折射率均为 1.5 的平凹透镜与平板玻璃构成如图 3.67 所示的干涉装置,中间的空腔充满折射率为 1.62 的 CS_2 溶液,波长为 589.3 nm 的平行光垂直入射时可以看到反射光的 5 个圆形干涉条纹,(1) 这些条纹是暗条纹还是亮条纹;(2) 求 CS_2 溶液中心处的可能最大厚度。

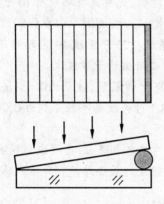
图 3.66 尖劈形空气薄膜的干涉

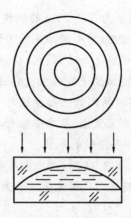
图 3.67 溶液薄膜的干涉

3.25 观察牛顿环的干涉图样,若第 5 级和第 6 级暗环的间距为 2 mm,求第 12 级和第 13 级暗环的间距。

3.26 在表面光洁度待测的玻璃工件上面覆盖平板薄玻璃,形成尖劈形空气层,波长为 589.3 nm 的平行光垂直入射时,可以看到如图 3.68 所示的干涉条纹中显示的待测玻璃工件的缺欠,求缺欠的形状和缺欠起伏的最大值。

3.27 如图 3.69 所示,半径为 R_1 的平凸透镜与半径为 R_2 的平凸透镜相对放置,中间形成薄空气层。波长为 λ 的单色平行光垂直入射到装置上,求干涉暗条纹的半径和间距。

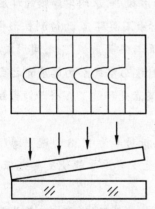
图 3.68 尖劈形空气层的干涉

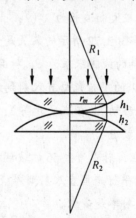
图 3.69 薄空气层的干涉

3.28 如图 3.70 所示,半径为 R_2 的平凸透镜置于半径为 $R_1(R_1 > R_2)$ 的平凹透镜中,形成薄空气层。波长为 λ 的单色平行光垂直入射到装置上,求干涉暗条纹的半径和间距。

3.29 将折射率为 1.56 的玻璃平板插入波长为 589.3 nm 的光波照明的迈克尔孙干涉仪的一侧光路中,圆环形条纹中心吞(或吐)了 10 个干涉条纹,求玻璃平板的厚度。

3.30 波长为589.3 nm的钠黄光照明迈克尔孙干涉仪,先看到视场中有10个暗环,且暗环中心是暗斑(中心暗斑不计为暗环数),移动平面镜 M_1 后,看到中心吞(吐)了10环,此时视场中还剩2个暗环,求(1)中心是吞还是吐了条纹;(2)平面镜 M_1 移动的距离;(3)移动前中心暗斑的干涉级次;(4)平面镜 M_1 移动后中心暗斑的干涉级次。

3.31 半径待测的平凸透镜与平板玻璃组成牛顿环干涉装置,波长为 0.63 μm 的平行光垂直入射到装置上。从中心往外数第5环和第15环干涉条纹的半径分别为 0.70 mm 和 1.7 mm,求平凸透镜的半径。

3.32 如图3.71所示,白光入射到折射率为1.33的肥皂水膜上,当视线与膜法线的夹角为20°时观察到反射光是波长为550 nm的绿光,求膜层的最小厚度。

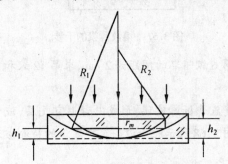

图3.70 薄空气层的干涉

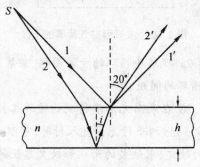

图3.71 肥皂水膜的干涉

3.33 平行白光垂直入射到置于空气中的厚度均匀的薄膜上,仅看到波长为 λ_1 的反射光的干涉极大和波长为 $\lambda_2(\lambda_2 < \lambda_1)$ 的反射光的干涉极小,求均匀薄膜的厚度。

3.34 如图3.72所示的装置是干涉测量计,G为标准石英环,C为待测柱形样品,高度均为 l_0,石英的线膨胀系数为 β_G。样品略有倾斜的上表面与石英盖板 T_1 之间形成楔形空气层,波长为 λ 的平行光垂直入射到装置上,温度改变时楔形空气层的厚度随之变化,干涉条纹也随之移动。若在温度升高 Δt 的过程中,视场中某点处移过了 N 个干涉条纹,求样品的线膨胀系数 β_C。

3.35 在折射率为1.56的玻璃衬底表面涂上一层折射率为1.38的透明薄膜,波长为 632.8 nm 的平行光垂直入射到薄膜表面,求(1)薄膜至少多厚才能使反射光强最小;(2)此时光强反射率是多少。

3.36 钠光灯发射的黄光中包含两条相近的谱线,称为钠双线,平均波长为 589.3 nm。利用钠黄光作迈克耳孙干涉仪的光源时,发现干涉场的可见度随平面镜的移动周期性地变化。实验测得,从条纹最清晰到最模糊的过程中视场共吞(吐)了490个条纹,求钠双线的波长差和它们的波长值。

3.37 He–Ne激光器发出波长为 632.8 nm 的光波,谱线宽度为 1×10^{-7} nm。氪(Kr)灯

发出的橙黄光的波长为 605.7 nm,谱线宽度为 4.7×10^{-4} nm,分别求它们的波列长度。

3.38 在 500 nm 附近有波长差为 10^{-4} nm 的两条谱线,若要用腔镜的反射率为 0.98 的法布里-珀罗干涉仪分辨这两条谱线,求法-珀腔的最小腔长。

3.39 法布里-珀罗干涉仪的腔长为 5 cm,中心波长为 600 nm 的准单色扩展光源照明该装置。(1) 求中心干涉条纹的级次;(2) 若腔镜的反射率为 0.98,求倾角 1° 附近干涉圆环的角半宽;(3) 求色分辨本领和可分辨的最小波长间隔;(4) 若一束平行白光正入射到法-珀腔上,求输出纵模的频率间隔和透射最强的谱线数目,以及每条谱线的线宽 $\Delta \nu$;(5) 若热胀冷缩引起腔长的相对改变量约为 $\delta h / h = 10^{-5}$,求输出谱线波长的相对漂移量 $\delta \lambda / \lambda$。

3.40 如图 3.73 所示,先在很平的玻璃片上镀一层银,然后在银面上加镀一层透明介质膜,其上再镀一层银,制成干涉滤光片,可以实现多光束干涉。设银面的反射率为 0.96,透明介质膜的折射率为 1.55,膜厚为 0.4 μm。平行光正入射时求(1) 在可见光范围内透射最强的谱线数目和相应的透射波长;(2) 每条谱线的线宽。

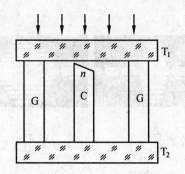

图 3.72 干涉测量计

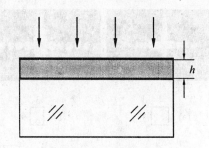

图 3.73 干涉滤光片

第 4 章 光的衍射

4.1 光波衍射的基本原理

1. 光的衍射现象和特点

杨氏实验装置中来自点光源 S 的光波遇到开有小孔 S_1 和 S_2 的屏幕时,光波被屏幕阻挡,沿小孔方向传播的光束 SS_1 和 SS_2 不再继续直线传播,而是向周围散开,形成新的发散球面波。光在传播过程遇到障碍物时,光束偏离直线传播方向,光波场的强度发生重新分布的现象称为光的衍射。

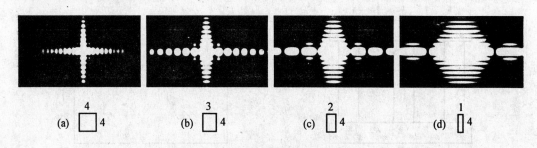

图 4.1 不同宽度比的矩孔衍射图样

图 4.1 给出了不同宽度比的矩孔衍射图样,图(a)中矩孔的高度和宽度相等(设比值为 4/4),衍射图样在竖直和水平两个方向展开,对称分布。由于矩孔衍射屏使光波在竖直和水平两个方向受到均等的限制,因此衍射图样在这两个方向对称展开。其余三幅图的矩孔高度不变,宽度递减,即光束在竖直方向的限制不变,在水平方向的限制逐渐增大,因此衍射图样在水平方向逐渐扩展。可见,光波的衍射具有如下特点:

(1) 光束在什么方向被限制,衍射图样就沿什么方向扩展。

(2) 光束被限制得越厉害,衍射图样越扩展,衍射效应越强。

衍射现象的强弱与入射光束的波长和障碍物尺度的比值有关:波长与衍射孔或衍射屏尺度的比值 λ/a 小于 1/1000 时,衍射现象不明显;比值在 1/100 ~ 1/10 之间时,衍射现象明显;比值等于或大于 1 时,衍射向散射过渡;比值趋于零,即衍射孔的口径越来越大时,衍射现象逐渐消失,光束按几何光学规律传播。

2. 惠更斯－菲涅耳原理

原理的表述：如图 4.2 所示，在光波场中任取一个包围光源 S 的闭合曲面 Σ，其上每个面元 ds 都可以看成是新的次波源，光波场中某点 P 处的振动是曲面 Σ 上所有次波源发出的次波在该点振动的相干叠加。

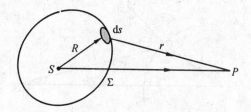

图 4.2　惠更斯－菲涅耳原理示意图

闭合曲面上的所有次波源都来自同一波源 S，到达点 P 处的次波之间的频率相同，存在相互平行的振动分量，初相位差稳定，因此次波之间是相干波。设面元 ds 发出的次波在场点 P 处的复振幅为 $d\widetilde{E}(P)$，则场点 P 处的合振动就是所有次波在此处振动的总和，由于次波源是连续分布的，因此合振动是分振动的积分，即

$$\widetilde{E}(P) = \oiint_{(\Sigma)} d\widetilde{E}(P) \tag{4.1}$$

在惠更斯－菲涅耳原理给出之前，惠更斯就提出了惠更斯原理，认为光波场中波面上的任意一点都可以看成次波源，下一时刻的波面是这些次波源发出的球面次波的包络面。

惠更斯原理给出了次波的概念，能够成功解释反射和折射等几何光学规律。但没有指出次波之间是相干波，光波场中某点的光强是所有次波在该点光强的相干叠加，因而无法解释发生衍射后光波场强度的重新分布问题。菲涅耳继承了惠更斯原理中的次波概念，提出了次波相干叠加的概念，形成了研究衍射现象和处理衍射问题的基本理论，即惠更斯－菲涅耳原理。

光的衍射其实与干涉一样，都是光波的相干叠加，都服从光的叠加原理，它们在本质上是相同的。虽然衍射与干涉也有不同之处，但都是次要的。比如，干涉是离散波源发出的光波的相干叠加，通常使用 Σ 求和计算各束光波叠加的合振动；而衍射是连续分布的次波源发出的次波的相干叠加，通常需要积分计算次波叠加的合振动，参与衍射的连续次波源的光线大多数不服从几何光学的传播规律。

3. 菲涅耳衍射积分公式

在惠更斯－菲涅耳原理的基础上，菲涅耳进一步假设了次波源复振幅的具体形式为

$$\mathrm{d}\widetilde{E}(P) \propto \widetilde{E}(Q)F(\theta_0,\theta)\frac{e^{ikr}}{r}\mathrm{d}s$$

如图 4.3 所示,S 是点光源,$R = \overline{SQ}$,r 是次波源 Q 到场点 P 的距离,$r = \overline{QP}$,N 是面元的法线方向,$\mathrm{d}s$ 是次波源 Q 的面元面积,θ_0 和 θ 分别是源点 S 和场点 P 与次波源 Q 的连线相对面元 $\mathrm{d}s$ 法线方向的夹角。

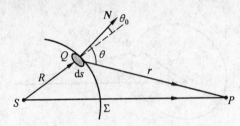

图 4.3　菲涅耳衍射积分示意图

$\widetilde{E}(Q) = \dfrac{\widetilde{E}_0}{R}e^{ikR}$ 是点光源 S 发出的光波到达次波源 Q 的复振幅,e^{ikr} 是次波源发出的到达场点 P 的球面次波的初相位因子,$F(\theta_0,\theta)$ 称为倾斜因子,由此,式(4.1)可以改写为菲涅耳衍射积分公式

$$\widetilde{E}(P) = \widetilde{C} \oiint \widetilde{E}(Q)F(\theta_0,\theta)\frac{e^{ikr}}{r}\mathrm{d}s \tag{4.2}$$

菲涅耳衍射积分公式是基于物理直觉的假设,缺乏严格的理论论证。若曲面 Σ 是以点光源 S 为中心的球面波,则 $\theta_0 = 0$,倾斜因子简化成 $F(\theta_0,\theta) = f(\theta)$。菲涅耳还假设 $\theta = 0$ 时,$f(\theta) = 1$;$\theta \geq \pi/2$ 时,$f(\theta) = 0$。表明不存在向后倒退的次波,因此,由面元 $\mathrm{d}s$ 发出的次波不是各向同性的。

4. 菲涅耳 – 基尔霍夫衍射公式

为了求解光波通过平面衍射屏后的衍射场,基尔霍夫给出了衍射积分的边界条件,取如图 4.4 所示的闭合曲面 Σ,它由三部分组成,即

$$\Sigma = \Sigma_0 + \Sigma_1 + \Sigma_2$$

其中 Σ_0 是平面衍射屏上通光孔的面积;Q 是光孔面上的任意一点,忽略平面衍射屏对衍射孔处入射光波场的影响,则通光孔处的复振幅是点光源 S 自由传播到光孔处的复振幅 $\widetilde{E}(Q)$;Σ_1 是平面衍射屏,由于平面衍射屏的反射和吸收,并忽略入射光波在平面衍射屏后面产生的影响,则平面衍射屏 Σ_1 上的复振幅为零,即 $\widetilde{E}_1(Q) = 0$;用虚线表示的 Σ_2 是无穷远处的曲面,它的半径很大,即 $r_2 \to \infty$,则积分结果为零,对场点 P 处的衍射光场没有贡献。此时对衍射积分有贡献的积分面积只有光孔面积 Σ_0 了,则(4.2)式简化为

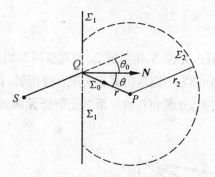

图4.4 基尔霍夫边界条件

$$\widetilde{E}(P) = \widetilde{C} \iint_{\Sigma_0} \widetilde{E}(Q) F(\theta_0, \theta) \frac{e^{ikr}}{r} ds$$

严格来说，入射光波场与平面衍射屏的介质材料（金属或电介质）之间的相互作用总会对衍射孔处的光场分布有所影响，入射光波场也总要在平面衍射屏后面的近距离内产生一些影响，但由于场点 P 到衍射孔的距离 r 和衍射孔的尺度远大于光波的波长，因此忽略这些局限于衍射孔附近的距离为波长量级范围内的影响，以及假设 $r_2 \to \infty$ 处的曲面 Σ_2 对场点没有贡献的近似处理，对计算结果的影响可以忽略。

经过进一步的推导计算，基尔霍夫给出了倾斜因子的表达式

$$F(\theta_0, \theta) = \frac{1}{2}(\cos\theta_0 + \cos\theta) \tag{4.3}$$

即 $\theta_0 = 0$ 时，$f(\theta) = \frac{1}{2}(1 + \cos\theta)$；$\theta = \pi/2$ 时，$f(\theta) = \frac{1}{2}$；$\theta = \pi$ 时，$f(\theta) = 0$。由此可知，$\theta > \pi/2$ 时的次波仍然对场点 P 处的光波场有贡献，这个结果与菲涅耳的假设不同。基尔霍夫还导出了比例系数的具体表示式为 $\widetilde{C} = \frac{-i}{\lambda}$。使用菲涅耳 – 基尔霍夫衍射公式进行次波相干叠加积分计算时会产生一个 $\frac{\lambda}{i}$ 因子，比例系数 $\widetilde{C}$ 恰好抵消了这个因子的影响，可以确保惠更斯 – 菲涅耳原理的定量计算结果与实际情况一致（参看4.2节5中的论述）。菲涅耳 – 基尔霍夫衍射积分公式为

$$\widetilde{E}(P) = \frac{-i}{\lambda} \iint_{\Sigma_0} \frac{1}{2}(\cos\theta_0 + \cos\theta) \widetilde{E}(Q) \frac{e^{ikr}}{r} ds \tag{4.4}$$

通常在傍轴条件下求解衍射场，此时 $\theta \approx \theta_0 \approx 0$，分母中的 $r \approx r_0$，r_0 是场点 P 到衍射光孔中心点处的光程，由此菲涅耳 – 基尔霍夫衍射积分公式可以简化为

$$\widetilde{E}(P) = \frac{-i}{\lambda r_0} \iint_{\Sigma_0} \widetilde{E}(Q) \exp(ikr) ds \tag{4.5}$$

此式经常用来定量计算衍射问题。

5. 衍射的分类

如图 4.5 所示，衍射装置由光源 S、衍射屏 Σ_0 和观察屏 Σ 组成。通常按光源和观察屏距离衍射屏的远近，将衍射分类为菲涅耳衍射和夫琅禾费衍射。光源和观察屏距离衍射屏有限远的衍射称为菲涅耳衍射。光源和观察屏距离衍射屏无限远的衍射称为夫琅禾费衍射。

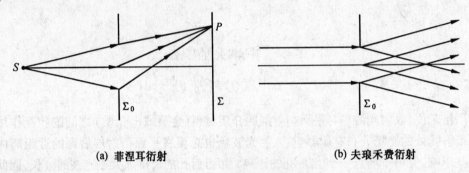

(a) 菲涅耳衍射　　　　　　　　　　(b) 夫琅禾费衍射

图 4.5　两种不同类型的衍射

显然，夫琅禾费衍射是菲涅耳衍射当光源和观察屏与衍射屏的距离趋于无限远时的特殊情况，夫琅禾费衍射容易计算，也容易实验，因此应用价值很大。

如图 4.6 所示，将两个透镜放在衍射屏两边，将光源和接收屏分别放在两个透镜的焦点和焦面上，可以组成等效于光源和观察屏距离衍射屏无限远的夫琅禾费衍射装置，也可以得到夫琅禾费衍射图样，通常都是使用这种夫琅禾费衍射装置。

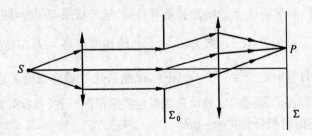

图 4.6　等效的夫琅禾费衍射装置

6. 巴俾涅原理

1) 衍射互补屏

图 4.7(a) 和 (b) 是两个透光区域和遮光区域互补的衍射屏，即一个的透光区域恰好是另一个的遮光区域。两个衍射屏的透光区域合在一起构成全通光屏，如图 4.7(c) 所示，称这样的一对衍射

屏为互补屏。其中 Σ_a、Σ_b 和 Σ_0 分别是三个衍射屏的透光面积,有 $\Sigma_0 = \Sigma_a + \Sigma_b$。

2) 巴俾涅原理

先后将图 4.7(a)、(b) 和 (c) 所示的衍射屏置于图 4.5(a) 所示的菲涅耳衍射光路中,用点光源 S 照射衍射屏,若在观察屏上任意点 P 处的复振幅分别为 $\widetilde{E}_a(P)$、$\widetilde{E}_b(P)$ 和 $\widetilde{E}_c(P)$,则有

$$\widetilde{E}_a(P) + \widetilde{E}_b(P) = \widetilde{E}_0(P) \tag{4.6}$$

即互补屏在衍射场中某点处分别产生的衍射复振幅之和等于光波自由传播时在该点处的复振幅,称为巴俾涅原理,式(4.6) 称为巴俾涅原理的复振幅关系式。

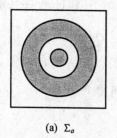
(a) Σ_a

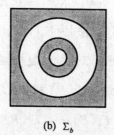
(b) Σ_b

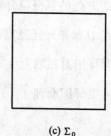
(c) Σ_0

图 4.7 互补衍射屏和全通光屏

可以由如下的衍射积分得到式(4.6),已知图 4.7(c) 所示的全透光屏的衍射积分为

$$\widetilde{E}_0(P) = \iint_{\Sigma_0} \mathrm{d}\widetilde{E}(P)$$

对此式进行分部积分得

$$\widetilde{E}_0(P) = \iint_{\Sigma_0} \mathrm{d}\widetilde{E}(P) = \iint_{\Sigma_a} \mathrm{d}\widetilde{E}(P) + \iint_{\Sigma_b} \mathrm{d}\widetilde{E}(P)$$

由于图 4.7(a)、(b) 所示的衍射屏的衍射积分分别为

$$\widetilde{E}_a(P) = \iint_{\Sigma_a} \mathrm{d}\widetilde{E}(P), \quad \widetilde{E}_b(P) = \iint_{\Sigma_b} \mathrm{d}\widetilde{E}(P)$$

从而可以得到

$$\widetilde{E}_a(P) + \widetilde{E}_b(P) = \widetilde{E}_0(P)$$

3) 巴俾涅原理的用途

一般来说,自由光波场的复振幅和光强分布往往容易计算,如果能够再计算出一种衍射屏产生的衍射复振幅,就可以通过巴俾涅原理得到互补屏的衍射复振幅。

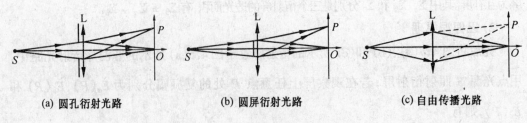

(a) 圆孔衍射光路　　　　(b) 圆屏衍射光路　　　　(c) 自由传播光路

图 4.8　互补衍射屏的衍射

如图 4.8 所示,图(a)和(b)为点光源 S 发出的光波分别通过圆孔和其互补圆屏的菲涅耳衍射光路,图(c)是点光源 S 发出的光波通过透镜 L 的自由传播成像光路。设点光源 S 对应的理想像点为如图 4.8(c)所示的点 O,自由传播时在轴上像点 O 和观察屏上轴外任意点 P 处的复振幅分别为 $\widetilde{E}_0(O) \neq 0, \widetilde{E}_0(P) = 0$。图 4.8(a)所示的圆孔菲涅耳衍射在轴上点 O 和轴外任意点 P 处的复振幅分别为 $\widetilde{E}_a(O) \neq 0, \widetilde{E}_a(P) \neq 0$。图 4.8(b)所示的圆屏菲涅耳衍射在轴上点 O 和轴外任意点 P 处的复振幅分别为 $\widetilde{E}_b(O) \neq 0, \widetilde{E}_b(P) \neq 0$。

由巴俾涅原理 $\widetilde{E}_a(P) + \widetilde{E}_b(P) = \widetilde{E}_0(P)$ 和 $\widetilde{E}_0(P) = 0$,可得

$$\widetilde{E}_a(P) = -\widetilde{E}_b(P) \tag{4.7}$$

将此式两端平方,即可得到圆孔和互补圆屏在轴外任意观察点处的光强分布关系为

$$I_a(P) = I_b(P) \tag{4.8}$$

此式显示,在圆孔和互补圆屏的菲涅耳衍射中,除轴上几何像点 O 处外,一对互补屏在观察屏上产生的菲涅耳衍射图样完全相同。

应当注意的是,圆孔和圆屏在轴上几何像点 O 处的衍射光强不相等,即 $I_a(O) \neq I_b(O)$,这是因为自由传播时轴上几何像点处的复振幅 $\widetilde{E}_0(O)$ 不为零。

4.2　菲涅耳衍射

1. 菲涅耳衍射装置

在点光源 S 的光波场中放置圆孔或圆屏衍射屏 Σ_0,在较远处再放置观察屏 Σ,构成如 4.9 所示的菲涅耳衍射装置。可见光入射时,实验装置的参数为:衍射屏的半径 ρ 约为 mm 量级,光源 S 到衍射屏的距离 R_0 和观察屏 Σ 到衍射屏的距离 r_0 约为 m 量级。

由于衍射屏是轴对称的,因此菲涅耳圆孔和圆屏衍射图样都是如图 4.10 所示的同心圆环。两者的显著不同是:随着圆孔口径或观察屏 Σ 到衍射屏的光程 r_0 的变化,轴上场点

第4章 光的衍射

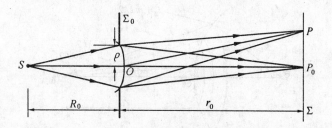

图 4.9 菲涅耳衍射装置

P_0 处圆孔衍射光斑的亮暗交替变化;不管圆屏的口径或观察屏 Σ 到圆屏的光程 r_0 如何变化,轴上场点 P_0 处的圆屏衍射光斑总是亮点。

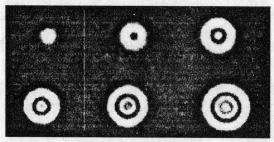

(a) 圆孔的衍射

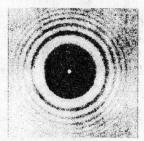

(b) 圆屏的衍射

图 4.10 菲涅耳衍射图样

原则上说,应当从菲涅耳衍射积分公式(4.2)出发,经过积分运算,求解菲涅耳衍射的光强分布。但实际上较难严格积分求解,尤其是计算观察屏 Σ 上轴外任意点 P 处的衍射光强分布。因此,本书只讨论观察屏 Σ 的轴上点 P_0 处衍射图样的特点,通常采用半波带法和矢量图解法等近似处理方法计算轴上任意点 P_0 处的复振幅和光强,得到的结果能够很好地反映圆屏和圆孔菲涅耳衍射的规律。

2. 半波带法

如图 4.11 所示,设点光源 S 的球面波波面 Σ 的中心点 O 到轴上场点 P_0 处的光程为 r_0,首先以点 P_0 为中心,分别以 $r_0 + \lambda/2, r_0 + 2\lambda/2, r_0 + 3\lambda/2, \cdots$ 为半径画球面,将波面 Σ 分割成若干个如图 4.11 所示的环形带。这些环形带的边缘到点 P_0 处的光程逐个相差半个波长,称这些环形带为半波带。把每个半波带看成一个整体,则相邻半波带到点 P_0 处的初相位差为 π。由此,衍射积分公式可以化简成复振幅的求和公式,即

$$\widetilde{E}(P_0) = \iint_{\Sigma} d\widetilde{E}(P_0) \approx \sum_{m=1}^{m} \Delta \widetilde{E}_m(P)$$

只要求出每个半波带发出的次波在点 P_0 处产生的复振幅 $\Delta \widetilde{E}_m(P)$,就可以得到轴上

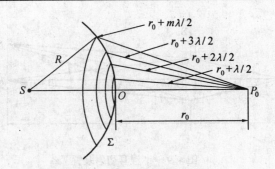

图 4.11　波面的半波带分割

场点 P_0 处的复振幅和光强,这种近似计算方法称为半波带法。

设图 4.11 中第一个半波带的复振幅为 $\widetilde{E}_1(P_0) = E_{01}$,则后面半波带的复振幅可以依次写成 $\widetilde{E}_2(P_0) = E_{02}(P_0)e^{i\pi} = -E_{02}(P_0)$,$\widetilde{E}_3(P_0) = E_{03}(P_0)e^{i(2\pi)} = E_{03}$,…。若衍射屏的圆孔露出的面积恰好可以分成 m 个半波带,则点 P_0 处的菲涅耳衍射合振幅就是

$$E(P_0) = E_{01} - E_{02} + E_{03}\cdots + (-1)^{m+1}E_{0m} \tag{4.9}$$

光强即为

$$I = E^2(P_0) \tag{4.10}$$

为了进一步计算合振幅 $E(P_0)$,需要比较式(4.9)中各个半波带振幅的大小。将菲涅耳衍射积分公式简化成

$$\widetilde{E}(P_0) = \widetilde{C}\iint_{\Sigma} \widetilde{E}(Q) F(\theta_0, \theta) \frac{e^{ikr}}{r} ds \approx \widetilde{C}\widetilde{E}(Q) \sum_{m=1}^{m} f(\theta_m) \frac{\Delta s_m}{r_m} e^{ikr_m} = \sum_{m=1}^{m} E_{0m} e^{ikr_m}$$

可见,每个半波带发出的次波在点 P_0 处的振幅具有如下的正比关系

$$E_{0m} \propto f(\theta_m) \frac{\Delta s_m}{r_m}$$

其中 Δs_m 是第 m 个半波带的面积;r_m 是第 m 个半波带到场点 P_0 处的光程;$f(\theta_m)$ 是第 m 个半波带的倾斜因子。

如图 4.12 所示,前 m 个半波带形成的球冠面积为

$$s_m = 2\pi R^2 (1 - \cos\alpha_m)$$

其中

$$\cos\alpha_m = \frac{R^2 + (R + r_0)^2 - r_m^2}{2R(R + r_0)}$$

因此,第 m 个半波带的面积为

$$\Delta s_m = s_m - s_{m-1} = 2\pi R^2 (\cos\alpha_{m-1} - \cos\alpha_m)$$

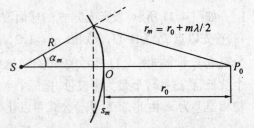

图 4.12　半波带的面积与其它参量的关系

则有

$$\frac{\Delta s_m}{r_m} = 2\pi R^2 \frac{(r_m^2 - r_{m-1}^2)/r_m}{2R(R+r_0)} \approx \frac{2\pi R}{R+r_0}\Delta r \tag{4.11}$$

由于 $\Delta r = \lambda/2$,则有

$$\frac{\Delta s_m}{r_m} = \frac{\pi R \lambda}{R+r_0} \tag{4.12}$$

可见,每个半波带的 $\frac{\Delta s_m}{r_m}$ 值都相同,影响点 P_0 处半波带振幅 E_{0m} 大小的因素就只有倾斜因子 $f(\theta_m)$ 了。由于 $f(\theta_m)$ 随 m 的增加缓慢减小,最后趋近于零,因此,振幅 E_{0m} 也随 m 的增加缓慢减小,最后趋近于零,即

$$E_{01} > E_{02} > E_{03} > \cdots > E_{0m}, \quad E_{0\infty} \to 0$$

3. 菲涅耳圆孔衍射中心场点 P_0 处的振幅和光强

若衍射屏的圆孔露出的波面恰好可以分成 m 个半波带,则菲涅耳衍射中心场点 P_0 处的振幅由式(4.9)确定,由于前一个半波带的振幅都比后一个半波带的振幅大一点,不妨将 m 个半波带的振幅系列看成等差级数,若 m 为奇数,则式(4.9)可以改写成

$$E(P_0) = E_{01} - E_{02} + E_{03} - \cdots + (-1)^{m+1} E_{0m} =$$
$$\frac{1}{2}E_{01} + (\frac{1}{2}E_{01} - E_{02} + \frac{1}{2}E_{03}) + \cdots + \frac{1}{2}(-1)^{m+1} E_{0m} =$$
$$\frac{1}{2}[E_{01} + (-1)^{m+1} E_{0m}]$$

其中 $(\frac{1}{2}E_{01} - E_{02} + \frac{1}{2}E_{03}) = \cdots = 0$,若 m 为偶数,则有

$$E(P_0) = \frac{1}{2}E_{01} + (\frac{1}{2}E_{01} - E_{02} + \frac{1}{2}E_{03}) + \cdots + \frac{1}{2}(-1)^m E_{0(m-1)} + (-1)^{m+1} E_{0m} =$$
$$\frac{1}{2}(E_{01} + (-1)^{m+1} E_{0m})$$

其中 $E_{0(m-1)} \approx E_{0m}$

因此,无论分成奇数还是偶数个半波带,都有

$$E(P_0) = \frac{1}{2}(E_{01} + (-1)^{m+1} E_{0m}), \quad I(P_0) = E^2(P_0) \tag{4.13}$$

若 $m \to \infty$,对应自由传播的情形,有

$$E(P_0) = \frac{1}{2}E_{01} = E_0, \quad I(P_0) = I_0 = E_0^2 \tag{4.14}$$

即自由传播时中心场点 P_0 处的振幅是第一个半波带在此处振幅的一半。

若 m 的数目有限,则分成奇数个半波带时有

$$E(P_0) = E_{01} = 2E_0, \quad I(P_0) = 4I_0 \tag{4.15}$$

分成偶数个半波带时有

$$E(P_0) = 0, \quad I(P_0) = 0 \tag{4.16}$$

可见,若衍射圆孔由小逐渐变大,随露出的半波带数不断增多,中心场点 P_0 处的衍射光强亮暗交替变化。若衍射屏上的圆孔口径不变,移动中心场点 P_0 的位置,衍射圆孔中心点 O 到点 P_0 的光程 r_0 随之变化,衍射圆孔露出的半波带数也随之变化,中心场点 P_0 处的衍射光强也将亮暗交替变化。

4. 菲涅耳圆屏衍射中心场点 P_0 处的振幅和光强

将圆屏放置在菲涅耳衍射光路中,若圆屏遮住了前 m 个半波带,则菲涅耳衍射中心场点 P_0 处的振幅为

$$E(P_0) = E_{0(m+1)} - E_{0(m+2)} + \cdots + E_{0\infty} = $$
$$\frac{1}{2}[E_{0(m+1)} + (-1)^{\infty} E_{0\infty}]$$

即

$$E(P_0) = \frac{1}{2} E_{0(m+1)}, \quad I(P_0) = E^2(P_0) \tag{4.17}$$

可见,随着圆屏口径的增大或圆屏中心点 O 与点 P_0 之间光程 r_0 的变化,无论圆屏遮住的是奇数还是偶数个半波带,中心场点 P_0 处总是亮点。

5. 菲涅耳 – 基尔霍夫衍射公式中的比例系数 $\widetilde{C} = \dfrac{-i}{\lambda}$ 的作用

图 4.11 中点光源 S 发出的光波自由传播到轴上场点 P_0 处的复振幅是

$$\widetilde{E}_0(P_0) = \frac{a}{R+r_0} e^{ik(R+r_0)} \tag{4.18}$$

这个结果也可以从菲涅耳衍射积分公式出发求得。由式(4.14)可知,自由传播时从点光源 S 发出的光波自由传播到场点 P_0 处的复振幅是第一个半波带在点 P_0 处复振幅的一半,即

$$\widetilde{E}_0(P_0) = \frac{1}{2} \widetilde{E}_{01}(P_0)$$

第一个半波带在点 P_0 处的衍射贡献可以通过菲涅耳 – 基尔霍夫衍射积分得到,即

$$\widetilde{E}_{01}(P_0) = \frac{\widetilde{C}}{r_0} \iint\limits_{\Sigma_1} \widetilde{E}(Q) e^{ikr} ds$$

其中 $\widetilde{C} = \dfrac{-i}{\lambda}$,由于 $\widetilde{E}(Q) = \dfrac{a}{R} e^{ikR}$,而且由式(4.11)可知 $\dfrac{ds_1}{r_1} = \dfrac{2\pi R}{(R+r_0)} dr = \dfrac{ds}{r_0}$,将它们代入上面的积分公式得

$$\widetilde{E}_0(P_0) = \frac{1}{2} \widetilde{C} \frac{2\pi a}{R+r_0} e^{ikR} \int_{r_0}^{r_0+\lambda/2} e^{ikr} dr$$

即点光源 S 发出的光波自由传播到场点 P_0 的复振幅是

$$\widetilde{E}_0(P_0) = \widetilde{C}\left(\frac{-\lambda}{i}\right) \frac{a}{R+r_0} e^{ik(R+r_0)} = \frac{a}{R+r_0} e^{ik(R+r_0)}$$

式中的 $\dfrac{-\lambda}{i}$ 因子恰好与菲涅耳-基尔霍夫衍射公式中的比例系数 $\widetilde{C} = \dfrac{-i}{\lambda}$ 相消,从而确保了衍射积分的计算结果与自由传播时的式(4.18)相同。

6. 矢量图解法

半波带法只适用于能将衍射圆孔或圆屏整分成 m 个半波带的情况。如果衍射圆孔或圆屏包含的不是整数个半波带,就要把半波带分割得更细一些。首先求出每个分得更细的子波带发出的次波在点 P_0 处产生的复振幅 $\Delta \widetilde{E}_m(P)$,然后使用矢量图解法求出这些子波带总的复振幅,就可以得到点 P_0 处的合振幅和光强了,这种近似计算的方法称为矢量图解法。其实,半波带法是矢量图解法的一个特例,由于相邻半波带的初相位差是 π,半波带振幅之间的矢量方向相同或相反,因此,在半波带法中的矢量相加就变成标量加减了。

下面以第一个半波带为例讨论矢量图解法的求解过程。以轴上场点 P_0 为中心,分别以 $b + \lambda/(2m), b + 2\lambda/(2m), b + 3\lambda/(2m), \cdots$ 为半径画球面,则第一个半波带被分割成 m 个子波带,把每个子波带作为一个整体,相邻子波带在点 P_0 处的初相位差为 π/m,每个子波带的振幅近似相等,可以写出每个子波带在轴上场点 P_0 处的复振幅

$$\Delta \widetilde{E}_1(P_0) = \Delta E_0(P_0) e^{i\pi/m}$$
$$\Delta \widetilde{E}_2(P_0) = \Delta E_0(P_0) e^{i2\pi/m}$$
$$\vdots$$
$$\Delta \widetilde{E}_m(P_0) = \Delta E_0(P_0) e^{i\pi}$$

然后画出如图 4.13 所示的一条水平基准线,从基准点 O 开始,以子波带在点 P_0 处产生的振幅 $\Delta E_0(P_0)$ 为小矢量的长度,初相位差 π/m 为小矢量的倾角,画出第一个矢量 ΔE_0。以后每次都以 $\Delta E_0(P_0)$ 为小矢量的长度,方向依次旋转 π/m 角,画出一个个首尾相连的小矢量,形成一个内接正多边形的矢量图,最后一个小矢量指向点 N,方向旋转了 π 角度。

连接第一个矢量和最后一个矢量的首尾,形成合成矢量 $\overrightarrow{ON} = E_{01}$,其方向为从第一个矢量的起点指向最后一个矢量的终点,得到第一个半波带在轴上场点 P_0 处产生的振幅 $E_{01}(P_0)$,第一个半波带在场点 P_0 处的光强即为 $I_1(P_0) = E_{01}^2$。

将半波带分割得越来越细,$m \to \infty$ 时,内接正多边形转化为圆形弧线。若被分割的是整个半波带,则画出的内接正多边形将转化为半圆,半圆的直径即为一个半波带的振幅,如图 4.13 所示。

若要继续分割其余的半波带,可以同样处理。每个半波带的矢量图都形成一个半圆,两个相邻半圆形成一个整圆。由于倾斜因子的影响,随着半波带序数的增大,半圆的半径逐渐缩小。自由传播时,半圆最终收缩到第一个半波带的半圆圆心 C 处。由基准点 O 到圆

心 C 画出合成矢量 $\overrightarrow{OC} = E_0$，其半径的长度即为光波自由传播时在点 P_0 处产生的振幅 $E_0(P_0) = \frac{1}{2}E_{01}(P_0)$。利用上述方法可以得到如图 4.14 所示的矢量图。

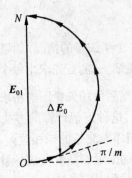 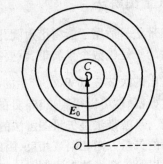

图 4.13 第一个半波带的菲涅耳衍射矢量图　　图 4.14 自由传播时的菲涅耳衍射矢量图

7. 矢量图上的巴俾涅原理矢量关系式

由自由传播的矢量图可以求出巴俾涅原理的矢量关系式。如图 4.15 所示，以自由传播矢量图上的基准点 O 为起点，任意画出一个矢量 $\overrightarrow{ON} = E_a$，若这个矢量对应圆孔菲涅耳衍射在轴上场点 P_0 处产生的衍射振幅矢量，则连接 N 和 C 形成的矢量 $\overrightarrow{NC} = E_b$ 就是这个圆孔的互补圆屏的菲涅耳衍射在轴上场点 P_0 处产生的衍射振幅矢量，它们与自由传播时的菲涅耳衍射振幅矢量 $\overrightarrow{OC} = E_0$ 合在一起，形成下面的巴俾涅原理的矢量关系式

$$E_a(P_0) + E_b(P_0) = E_0(P_0) \tag{4.19}$$

其含义与式 (4.6) 相同。

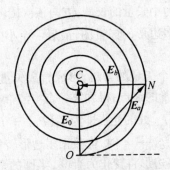

图 4.15 巴俾涅原理的矢量关系

若已知自由传播时的振幅矢量以及圆孔或圆屏衍射的振幅矢量，利用式 (4.19) 可以求出相应的互补屏在轴上场点 P_0 处产生的菲涅耳衍射的振幅和光强。

比如，求解露出 1/2 个半波带的圆孔在轴上场点 P_0 处的衍射光强与自由传播时此处光强的比值时,可以先求出遮挡 1/2 个半波带的圆屏在轴上场点 P_0 处的衍射振幅矢量。由于遮挡 1/2 个半波带的圆屏边缘到轴上场点 P_0 处的光程比衍射屏的中心点 O 到点 P_0 处的光程多 $\lambda/4$,初相位增加 $\pi/2$,则其衍射振幅矢量为图 4.15 中的 $\overrightarrow{NC} = E_b$

$$E_b = E_0, \quad I_b/I_0 = 1$$

遮挡 1/2 个半波带的圆屏在轴上场点 P_0 处的衍射光强与自由传播时的光强相同。然后由如图 4.15 所示的巴俾涅原理矢量关系式可以得到露出 1/2 个半波带的圆孔在点 P_0 处的衍射振幅矢量是

$$E_a(P_0) = E_0(P_0) - E_b(P_0) = \overrightarrow{ON}, \quad I_a = E_0^2 + E_0^2 = 2E_0^2 = 2I_0$$

露出 1/2 个半波带的圆孔在轴上场点 P_0 处的衍射光强是自由传播时此处光强的 2 倍,即

$$I_a/I_0 = 2$$

8. 菲涅耳波带片

在透明板上对应某个确定的轴上场点 P_0 画出若干个半波带,然后将偶数或奇数个半波带遮挡住,就制成了如图 4.16 所示的菲涅耳波带片。

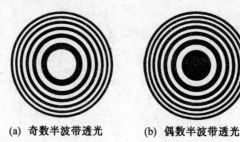

(a) 奇数半波带透光　　(b) 偶数半波带透光

图 4.16　菲涅耳波带片

菲涅耳波带片具有会聚光强的功能。例如一块对应确定轴上场点 P_0 的波带片的透光孔径内有 20 个半波带,将奇数个半波带遮挡住,偶数个半波带露出,则这个波带片在轴上场点 P_0 处的衍射振幅和光强分别为

$$E(P_0) = E_{02} + E_{04} + E_{06} + \cdots + E_{20} = 10E_{01} = 20E_0$$

$$I(P_0) = E^2(P_0) = 400E_0^2 = 400I_0$$

此时场点 P_0 处的光强是自由传播时此处光强的 400 倍,显示了菲涅耳波带片具有很强的会聚光束的功能。

由图 4.17 的参量关系可知

$$\rho_m^2 = R^2 - (R - h)^2 \approx 2Rh$$

$$\rho_m^2 = r_m^2 - (r_0 + h)^2 \approx r_0 m\lambda - 2r_0 h$$

整理上述公式,可以得到菲涅耳波带片的半径公式

$$\rho_m^2 = \frac{mRr_0\lambda}{r_0 + R}$$

由上式可得

$$\rho_1 = \sqrt{\frac{Rr_0\lambda}{r_0 + R}}$$

$R \to \infty$ 时,$\rho_1 = \sqrt{r_0\lambda}$

$$\rho_m = \sqrt{\frac{mRr_0\lambda}{R + r_0}} = \sqrt{m}\rho_1 \qquad m = 1, 2, 3, \cdots \qquad (4.20)$$

令

$$f = \rho_m^2/m\lambda = \rho_1^2/\lambda \qquad (4.21)$$

菲涅耳波带片的半径公式化为

$$\frac{1}{R} + \frac{1}{r_0} = \frac{1}{f} \qquad (4.22)$$

其中 R 相当于物距,r_0 相当于像距,f 是焦距,此式与透镜的成像公式相同,称为波带片的成像公式。

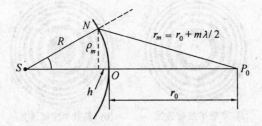

图 4.17 菲涅耳波带片的半径与其它参量的关系

虽然波带片与透镜都有会聚光束能量的功能,但它们之间仍有一些不同之处。

(1) 透镜只有物方和像方两个焦点,波带片除了在轴上 $r_0 = f$ 点处有一个主焦点外,在 $r_0 = f/3, f/5, f/7\cdots$ 的轴上点处还有一些次焦点,在 $r_0 = -f, -f/3, -f/5, -f/7\cdots$ 的轴上点处还对应一些虚焦点。

(2) 在可见光范围内随波长的增大,透镜的折射率变小,因此随波长的增大,透镜的焦距增大,但由式(4.21)可知,波带片的口径一定时,其焦距随波长的增大变小。

(3) 透镜具有物像等光程性,波带片物像之间的光线不是等光程,相邻波带之间光程相差一个波长。

(4) 波带片具有面积大、轻便和可折叠等优点,特别适用于远程通信和光测距等方面的应用。

4.3 单缝夫琅禾费衍射

1. 实验装置和衍射图样

如图 4.18(a) 所示,光源 S 发出的球面波经透镜 L_1 准直后,以平行光垂直入射到沿 y 轴走向的单缝衍射屏 Σ_0 上,从单缝出射的衍射光波经透镜 L_2 会聚到观察屏 Σ 上。当光源是位于光轴上的点光源时,观察屏上呈现如图 4.18(b) 所示的沿 x 轴方向展开的一维分布的衍射图样,中心为零级条纹,两侧依次分布着高级次的衍射条纹。当光源是平行单缝走向的线光源时,观察屏上呈现如图 4.18(c) 所示的平行单缝走向、沿 x 方向展开的长条形二维分布的衍射图样。

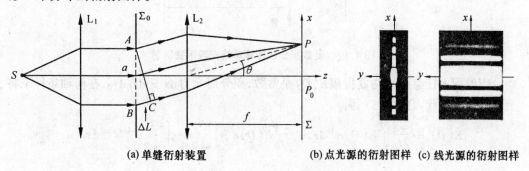

(a) 单缝衍射装置　　　　　　(b) 点光源的衍射图样　(c) 线光源的衍射图样

图 4.18　单缝夫琅禾费衍射

2. 光强分布

光源是轴上点光源时,衍射条纹仅沿 x 方向展开,因此只需计算 x 方向的光强分布。光源是平行单缝走向的线光源时,衍射条纹是平行单缝走向的沿 x 方向展开的长条图形。在确定的 x 值下,不同 y 值的光强都相同。因此也只需计算 x 方向的衍射光强分布即可。

如图 4.18 所示,沿 xz 平面传播的平行光入射到单缝衍射屏 Σ_0 上后,从衍射狭缝出射的是不同方向的衍射平行光,通过会聚透镜 L_2 后会聚到观察屏 Σ 上,会聚到观察屏上点 P 处的平行光的衍射方向与光轴的夹角为 θ。过点 A 作平行光线的垂线 AC,则单缝的上下边缘点 A 和 B 到点 P 处的光程差为 $\Delta L = \overline{BC}$

$$\Delta L = a\sin\theta \tag{4.23}$$

对应的初相位差是

$$\delta = \frac{2\pi}{\lambda}a\sin\theta \tag{4.24}$$

1) 利用复数积分法计算光强分布

可以从菲涅耳-基尔霍夫衍射公式出发计算单缝衍射的光强分布。图4.19中 r 是衍射面上坐标为 x_0 的任意点 Q 到观察点 P 的光程，r_0 是中心点 O 到观察点 P 的光程，两者的光程差为

$$\Delta r = r - r_0 = -\overrightarrow{OQ} \cdot \hat{r}_0 = -x_0\cos\alpha = -x_0\sin\theta$$

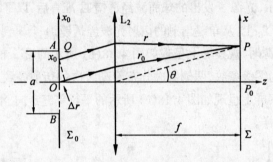

图4.19 复数积分法计算单缝夫琅禾费衍射

衍射面上任意点 Q 的复振幅 $\widetilde{E}(Q)$ 是常数，积分面元为 $ds = dx_0 dy_0$，在傍轴条件下将上面的关系式代入式(4.5)得

$$\widetilde{E}(P) = \frac{-i}{\lambda r_0}\iint_{\Sigma_0}\widetilde{E}(Q)e^{ikr}ds = \frac{-i}{\lambda r_0}\widetilde{E}(Q)e^{ikr_0}\int_{-b/2}^{b/2}dy_0\int_{-a/2}^{a/2}e^{-ikx_0\sin\theta}dx_0 =$$

$$\widetilde{C}e^{ikr_0}\int_{-a/2}^{a/2}e^{-ikx_0\sin\theta}dx_0 = \widetilde{C}e^{ikr_0}\frac{e^{-ikx_0\sin\theta}}{-ik\sin\theta}\bigg|_{x_0=-\frac{a}{2}}^{x_0=\frac{a}{2}}$$

即

$$\widetilde{E}(P) = \widetilde{C}a\frac{\sin\alpha}{\alpha}e^{ikr_0} \tag{4.25}$$

其中

$$\alpha = \frac{\pi a}{\lambda}\sin\theta \tag{4.26}$$

若 $\theta \to 0$，则 $\alpha \to 0$，$\sin\alpha/\alpha \to 1$，$\widetilde{E}(P) \to \widetilde{E}_0$，$\widetilde{E}_0 = \widetilde{C}a \propto a$，得

$$\widetilde{E}(P) = \widetilde{E}_0\frac{\sin\alpha}{\alpha}e^{ikr_0} \tag{4.27}$$

$$I(P) = I_0\left(\frac{\sin\alpha}{\alpha}\right)^2 \tag{4.28}$$

其中 $I_0 \propto a^2$，r_0 是单缝中心点 O 到观察点 P 的光程。

2) 利用矢量图解法计算光强分布

把图4.19所示的单缝衍射波面 AB 分割成 m 个等宽的窄波带，求出每一个窄波带 Δs

的衍射光波在点 P 处的复振幅。由于单缝的两个边缘点(A 和 B)到观察点 P 处的初相位差为 $\delta = \frac{2\pi}{\lambda} a\sin\theta$,则有

$$\Delta \widetilde{E}_1(P) = \Delta E_0(P) e^{i(\delta/m)}, \Delta \widetilde{E}_2(P_0) = \Delta E_0(P) e^{i(2\delta/m)}, \cdots, \Delta \widetilde{E}_m(P) = \Delta E_0(P) e^{i\delta}$$

画出水平基准线,从基准线起点 A 开始,以振幅 ΔE_0 为长度,倾角依次旋转 δ/m,作出首尾相连的内接正多边形的矢量图。$m \to \infty (\Delta s \to 0)$ 时,由多个小矢量构成的正多边形转化成圆弧。连接第一个和最后一个小矢量的首尾形成弦 $\overrightarrow{AB}$,矢量 $\overrightarrow{AB}$ 就是单缝衍射在场点 P 处的合振幅矢量 $E(P)$,如图 4.20 所示。

设圆弧 $\widehat{AB}$ 的圆心为点 C,半径为 R,由于 $\overline{CA} \perp \overline{AD}$,$\overline{CB} \perp \overline{BD}$,则圆心角为

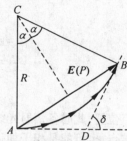

图 4.20 单缝夫琅禾费衍射的矢量图解

$$2\alpha = \delta = \frac{2\pi}{\lambda} a\sin\theta, \quad \alpha = \frac{\pi a}{\lambda}\sin\theta$$

则有

$$E(P) = \overline{AB} = 2R\sin\alpha, \quad R = \frac{\widehat{AB}}{2\alpha}$$

因此得

$$E(P) = \widehat{AB} \frac{\sin\alpha}{\alpha}$$

$\theta \to 0$ 时,$\frac{\sin\alpha}{\alpha} \to 1$,$E_0 = \widehat{AB}$,可得

$$E(P) = E_0 \frac{\sin\alpha}{\alpha} \tag{4.29}$$

光强分布即为

$$I(P) = I_0 \left(\frac{\sin\alpha}{\alpha}\right)^2$$

3. 光强分布的特点

1) 光强分布曲线

夫琅禾费单缝衍射光强分布曲线如图 4.21 所示,中央有一个主极强,两边依次对称分布一些极小值,两个极小值之间有一个次极强。

2) 衍射主极强

衍射光强最大($I = I_M$)处,对应 $\alpha = 0$,即 $\theta = 0$。此时相应的衍射平行光束与光轴平行,会聚于观察屏的中心点 P_0 处,也就是图 4.18 中点光源 S 经透镜 L_1 和 L_2 成像的几何像

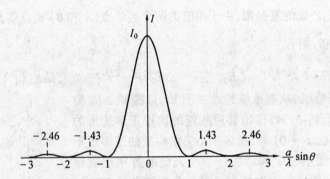

图 4.21 单缝夫琅禾费衍射的光强分布曲线

点位置,此时各衍射光线之间的光程差为零。干涉和衍射光束的会聚点可能是相干减弱的暗点,也可能是相干加强的亮点。即使是亮点,也未必是极强的亮点。只有参与干涉或衍射的条条光线的光程都相等时,才能产生最大的相干光强,形成相干加强的最亮衍射点。

3) 衍射次极强

令 $\dfrac{dI}{d\alpha} = 0$,得 $\dfrac{\alpha\cos\alpha - \sin\alpha}{\alpha^2} = 0$,则次极强处于 $\alpha = \tan\alpha$ 位置,此时

$$\alpha = \pm 1.43\pi, \pm 2.46\pi, \pm 3.47\pi, \cdots$$

对应

$$\sin\theta = \pm 1.43\frac{\lambda}{a}, \pm 2.46\frac{\lambda}{a}, \pm 3.47\frac{\lambda}{a}, \cdots \tag{4.30}$$

各级次极强的光强分别为

$$I \approx 4.7\%I_0, 1.7\%I_0, 0.8\%I_0, \cdots$$

可见各级次极强比主极强弱得多,光能几乎都集中在零级衍射斑里。

4) 衍射极小

若 $\sin\alpha = 0$,但 $\alpha \neq 0$ 时,衍射光强等于零,此时 $\alpha = \dfrac{\pi a}{\lambda}\sin\theta = m\pi$,即

$$a\sin\theta = m\lambda \quad (m = \pm 1, \pm 2, \pm 3, \cdots) \tag{4.31}$$

其中 m 为极小值的级次。注意,$m = 0$ 时对应的是零级衍射主极强。

5) 零级主极强的半角宽

$\sin\theta \approx \theta = \pm\dfrac{\lambda}{a}$ 时对应 ±1 级衍射极小值,零级衍射主极强处于这两个极小值之间,因此把 ±1 级衍射极小之间角距离的一半称为零级主极强的半角宽,记为

$$\Delta\theta = \frac{\lambda}{a} \tag{4.32}$$

对应的半线宽为

$$\Delta x = f\frac{\lambda}{a} \tag{4.33}$$

由(4.31)式可知,各次极强的角宽度仅为零级主极强角宽度的一半,从衍射图4.21中也可以明显看出这个特点。

由 $\Delta\theta = \dfrac{\lambda}{a}$ 可知,波长 λ 确定时,缝宽 a 越小,对光束的限制越大,半角宽 $\Delta\theta$ 越大,衍射图样越扩展;缝宽越大,半角宽 $\Delta\theta$ 越小,衍射图样越收缩。

缝宽 a 确定时,波长 λ 越大,半角宽 $\Delta\theta$ 越大,衍射效应越强;波长 λ 越小,半角宽 $\Delta\theta$ 越小,衍射效应越弱。可见,零级主极强的半角宽是衡量衍射效应强弱的尺度。

当 $a \to \infty$ 或 $\lambda \to 0$ 时,$\Delta\theta \to 0$,光束几乎沿直线传播,衍射光束在观察屏上收缩成一个像点。此时衍射效应可以忽略,光束按几何光学规律传播。因此,几何光学是 $\lambda/a \to 0$ 时的波动光学的极限。

4.4 矩孔和圆孔夫琅禾费衍射

1. 利用复数积分法计算矩孔衍射的光强分布

用复数积分法计算矩孔衍射光强分布的步骤与单缝相同,只要将一维积分变为二维积分就可以了。

如图4.22所示,在矩孔形衍射面上任意取一点 Q,点 O 是衍射面的坐标原点,首先计算从点 Q 和点 O 发出的到达观察场点 P 的两条平行光线的光程差,即

$$\Delta r = r - r_0 = -\overrightarrow{OQ} \cdot \hat{r}_0$$
$$\overrightarrow{OQ} = x_0 \hat{x} + y_0 \hat{y}$$
$$\hat{r}_0 = \cos\alpha_x \hat{x} + \cos\beta_y \hat{y} + \cos\gamma_z \hat{z}$$

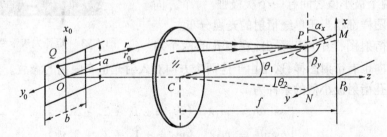

图4.22 矩孔夫琅禾费衍射装置和光路

设 $\angle PCN = \theta_1'$,$\angle PCM = \theta_2'$,$\angle P_0CN = \theta_2$,$\angle P_0CM = \theta_1$。在 $\triangle PNC$ 中,$\theta_1' = \dfrac{\pi}{2} - \alpha_x$;在 $\triangle PMC$ 中,$\theta_2' = \dfrac{\pi}{2} - \beta_y$。在傍轴条件下,$\theta_1 \approx \theta_1'$,$\theta_2 \approx \theta_2'$,分别称 θ_1 和 θ_2 为相对 x 和 y 方向的衍射角,因此有

$$\Delta r = r - r_0 = -\overrightarrow{OQ} \cdot \hat{r}_0 = -(x_0\sin\theta_1 + y_0\sin\theta_2)$$

$$\widetilde{E}(P) = \frac{-\mathrm{i}}{\lambda r_0}\iint_{\Sigma} \widetilde{E}_0(Q)\mathrm{e}^{\mathrm{i}kr}\mathrm{d}s =$$

$$\widetilde{C}\mathrm{e}^{\mathrm{i}kr_0}\int_{-b/2}^{b/2}\mathrm{e}^{-\mathrm{i}ky_0\sin\theta_2}\mathrm{d}y_0\int_{-a/2}^{a/2}\mathrm{e}^{-\mathrm{i}kx_0\sin\theta_1}\mathrm{d}x_0$$

令

$$\alpha = \frac{\pi a}{\lambda}\sin\theta_1, \quad \beta = \frac{\pi b}{\lambda}\sin\theta_2 \tag{4.34}$$

则

$$\widetilde{E}(P) = \widetilde{C}ab\,\frac{\sin\alpha}{\alpha}\,\frac{\sin\beta}{\beta}\mathrm{e}^{\mathrm{i}kr_0}$$

若 $\theta_1 = \theta_2 = 0$,则 $\alpha = \beta = 0$,$\frac{\sin\alpha}{\alpha} = \frac{\sin\beta}{\beta} \to 1$,$\widetilde{E}_0 = \widetilde{C}ab \propto ab$

$$\widetilde{E}(P) = \widetilde{E}_0\,\frac{\sin\alpha}{\alpha}\,\frac{\sin\beta}{\beta}\mathrm{e}^{\mathrm{i}kr_0} \tag{4.35}$$

$$I(P) = I_0\left(\frac{\sin\alpha}{\alpha}\right)^2\left(\frac{\sin\beta}{\beta}\right)^2 \tag{4.36}$$

其中 $I_0 \propto (ab)^2$,r_0 是矩孔中心点 O 到观察点 P 的光程。

2. 矩孔衍射图样的特点

矩孔夫琅禾费衍射图样如图 4.23 所示。由于入射光在 x_0 和 y_0 两个相互垂直的方向被限制,因此除中央有一个零级主极强外,衍射图样沿两个相互垂直的方向展开,对称分布一些极小值,两个极小值之间有一个次极强。每个方向的衍射图样都相当于单缝衍射的光强分布。

图 4.23 矩孔夫琅禾费衍射图样

从衍射图样中可以看出,在矩孔的两个对角线方向也有衍射图样,这是由于这两个方向对入射光也有限制的缘故。

矩孔衍射极小值的条件为

$$\begin{cases} a\sin\theta_1 = m_1\lambda & (m_1 = \pm 1, \pm 2, \pm 3,\cdots) \\ b\sin\theta_2 = m_2\lambda & (m_2 = \pm 1, \pm 2, \pm 3,\cdots) \end{cases} \tag{4.37}$$

沿 x 和 y 两个方向的零级主极强的半角宽分别为

$$\Delta\theta_1 = \frac{\lambda}{a}, \quad \Delta\theta_2 = \frac{\lambda}{b} \tag{4.38}$$

当一个方向的矩孔宽度变窄时,衍射图样就沿那个方向扩展,如图 4.1 所示。单缝衍射时通常只在 x_0 方向对入射光进行限制,但 y_0 方向的缝宽无法做得无限大,因此,得到的衍射图样实际上相当于 $b \gg a$ 的矩孔衍射图样。

3. 圆孔夫琅禾费衍射的光强分布

圆孔夫琅禾费衍射的光路与单缝或矩孔夫琅禾费衍射的光路相同,只是衍射屏上的通光部分是以光轴为中心的圆孔。利用复数积分法计算圆孔衍射复振幅的过程与矩孔衍射的计算基本相同,但圆孔衍射是轴对称的衍射,要在极坐标下积分。具体计算较为复杂,因此只给出计算结果。

如图 4.24 所示,平行光正入射到圆孔衍射屏上时,圆孔夫琅禾费衍射的光强分布为

$$I(u) = I_0 \left[\frac{2J_1(u)}{u} \right]^2 \tag{4.39}$$

式中 I_0 是衍射图样中心点处的光强,$I_0 \propto (\pi a^2)^2$;a 是圆孔的半径;θ 是衍射平行光束与 z 轴的夹角;$J_1(u)$ 是一阶贝塞尔函数;r_0 是圆孔中心到观察点 P 的光程,其中

$$u = \frac{2\pi a}{\lambda} \sin\theta \tag{4.40}$$

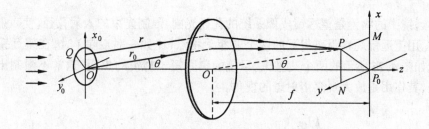

图 4.24　夫琅禾费圆孔衍射装置和光路

图 4.25 是夫琅禾费圆孔衍射的光强分布曲线和衍射图样,衍射图样是以光轴为对称轴的圆环形衍射条纹。与中心点的主极强 I_0 相比,一级次极强的光强仅为 $I_1 = 0.0175 I_0$,

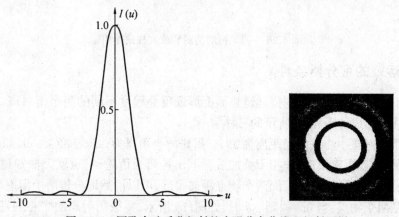

图 4.25　圆孔夫琅禾费衍射的光强分布曲线和衍射图样

比单缝衍射的一级次极强与其主极强 I_0 的比值 $I_1/I_0 \approx 0.047$ 还要弱很多,显然圆孔夫琅禾费衍射光场中的绝大部分光能都集中在中央零级衍射斑内。

4. 半角宽

圆孔衍射的零级衍射斑称为艾里斑。圆孔衍射的弥散程度可以用艾里斑的大小,也就是用第一个衍射极小值(暗斑)的半角宽 $\Delta\theta$ 来度量。计算显示

$$\Delta\theta = 1.22 \frac{\lambda}{D} \tag{4.41}$$

其中 $D = 2a$ 是衍射圆孔的直径。

4.5 望远镜的像分辨本领

1. 望远镜的衍射和放大作用

望远镜中的物镜是望远镜成像系统的孔径光阑,限制光束的入射孔径,使入射光束发生衍射。用望远镜观察距离很远的两个非相干物点(比如一对双星)时,在望远镜的焦面上形成如图 4.26 所示的两个艾里斑。目镜的焦距短于物镜的焦距,通常不限制出射光束的口径,其作用是放大观察衍射斑的视角。

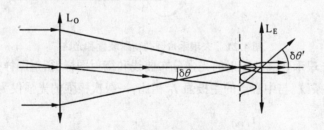

图 4.26 望远镜的衍射和放大视角作用

2. 望远镜的可分辨条件

间距不同的两个物点将在望远镜焦面上形成重叠程度不同的两个衍射斑,非相干叠加的合光强会形成如图 4.27 所示的三种情形。

设两个衍射斑中心点的角距离为 $\delta\theta$,衍射斑的半角宽为 $\Delta\theta$。若 $\delta\theta < \Delta\theta$,如图 4.27(a) 所示,则两个物点距离很近,非相干叠加后看不出是两个衍射斑,也就无法知道是两个物点;若 $\delta\theta > \Delta\theta$,如图(c) 所示,则两个物点距离很远,可以清楚地分辨两个衍射斑,也就能够知道这是两个物点;当 $\delta\theta = $ 则 $\Delta\theta$ 时,如图(b) 所示,零级衍射斑的中心刚好处于另一

个衍射斑的一级衍射暗斑位置。一般人的眼睛刚刚能够分辨出是两个物点形成的两个衍射斑,这时的两个物点的角距离满足式(3.81)所示的瑞利判据,称为望远镜的最小分辨角,记为 $\delta\theta_m$,其值为

$$\delta\theta_m = \Delta\theta = 1.22\frac{\lambda}{D} \tag{4.42}$$

只有满足望远镜的可分辨条件 $\delta\theta \geq \delta\theta_m$ 才能分辨两个非相干物点。

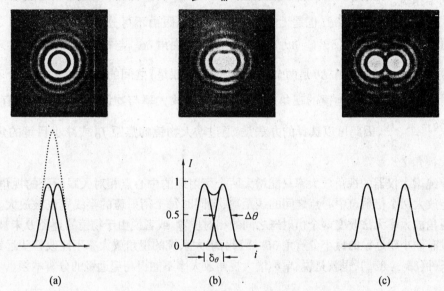

图 4.27　望远镜两个衍射斑非相干叠加的图样和光强分布曲线

3. 眼睛的可分辨条件

如图 4.26 所示,设处于望远镜光轴外的衍射斑中心与目镜光轴的夹角为 $\delta\theta'$,这是进入眼睛的两个衍射斑的视角,它必须大于或等于眼睛的最小分辨角 $\delta\theta_e$ 才能被眼睛分辨,即

$$\delta\theta' \geq \delta\theta_e = 1' = 2.9 \times 10^{-4} \text{ rad}$$

即使视角 $\delta\theta'$ 满足了如上条件,但若望远镜的两个衍射斑中心点的角距离 $\delta\theta$ 不能满足望远镜的可分辨条件 $\delta\theta \geq \delta\theta_m$,两个物点的衍射斑将因为重合得过多,致使眼睛无法分辨这是两个物点形成的两个衍射斑。

因此,若要人眼可分辨两个非相干物点,就必须同时满足如下两个条件

$$\begin{cases} \delta\theta \geq \delta\theta_m \\ \delta\theta' \geq \delta\theta_e \end{cases} \tag{4.43}$$

4. 提高分辨本领的措施

一般来说，两个物点（如一对双星）的角距离 $\delta\theta$ 是无法改变的。要让望远镜由不可分辨两个物点（$\delta\theta < \delta\theta_m$）变为可以分辨两个物点（$\delta\theta \geqslant \delta\theta_m$），就必须设法缩小 $\delta\theta_m$，即设法缩小衍射斑的半角宽 $\Delta\theta$。由式(4.42)可知，可以通过增大望远镜物镜的直径 D 来缩小衍射斑的半角宽。

人眼的最小分辨角 $\delta\theta_e$ 也是无法改变的。要让人眼由不可分辨两个物色（$\delta\theta' < \delta\theta_e$）变为可以分辨两个物点（$\delta\theta' \geqslant \delta\theta_e$），必须设法增大视角 $\delta\theta'$。与视角 $\delta\theta'$ 有关的物理量是视角放大率 $M = \dfrac{\delta\theta'}{\delta\theta}$，其中 $\delta\theta$ 是两个物点（比如一对双星）之间的角距离，这是一个不能改变的量，但可以增大望远镜的视角放大率 M。视角放大率与物镜和目镜的焦距有关，即 $M = \dfrac{\delta\theta'}{\delta\theta} = -\dfrac{f_O}{f_E}$，因此可以选择的办法是，通过增大物镜的焦距 f_O 或减小目镜的焦距 f_E 来增大视角 $\delta\theta'$。

单纯增大仪器的视角放大率只能增大两个衍射斑的中心点相对人眼所张的视角，或者说只能放大两个衍射斑中心点之间的线距离，但同时每个衍射斑的半线宽也被放大。因此，增大视角放大率无法改变两个衍射斑之间的相对位置。或者说由于物镜的直径 D 未被改变，也就没有缩小望远镜的最小分辨角 $\delta\theta_m$。因此，增大系统的视角放大率不能改善望远镜的可分辨条件（$\delta\theta \geqslant \delta\theta_m$），也就是说，单纯增大视角放大率不能提高望远镜的分辨本领。

4.6 多缝夫琅禾费衍射

1. 实验装置和衍射图样

将如图 4.18 所示的单缝夫琅禾费衍射装置中的单缝衍射屏换成由 N 个等间距透光狭缝组成的多缝衍射屏就构成了多缝夫琅禾费衍射装置。设每个单缝的宽度为 a，缝间不透光部分的宽度为 b，相邻单缝中心点的宽度即为 $d = a + b$。

图 4.28 中的实线是缝数 $N = 5$、$d/a = 4$ 的多缝夫琅禾费衍射光强分布曲线，虚线是相应的单缝包络线。

与单缝夫琅禾费衍射光强分布相比，多缝夫琅禾费衍射光强分布中出现了一些新的主极强和次极强，相邻主极强之间有 $N - 1$ 个极小和 $N - 2$ 个次极强。光强分布曲线同时被单缝衍射包络曲线调制。比较不同缝数的多缝衍射光强分布显示，衍射主极强的位置与缝数 N 无关，但每个主极强条纹随缝数的增加变得越来越细锐。

设平行光垂直入射到多缝衍射屏上，由于每个单缝的缝宽都相等，计算显示，任意一个单缝在观察屏上产生的衍射复振幅和光强分布为

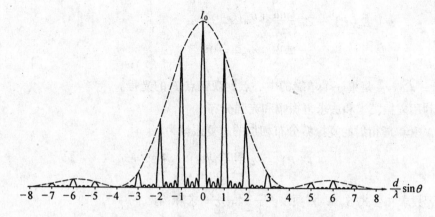

图 4.28　多缝夫琅禾费衍射光强分布曲线

$$\widetilde{E}_n(P) = \widetilde{C}a\frac{\sin\alpha}{\alpha}e^{ikr_{0n}}$$

$$\alpha = \frac{\pi a\sin\theta}{\lambda}$$

$$I_n(P) = I_0\left(\frac{\sin\alpha}{\alpha}\right)^2$$

其中 r_{0n} 是第 n 个单缝中心点到观察点 P 处的光程；θ 为衍射角。可见，虽然每个单缝在衍射屏上的位置不同，但任意一个单缝单独在屏幕上产生的衍射光强分布完全相同，复振幅分布也大体相同，惟一的区别是每个单缝的中心点到观察点 P 的光程 r_{0n} 不同。

如果各单缝之间的衍射光波彼此非相干，则多缝衍射的总光强应当是单缝衍射光强的 N 倍。但实际上，入射到衍射屏上的光波是来自一个点光源的光波，不但每个单缝衍射面上不同点的次波彼此相干，而且不同单缝衍射面的次波也彼此相干。多缝衍射实际上是单缝衍射和多缝干涉共同作用形成的。

2. 复振幅和光强分布

原则上要通过菲涅耳–基尔霍夫公式积分计算多缝衍射的复振幅分布，由于每个单缝的走向均垂直 x_0 方向，衍射仅仅在 x_0 方向展开，所以只需要沿 x_0 方向积分。

一种简便的计算方法是，先求出每个单缝的复振幅和相邻单缝之间的初相位差，然后将 N 套单缝衍射的复振幅叠加起来，就可以求出多缝衍射的复振幅分布。

多缝衍射屏上任意相邻的两个单缝中心到观察点 P 的光程差为

$$\Delta r = r_{0(n+1)} - r_{0n} = d\sin\theta$$

初相位差为

$$\delta = \frac{2\pi d}{\lambda}\sin\theta = 2\beta$$

因此，从上往下数，衍射屏中第 n 个单缝的复振幅分布为

$$\widetilde{E}_n(P) = \widetilde{a}_0 \frac{\sin\alpha}{\alpha} e^{i[kr_{01}+(n-1)\delta]} =$$
$$\widetilde{a}_0 \frac{\sin\alpha}{\alpha} e^{ikr_{01}} e^{i2(n-1)\beta}$$

其中 $\widetilde{a}_0 = \widetilde{C}a$；$r_{01}$ 是第一个单缝的中心点到观察点 P 的光程。

1) 利用复振幅求和法求复振幅和光强分布

将 N 套单缝衍射的复振幅分布相加的总复振幅为

$$\widetilde{E}(P) = \widetilde{a}_0 \frac{\sin\alpha}{\alpha} e^{ikr_{01}} \sum_{n=1}^{N} e^{i2(n-1)\beta}$$

按等比级数求和公式 $S_N = \text{首项} \times \dfrac{1-(\text{公比})^N}{1-\text{公比}}$ 求和，有

$$\widetilde{E}(P) = \widetilde{a}_0 \frac{\sin\alpha}{\alpha} e^{ikr_{01}} \frac{1-e^{i2N\beta}}{1-e^{i2\beta}} = \widetilde{a}_0 \frac{\sin\alpha}{\alpha} e^{i(kr_{01}+(N-1)\beta)} \frac{e^{-Ni\beta}-e^{Ni\beta}}{e^{-i\beta}-e^{i\beta}}$$

多缝夫琅禾费衍射的复振幅分布即为

$$\widetilde{E}(P) = \widetilde{a}_0 \frac{\sin\alpha}{\alpha} \frac{\sin N\beta}{\sin\beta} e^{ikr_0} \tag{4.44}$$

其中 $r_0 = r_{01} + ((N-1)d\sin\theta)/2$ 是第 N 个单缝的中心到观察点 P 的光程

$$\alpha = \frac{\pi a \sin\theta}{\lambda}, \quad \beta = \frac{\pi d}{\lambda}\sin\theta \tag{4.45}$$

光强分布为

$$I = I_0 \left(\frac{\sin\alpha}{\alpha}\right)^2 \left(\frac{\sin N\beta}{\sin\beta}\right)^2 \tag{4.46}$$

其中 $I_0 = a_0^2 \propto a^2$。

2) 利用矢量图解法求复振幅和光强分布

已知每个单缝在观察点 P 处复振幅中的振幅 a_P 和相邻单缝之间的初相位差 δ，即

$$a_P = |\widetilde{a}_0|\frac{\sin\alpha}{\alpha}, \quad \delta = \frac{2\pi d}{\lambda}\sin\theta = 2\beta, \quad \beta = \frac{\pi d}{\lambda}\sin\theta$$

以振幅 a_P 为长度，倾角依次旋转 2β，画出首尾相连的 N 个矢量，形成如图 4.29 所示的内接正多边形矢量图。连接第一个和最后一个矢量的首尾，形成弦 $\overline{AB}$，矢量 $\overrightarrow{AB}$ 就是多缝夫琅禾费衍射在场点 P 处的合振幅矢量 $E(P)$。

由图 4.29 可知，$\overline{CA} = \dfrac{a_P}{2\sin\beta}$，

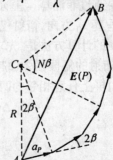

图 4.29 多缝夫琅禾费衍射的矢量图

$E(P) = \overline{AB} = 2\overline{CA}\sin(N\beta)$,则多缝夫琅禾费衍射的复振幅和光强分布分别为

$$E(P) = a_P \frac{\sin N\beta}{\sin\beta} = |\tilde{a}_0| \frac{\sin\alpha}{\alpha} \frac{\sin N\beta}{\sin\beta}$$

$$I = I_0 \left(\frac{\sin\alpha}{\alpha}\right)^2 \left(\frac{\sin N\beta}{\sin\beta}\right)^2$$

3. 光强分布的特点

1) 衍射主极强

由 $\frac{dI}{d\beta} = 0$, $\frac{d^2 I}{d\beta^2} < 0$,可以求出衍射主极强的位置。即 $\beta = k\pi$ 时,$\sin(N\beta) = 0$,$\sin\beta = 0$,对应主极强的位置,主极强中心点的位置由下式确定

$$d\sin\theta = k\lambda \quad (k = 0, \pm 1, \pm 2, \cdots) \tag{4.47}$$

$k = 0$ 时,$\theta = 0$,对应零级主极强中心点的位置,位于入射光源的几何像点处,即观察屏的中心点 P_0 处,其光强为

$$I = N^2 I_0 \tag{4.48}$$

多缝衍射零级主极强的峰值光强是单缝零级主极强峰值光强的 N^2 倍,是 N 个单缝零级主极强峰值光强非相干叠加的 N 倍,显示了多条狭缝之间的很强的干涉效应。在多缝零级主极强的两侧对称排列一些主极强,由式(4.47)可知,各级主极强的位置与缝数 N 无关。主极强的数目由 $\sin\theta = \pm 1$ 决定,主极强的最大级次不能超过 d/λ,即

$$|k_M| < d/\lambda \tag{4.49}$$

2) 衍射极小

当 $\sin N\beta = 0$,但 $\sin\beta \neq 0$ 时,多缝衍射光强为零,对应的条件为 $N\beta = m'\pi$。其中 m' 是整数,但 m'/N 不能是整数,因此应取 $\frac{m'}{N} = k + \frac{m}{N}$,即衍射极小的位置由下式确定

$$d\sin\theta = \left(k + \frac{m}{N}\right)\lambda \quad (k = 0, \pm 1, \pm 2, \cdots, \quad m = 1, 2, \cdots, N-1) \tag{4.50}$$

其中 m 是两个相邻主极强之间极小值的级次。显然相邻主极强之间有 $N-1$ 个极小值,由于相邻极小值之间有一个次极强,因此相邻主极强之间有 $N-2$ 个次极强。

3) 主极强的半角宽

将式(4.50)改写为

$$\sin(\theta_k + \Delta\theta_k) = \left(k + \frac{1}{N}\right)\frac{\lambda}{d}$$

展开上式的左边,由 $\cos\Delta\theta_k \approx 1$ 和 $\sin\Delta\theta_k \approx \Delta\theta_k$,可得主极强的半角宽为

$$\Delta\theta_k = \frac{\lambda}{Nd\cos\theta_k} \tag{4.51}$$

中央零级主极强的半角宽为

$$\Delta\theta_0 = \frac{\lambda}{Nd} \tag{4.52}$$

上两式显示,Nd 越大,主极强的半角宽越小,条纹越细锐。

4) 单缝衍射因子的调制作用

多缝衍射光强分布公式主要由 $(\frac{\sin\alpha}{\alpha})^2$ 的单缝衍射因子和 $(\frac{\sin N\beta}{\sin\beta})^2$ 的多缝干涉因子组成。若衍射因子取极大值 $(\frac{\sin\alpha}{\alpha})^2 \to 1$,光强分布公式变为 $I = I_0(\frac{\sin N\beta}{\sin\beta})^2$,此时光强分布由多缝干涉确定,由此可以得到如图 4.30 实线所示的光强分布曲线;若干涉因子取极大值 $(\frac{\sin N\beta}{\sin\beta})^2 \to N^2$,光强分布公式变为 $I = N^2 I_0(\frac{\sin\alpha}{\alpha})^2$,此时光强分布相当于单缝衍射光强分布,可以得到如图 4.30 虚线所示的光强分布曲线。

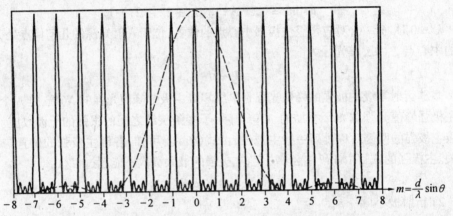

图 4.30　分别由多缝干涉因子(实线)和单缝衍射因子(虚线)确定的衍射光强分布曲线

多缝夫琅禾费衍射光强分布是单缝衍射因子和多缝干涉因子的乘积,在单缝衍射因子的调制下,光强分布曲线成为如图 4.28 所示的形状,显示了单缝衍射的调制作用。

5) 缺级

当衍射角 θ 的取值同时满足单缝衍射极小和多缝干涉极大条件时,即

$$\begin{cases} a\sin\theta = m\lambda & (m = \pm 1, \pm 2, \pm 3, \cdots) \\ d\sin\theta = k\lambda & (k = 0, \pm 1, \pm 2, \pm 3, \cdots) \end{cases} \tag{4.53}$$

多缝干涉的主极强的光强变为零,相应主极强的干涉级次消失,称为缺级。由式 (4.53) 可以求得缺少的主极强级次为

$$k = m\frac{d}{a} \quad (m = \pm 1, \pm 2, \pm 3, \cdots) \tag{4.54}$$

4.7 光　栅

对入射光的振幅、相位或对两者同时进行周期性空间调制的衍射屏称为光栅。光栅有多种分类：能够调制振幅的衍射屏称为振幅型光栅；能够调制相位的衍射屏称为相位光栅；具有透光和遮光周期结构的衍射屏称为透射式光栅；振幅透射率函数是简谐函数的衍射屏称为正弦光栅；具有周期性光反射结构的衍射屏称为反射式光栅；具有二维平面结构或三维立体结构的衍射屏称为平面（或二维）光栅或立体（或三维）光栅；前面讨论的具有透光和遮光周期结构的多缝衍射屏就是振幅型平面透射式光栅。下面讨论振幅型平面透射式光栅的性能。

1. 分光原理

平行光正入射时，平面透射式光栅的夫琅禾费衍射主极强由下面的光栅方程确定
$$d\sin\theta = k\lambda \quad (k = 0, \pm 1, \pm 2, \cdots)$$
相邻两缝中心的间距 d 称为光栅常数；第 m 级主极强称为光栅的第 m 级谱线。由光栅方程看出，$k = 0$ 时，不同波长的零级谱线都处于 $\theta = 0$ 的轴上点光源的几何像点 P_0 处，因此，平行白光入射时，零级条纹是白色的。除零级谱线外，同一衍射级次的不同波长的谱线对应不同的衍射角，相互错开。短波长的谱线处于内侧，长波长的谱线处于外侧，各种波长的同一级谱线构成入射白光的一套彩色光谱，衍射图样由几套彩色谱线组成。

2. 色散本领

两条谱线中心的波长间隔 $\delta\lambda$ 与它们被分开的角距离 $\delta\theta$ 或观察屏上相应的线距离 δl 的比值称为角色散本领或线色散本领，分别记为
$$D_\theta = \frac{\delta\theta}{\delta\lambda}, \quad D_l = \frac{\delta l}{\delta\lambda} \tag{4.55}$$
若会聚衍射光的透镜焦距为 f，则有 $\delta l = f\delta\theta$，因此角色散本领和线色散本领具有如下关系
$$D_l = f D_\theta \tag{4.56}$$
对光栅方程的两边取变量 θ 和 λ 的微分，得
$$\cos\theta_k \delta\theta = k\frac{\delta\lambda}{d} \tag{4.57}$$
则角色散本领和线色散本领分别为
$$D_\theta = \frac{k}{d\cos\theta_k} \tag{4.58}$$
$$D_l = \frac{kf}{d\cos\theta_k} \tag{4.59}$$

可见，角色散本领和线色散本领均与光栅常数 d 成反比，与衍射主极强的级次 k 成正比。线色散本领还与焦距 f 成正比，角色散本领和线色散本领均与光栅的总缝数 N 无关，要增大色散本领就要尽量缩小光栅常数。

3. 色分辨本领

色散本领只能反映两条谱线中心分开的程度，两条谱线是否能够被分辨，还与每条谱线自身的线宽有关。要分辨波长很接近的两条谱线，需要每条谱线都很细锐。

依据瑞利判据 $\Delta\theta = \delta\theta$，当谱线的半角宽 $\Delta\theta$ 与两条谱线中心分开的角距离 $\delta\theta$ 相等时，两条谱线刚好能够被分辨。将式 (4.51) 和 (4.57) 代入瑞利判据公式可得

$$\frac{\lambda}{Nd\cos\theta} = \frac{k\delta\lambda}{d\cos\theta}$$

即有

$$R = \frac{\lambda}{\delta\lambda} = kN \tag{4.60}$$

波长 λ 与其附近刚可被分辨的两条谱线的最小波长间隔 $\delta\lambda$ 的比值称为色分辨本领，记为 R。

刚可被分辨的两条谱线的波长间隔 $\delta\lambda$ 越小，仪器的色分辨本领越大。光栅的色分辨本领正比于光栅的总缝数和衍射级次，与光栅常数 d 无关。

4. 自由光谱范围

当 $d\sin\theta = k\lambda_M = (k+1)\lambda_m$ 时，第 k 级光谱中波长最长的谱线与第 $k+1$ 级光谱中波长最短的谱线发生重叠。为了避免谱线的相互交叠，必须限定谱线的光谱范围。相邻级次的谱线不发生交叠的光谱范围称为自由光谱范围。由上面的等式可得

$$\lambda_m = \lambda_M k/(k+1)$$

对 $k = 1$ 的一级光谱，$\lambda_m = \lambda_M/2$，自由光谱范围为

$$\Delta\lambda < \lambda_M - \lambda_m = \lambda_M/2 = \lambda_m \tag{4.61}$$

光栅常数 d 也为最大衍射波长设定了一个上限，令 $\sin\theta = 1, k = 1$，则可能出现的最大衍射波长不能超过光栅常数，即

$$\lambda_M < d \tag{4.62}$$

反射式光栅每毫米内大约有数百条甚至上千条刻痕，其光栅常数为 $d \approx (10^{-2} \sim 10^{-3})$ mm，角色散为 $D_\theta \approx (1' \sim 10')/\text{nm}$，一块光栅的宽度一般为数厘米，总缝数 N 可达 10^5 的数量级，可见光一级光谱的最小可分辨波长 $\delta\lambda$ 间隔约为 10^{-2} nm。

光栅光谱仪的结构与多缝夫琅禾费衍射的结构相同，将感光底片放置在多缝夫琅禾费衍射装置的观察屏所在平面就构成了摄谱仪，将单缝放置在观察屏所在平面就构成了单色仪。

5. 闪耀光栅

1) 闪耀光栅的结构和光路

闪耀光栅是一种平面反射式光栅，用劈形钻石刀头在金属平板或镀有金属膜的玻璃平板上刻划出平行等间距的锯齿状槽面，如图 4.31 所示。槽面与光栅平面之间的夹角 θ_b 称为闪耀角。n 为槽面法线方向，a 为槽面宽度，N 为光栅平面法线方向，d 为相邻槽面的间隔，也称为光栅常数，$d \approx a$。平行光通常垂直槽面或垂直光栅平面入射。

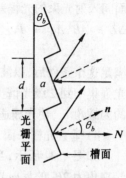

图 4.31 闪耀光栅

2) 闪耀光栅的特点

透射式光栅的缺点是衍射图样中无色散的零级主极强集中了大部分光能，其余的光能分散在各级光谱中，以致每一级彩色光谱的光强都比较弱，这对以分光为目的的光谱仪来说是能量上的浪费。

造成这种状态的原因是单缝衍射因子的零级极强与缝间干涉因子的零级主极强重叠在一起了。而实际使用光栅时只利用某一级的彩色光谱，需要设法把单缝衍射的零级极强与某一级缝间干涉主极强的彩色光谱相互重叠，才能把光能集中到这一级的彩色光谱上。

闪耀光栅可以做到让单缝衍射零级极强的方向恰与缝间干涉的非零级主极强方向重合。考虑到 $d \approx a$，缺级公式变成 $k = m\dfrac{d}{a} \approx m$。由此可知，除与零级衍射极强重合的非零级干涉主极强外，其它主极强均缺级，从而入射光能几乎全部集中在与单缝零级衍射极强重合的非零级缝间干涉主极强的彩色光谱上了，形成了强烈的闪耀光谱，如图 4.32 所示，图中的 +1 级光谱被闪耀，其它的干涉主极强的级次均缺级。

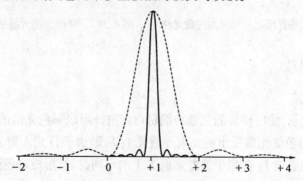

图 4.32 闪耀光栅的闪耀光谱

3) 垂直槽面入射时闪耀 1 级光谱的光程差条件

如图 4.33 所示，当平行光垂直槽面入射时，单缝衍射零级极强的方向是入射光沿原路返回的方向，单槽上这个方向各条入射和相应反射光线的合光程均相等。此时两相邻槽面间入射光束的光程差为 $\Delta L = \overline{AB}$。光沿原路返回后又产生同样的反射光束的光程差 $\Delta L = \overline{AB}$，$\overline{AC} = d$，$\angle ACB = \theta_b$，$k = 1$。因此，闪耀 1 级光谱的光程差条件为

$$2d\sin\theta_b = \lambda_{1b} \tag{4.63}$$

满足这个条件后，以波长 λ 为中心的 1 级主极强的彩色光谱被加强。用同样的办法可以把光强集中到 2 级光谱上，此时应当满足 $2d\sin\theta_b = 2\lambda_{2b}$ 的光程差条件。可以通过加工合适的闪耀角 θ_b，使光栅适用于闪耀某一特定级次的光谱。

4) 垂直光栅平面入射时闪耀 1 级光谱的光程差条件

如图 4.34 所示，当平行光垂直光栅平面入射时，单缝衍射零级极强方向是沿与入射光夹角为 $2\theta_b$ 的反射光方向，单槽上这个方向的各条入射和相应反射光线的合光程均相等。此时两相邻槽面间入射光束的光程差为零，沿 $2\theta_b$ 角方向的反射光束的光程差为 $\Delta L = \overline{AB}$，$\overline{AC} = d$，$\angle ACB = 2\theta_b$，$k = 1$。因此，闪耀一级光谱的光程差条件为

$$d\sin 2\theta_b = \lambda_{1b} \tag{4.64}$$

满足这个条件后，以波长 λ 为中心的一级主极强的彩色光谱被加强。

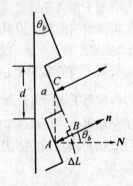
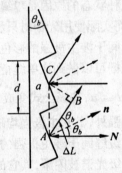

图 4.33　平行光垂直槽面入射时的闪耀光路　　图 4.34　平行光垂直光栅平面入射时的闪耀光路

6. 棱镜光谱仪

1) 结构和光路

如图 4.35 所示，使用棱镜的色散功能将白光散开形成彩色光谱的装置称为棱镜光谱仪。狭缝 S 处的白色缝光源发出的光束经透镜 L_1 后形成平行光入射到三棱镜上，出射白光被色散开，再经透镜 L_2 会聚于像方焦面 Σ 上的不同位置，形成彩色光谱带。

2) 角色散本领

光谱仪中的棱镜通常安置在如图 4.35 所示的最小偏向角的方位，可以使光谱畸变最小。棱镜的最小偏向角 δ_m 对波长 λ 的微商称为棱镜的角色散本领，记为 $D_\delta = \dfrac{d\delta_m}{d\lambda}$。棱镜光谱仪角色散本领的具体表示式为

第4章 光的衍射

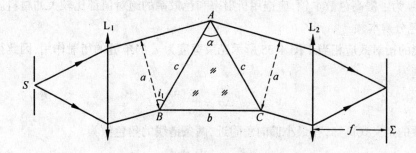

图 4.35 棱镜光谱仪的结构和光路

$$D_\delta = \frac{d\delta_m}{d\lambda} = \frac{d\delta_m}{dn}\frac{dn}{d\lambda} = \left(\frac{dn}{d\delta_m}\right)^{-1}\frac{dn}{d\lambda}$$

即

$$D_\delta = \frac{2\sin\frac{\alpha}{2}}{\cos\frac{\alpha+\delta_m}{2}}\frac{dn}{d\lambda} \tag{4.65}$$

由于

$$i_1 = \frac{\alpha+\delta_m}{2}, \quad i_1' = \alpha/2, \quad n\sin i_1' = \sin i_1$$

$$\cos\frac{\alpha+\delta_m}{2} = \cos i_1 = \sqrt{1-\sin^2 i_1} = \sqrt{1-n^2\sin^2 i_1'} = \sqrt{1-n^2\sin^2\frac{\alpha}{2}}$$

可得

$$D_\delta = \frac{2\sin\frac{\alpha}{2}}{\sqrt{1-n^2\sin^2\frac{\alpha}{2}}}\frac{dn}{d\lambda} \tag{4.66}$$

如图 4.35 所示,设入射光束的宽度为 a,由入射光束宽度决定的棱镜底边的有效长度为 $b = \overline{BC}$,棱镜的斜边长度为 $c = \overline{AB}$,则有

$$\sin\frac{\alpha}{2} = \frac{b}{2c}, \quad \cos\frac{\alpha+\delta_m}{2} = \frac{a}{c}$$

由此可以将角色散本领公式(4.65)改写为

$$D_\delta = \frac{b}{a}\frac{dn}{d\lambda} \tag{4.67}$$

线色散本领即为

$$D_l = fD_\delta \tag{4.68}$$

其中 $dn/d\lambda$ 称为材料的色散率。色散率的大小由棱镜材料的性质确定,一般材料的色散

率小于零。为了提高色散本领,应选用折射率和色散率的绝对值都比较大的材料。

3) 色分辨本领

棱镜的衍射效应相当于图4.35所示光束宽度为 a 的单缝的衍射作用,因此衍射光谱的半角宽为

$$\Delta\theta = \frac{\lambda}{a} \tag{4.69}$$

由角色散的定义式可知,在最小偏向角附近,两条谱线的角色散为

$$\mathrm{d}\delta_m = |D_\delta|\mathrm{d}\lambda$$

依据瑞利判据 $\Delta\theta = \mathrm{d}\delta_m$,可得棱镜光谱仪的色分辨本领为

$$R = \frac{\lambda}{\mathrm{d}\lambda} = a|D_\delta| = b\left|\frac{\mathrm{d}n}{\mathrm{d}\lambda}\right| \tag{4.70}$$

4) 自由光谱范围

棱镜只有一套光谱,因此没有不同级次光谱重叠的问题,但实际的棱镜材料总有一定的波长透明范围,因此其自由光谱范围由材料的光谱透过率决定。

5) 棱镜光谱仪、透射式光栅光谱仪和法－珀干涉仪色分辨本领的比较

棱镜光谱仪的色分辨本领约为 $10^3 \sim 10^4$,透射式光栅光谱仪的色分辨本领约为 $10^3 \sim 10^5$,法－珀干涉仪的色分辨本领约为 $10^5 \sim 10^7$。其中法－珀干涉仪的色分辨本领最高,这是因为法－珀干涉仪的干涉级次可以达到 $10^4 \sim 10^6$,光栅光谱仪一般使用在低衍射级次,法－珀干涉仪一般使用在高干涉级次,其自由光谱范围($\Delta\lambda = \frac{\lambda}{m}$)较窄。因此,实际实验工作中,常用棱镜或光栅光谱仪作宽谱带的光谱分析,用法－珀干涉仪作窄谱带的超精细光谱分析。

习 题 4

4.1 若只将菲涅耳波带片的前10个奇数半波带遮挡住,其余地方都开放,求中心轴上相应衍射场点的光强与自由传播时此处光强的比值。

4.2 若菲涅耳波带片的前60个偶数半波带被遮挡,其余地方都开放,求中心轴上相应衍射场点的光强与自由传播时此处光强的比值。

4.3 求圆孔中露出0.25个半波带时中心轴上相应衍射场点的光强与自由传播时此处光强的比值。

4.4 如图4.36所示,平行光垂直照明如下遮挡的衍射屏,求中心轴上场点 P_0 处的光强与自由传播时此处光强的比值(图中标出的是该处到中心场点 P_0 处的光程,其中 r_0 是衍射屏中心到场点 P_0 处的光程)。

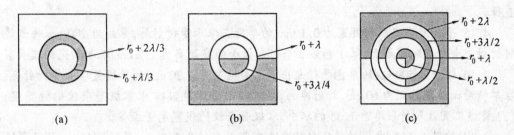

图 4.36 不同遮挡方式的菲涅耳衍射屏

4.5 波长为 600 nm 的单色平行光分别照射半径为 2.5 mm 和 5.0 mm 的小孔衍射屏，轴上观察点到小孔中心点的距离为 80 cm，相对这个观察点，分别求两个小孔包含的菲涅耳半波带数目。

4.6 波长为 500 nm 的单色平行光垂直照射直径为 4.0 mm 的圆孔衍射屏，在与圆孔相距 2 m 处放置观察屏。求 (1) 观察屏上中心场点 P_0 处是衍射亮点还是暗点；(2) 若让点 P_0 处变成与 (1) 中亮暗相反的衍射斑点，至少应该把观察屏向前 (或向后) 移动多远。

4.7 单色可见平行光垂直入射到半径为 0.5 mm 的圆孔衍射屏上，在中心轴上距衍射屏 20 cm 处出现一个暗点，求入射光的波长。

4.8 在菲涅耳圆孔衍射实验中，圆孔半径为 3.0 mm，光源与圆孔衍射屏的距离 R 为 1.5 m，入射光波长为 600 nm，当接收屏由远处逐渐向圆孔衍射屏靠近时，求中心轴上出现第一个亮斑和暗斑的位置到圆孔衍射屏中心的距离。

4.9 在菲涅耳圆孔衍射实验中，波长为 600 nm 的平行光垂直入射到圆孔衍射屏上，接收屏中心到圆孔中心的距离为 3 m，圆孔半径从 2 mm 开始逐渐扩大，求接收屏中心最先出现亮斑和暗斑时的圆孔半径。

4.10 若在距离衍射圆孔中心为 f 的中心轴上场点处是波带片的主焦点，证明在 $f/3$，$f/5, f/7\cdots$ 的中心轴上场点处分别是次焦点。

4.11 菲涅耳波带片相对 600 nm 光波的主焦距为 2 m，波带片中的偶数半波带为通光半波带，(1) 求波带片上第 5 个通光半波带的半径；(2) 若点光源位于波带片左方 6 m 处的中心轴上，求实像点的位置。

4.12 波带片相对波长 600 nm 光波的主焦距为 100 cm，主焦点处的光强是自由传播时此处光强的 10000 倍，衍射屏的奇数半波带为通光半波带，求波带片第一个通光半波带的半径和衍射屏上露出的通光半波带的数目。

4.13 包含两种波长的平行光垂直入射到缝宽为 0.12 mm 的单缝夫琅禾费衍射装置上，会聚透镜的焦距为 60 cm，在观察屏上距离零级主极强 6 mm 处，一种单色光波的 2 级极小和另一种单色光的 3 级极小重合，求两种单色光的波长。

4.14 衍射细丝测径仪是用细丝代替单缝夫琅禾费衍射装置中的单缝衍射屏。若入射光的波长为 632.8 nm，透镜的焦距为 30 cm。测得零级衍射斑的线宽度为 0.5 cm，求细丝的直径。

4.15 平行光垂直照射缝宽为 0.1 mm 的单缝夫琅禾费衍射屏,焦距为 200 cm 的透镜将衍射光会聚在观察屏上,第 1 和第 2 个衍射极小的线距离为 1.2 cm。求入射光的波长。

4.16 波长为 500 nm 的单色平行光垂直照射缝宽为 0.20 mm 的单缝夫琅禾费衍射屏,在单缝后面放置焦距为 60 cm、折射率为 1.56 的凸薄透镜。(1) 求零级亮条纹的线宽度;(2) 将该装置放入折射率为 1.33 的水中,零级亮条纹的线宽度变成多少。

4.17 波长为 632.8 nm 的单色平行光垂直照射直径为 3.0 cm、焦距为 50 cm 的凸薄透镜,求薄透镜像方焦面上的艾里斑直径。

4.18 一束输出口径为 2 mm、波长为 632.8 nm 的氦氖激光从地面射向月球,已知月地间的距离为 3.76×10^5 km,求激光束投射到月球表面的光斑口径。

4.19 用照相机在距离地面 100 km 的高空拍摄地面上的物体,设白光的平均波长为 550 nm,若要分辨地面上相距 0.5 m 的两个物点,则照相机镜头的口径至少应当多大?

4.20 双星的角间隔为 $0.1''$,若双星光波的波长为 550 nm,求刚可分辨这对双星所需的望远镜的物镜口径和目镜的视角放大率。

4.21 如图 4.37 所示,单缝夫琅禾费衍射装置有如下变动时,衍射图样如何变化?(1) 增大薄透镜 L_2 的焦距;(2) 增大薄透镜 L_2 的口径;(3) 衍射屏 Σ_0 沿 z 轴向右平移;(4) 衍射屏 Σ_0 作垂直 z 轴的上移(不超出入射光束的照射范围);(5) 衍射屏 Σ_0 绕 z 轴旋转;(6) 点光源 S 垂直 z 轴向上平移到轴外;(7) 将点光源 S 换成平行狭缝的线光源。

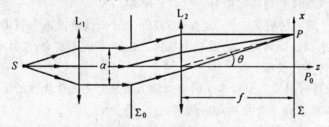

图 4.37　单缝夫琅禾费衍射装置

4.22 波长为 600 nm 的单色平行光正入射到透射式夫琅禾费衍射光栅上,两个相邻主极强分别出现在 $\sin\theta_1 = 0.2$ 和 $\sin\theta_2 = 0.3$ 的位置,第 4 级主极强缺级,求光栅常数和单缝的可能最小宽度。

4.23 求缝宽为 a,单缝间距为 $3a$ 的双缝夫琅禾费衍射的第 1 级主极强与单缝零级衍射极强的光强比值。

4.24 如图 4.38 所示,斜入射平行光与光轴的夹角为 θ_0,证明多缝夫琅禾费衍射光强分布为 $I_\theta = I_0 (\frac{\sin\alpha'}{\alpha'})^2 (\frac{\sin N\beta'}{\sin\beta'})^2$。

其中 $\alpha' = \frac{\pi a}{\lambda}(\sin\theta - \sin\theta_0)$,$\beta' = \frac{\pi d}{\lambda}(\sin\theta - \sin\theta_0)$。

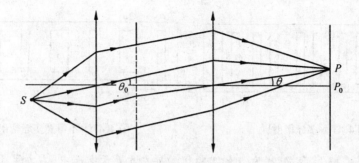

图 4.38 平行光斜入射的多缝夫琅禾费衍射

4.25 如图 4.38 所示,斜入射平行光与光轴的夹角为 θ_0,(1) 求多缝夫琅禾费衍射主极强的位置公式;(2) 求第 k 级主极强的半角宽和缺级情况,与平行光正入射的情况相比有何异同。

4.26 双缝夫琅禾费衍射装置的入射光波的波长为 632.8 nm,会聚透镜的焦距为 60 cm,观察屏中心附近相邻亮条纹的线距离为 2.0 mm,第 2 级亮条纹缺级,求双缝的中心间距和可能的最小缝宽。

4.27 如图 4.39 所示,平行透光双缝的缝宽分别为 a 和 $2a$,两缝中心间距为 $d = 2.5a$,求单色平行光正入射时夫琅禾费衍射的光强分布。

4.28 如图 4.40 所示,衍射屏的三个平行透光狭缝的宽度皆为 a,缝间不透明部分分别为 $2a$ 和 a,求单色平行光正入射时夫琅禾费衍射的光强分布。

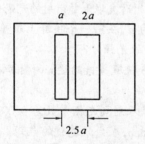

图 4.39 不等宽双缝的衍射屏

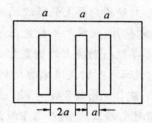

图 4.40 三条狭缝的衍射屏

4.29 如图 4.41 所示,衍射屏上有 $2N$ 条缝宽皆为 a 的平行透光狭缝,缝间不透明部分依次为 $a,2a,a,2a,\cdots$,求单色平行光正入射时夫琅禾费衍射的光强分布。

4.30 如图 4.42 所示,衍射屏有 $2N$ 条平行透光狭缝,缝宽分别为 $a,2a,a,2a,\cdots$,缝间不透明部分的宽度都是 $2.5a$,求单色平行光正入射时夫琅禾费衍射的光强分布。

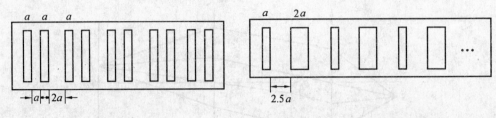

图 4.41 多缝衍射屏 图 4.42 不等宽多缝衍射屏

4.31 如图 4.43 所示,缝宽为 a 的单缝衍射屏左方置于空气中,右方置于折射率为 n 的介质中。波长为 λ 的轴外点光源 Q 发出的球面光波经透镜 L_1 准直的平行光以 θ_0 角斜入射到单缝衍射屏上,衍射光波经透镜 L_2 会聚到观察屏上。求观察屏上夫琅禾费零级衍射条纹的衍射角和半角宽?

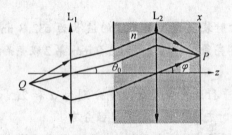

图 4.43 处于两种介质的单缝夫琅禾费衍射装置

4.32 衍射屏上有三条宽度皆为 a 的平行透光狭缝,相邻两缝中心间距均为 $2a$,将两侧狭缝分别覆盖延迟量为 π 的附加相位片,求单色平行光正入射时夫琅禾费衍射的光强分布。

4.33 双缝衍射屏上的缝宽均为 a,两缝中心间距为 d,在第一个狭缝上覆盖延迟量为 π 的附加相位片,求单色平行光正入射时夫琅禾费衍射的光强分布。

4.34 单缝衍射屏上的缝宽为 a,在单缝的前半部分狭缝覆盖延迟 π 的附加相位片,求单色平行光正入射时夫琅禾费衍射的光强分布。

4.35 波长范围为 390~770 nm 的可见平行光垂直入射到光栅常数为 0.002 mm 的夫琅禾费衍射光栅上,衍射屏上 1 级光谱的线宽度为 60 mm,求会聚透镜的焦距。

4.36 宽度为 5 cm 的透射式夫琅禾费衍射光栅每毫米含 100 条平行透光狭缝,该光栅能否分辨 2 级光谱中波长分别为 589 nm 和 589.6 nm 的钠黄双线。

4.37 透射式夫琅禾费衍射光栅每毫米含有 1100 条平行透光狭缝,在 550 nm 波长的 1 级夫琅禾费衍射光谱中刚可分辨的最小波长差为 0.0025 nm,求光栅的总宽度。

4.38 在总缝数为 10^5 的透射式夫琅禾费衍射光栅的第 2 级光谱中刚可分辨波长差为 0.002 nm 的两条谱线,求两条谱线的波长。

4.39 波长为 600 nm 的平行光正入射到透射式夫琅禾费衍射光栅上,光栅常数为 2×10^{-4} cm,光栅宽度为 5 cm,求(1)第 2 级光谱的角色散本领;(2)第 2 级光谱中刚可分辨的最小波长差;(3) 该光栅最多能看到哪几级光谱。

4.40 钠黄光中包含589 nm和589.6 nm两条谱线,使用宽度为10 cm、每毫米包含1200条狭缝的平面透射式光栅,求其夫琅禾费衍射1级光谱中两条谱线的角位置、角间隔和半角宽。

4.41 如图4.44所示,单色平行光斜入射到透射式夫琅禾费衍射光栅上,入射方向与光栅的法线方向成θ_0角,分别在与法线方向成50°和20°的方向出现第1级光谱,并且位于法线的两侧,求入射角θ_0。

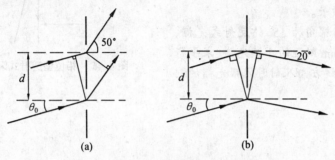

图4.44 斜平行光的夫琅禾费光栅衍射

4.42 用波长为500 nm的单色平行光垂直照射宽度为5 cm、总缝数为25000的透射式夫琅禾费衍射光栅,求第2级谱线的半角宽。

4.43 用白色平行光正入射到透射式夫琅禾费衍射装置上,在30°衍射角方向上观测到600 nm的第2级主极强。若在该处刚好能分辨波长差为0.005 nm的两条谱线,但在30°衍射方向观测不到400 nm的主极强谱线。求(1) 光栅常数;(2) 光栅的总宽度;(3) 狭缝的可能最小宽度。

4.44 如图4.45所示,垂直光栅平面的入射平行光照明每毫米1200条刻痕的闪耀光栅,1级闪耀波长为500 nm,求闪耀角,以及能看到的光谱级次和衍射角。

4.45 单色平行光垂直槽面入射到500 线/mm刻痕的闪耀光栅上,闪耀波长为550 nm的1级光谱,求闪耀角。

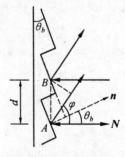

图4.45 闪耀光栅

4.46 闪耀光栅摄谱仪的物镜焦距为1050 mm,光栅刻痕面积为60 mm × 40 mm,1级闪耀波长为365 nm,刻线密度为1200 线/mm,线色散的倒数为0.8 nm/mm,1级理论分辨率为7.2×10^4。(1) 求该摄谱仪能分辨的最小波长间隔;(2) 求该摄谱仪的角色散本领;(3) 若平行光沿垂直光栅平面方向入射,求光栅的闪耀角。

4.47 闪耀光栅摄谱仪的焦距为30 cm,光栅刻痕密度为300 线/mm。若用该摄谱仪分析波段在600 nm附近、间隔为0.05 nm的两条谱线,(1) 求1级光谱刚可被分辨时,光栅的最小有效宽度;(2) 求与该摄谱仪匹配的记录介质的空间分辨率(线/mm)。

4.48 求刻线密度为 1000 线/mm 的闪耀光栅 1 级光谱的自由光谱范围。

4.49 如图 4.46 所示,在透明薄膜上压制一系列平行等距的劈形纹路,制成一块相位型透射式闪耀光栅,透明膜的折射率为 1.56,劈角为 0.2 rad,纹路密度为 200 线/mm,平行光垂直光栅平面入射,求光栅单元零级衍射的方向角和光栅的 1 级闪耀波长。

4.50 选用闪耀角为 15° 的反射式光栅,闪耀波长为 550 nm 附近的 1 级光谱,求平行光沿光栅平面法线方向入射时闪耀光栅的刻槽密度。

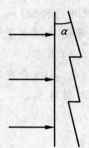

图 4.46 相位型透射式闪耀光栅

第5章 光的偏振

外形结构具有一定的规则,内部原子具有空间周期性排列的固体称为晶体。立方晶体系(如食盐)是各向同性介质。由大量单晶体或晶粒无序排列组成的晶体称为多晶体,无规则的排列使多晶体在整体上呈现空间各向同性。在整体上保持空间有序结构的晶体称为单晶体(比如方解石和石英晶体),晶体内部结构的空间周期性排列导致宏观物理性质的各向异性。讨论光的偏振,就是讨论光在各向异性晶体中传播的偏振现象和特性。

5.1 各向异性晶体的双折射

1. 双折射现象

早在1669年巴托莱那斯(Erasmus Bartholinus)就发现,将方解石晶体放在有字的纸上,可以看到一个字的两个像。如图5.1所示,一束光入射到各向异性晶体上时,由于折射程度不同,通常在晶体内部会分成两束光,这种现象称为晶体的双折射现象。

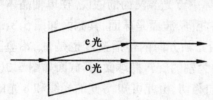

图5.1 各向异性晶体的双折射现象

2. 双折射的概念和规律

方解石(又称冰洲石)和石英(又称水晶)是两种常见的双折射晶体。方解石晶体的化学成分是碳酸钙,呈平行六面体外形,如图5.2所示。每个面都是平行四边形,各平行四边形的钝角是 $\alpha = 102°$,锐角是 $\beta = 78°$。

实验发现,在晶体内部形成的两条折射光线中,一条折射光线遵守折射定律,称它为寻常光或 o 光;另一条折

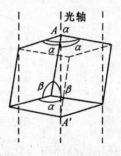

图5.2 方解石晶体的光轴

射光线通常不遵守折射定律,称它为非寻常光或 e 光,如图 5.1 所示。两条光线从晶体出射后,就不能再称为 o 光和 e 光了。

一些晶体中存在一个特殊方向,光在晶体内部沿这个方向传播时,o 光和 e 光的传播速度和传播方向都相同,称这个特殊方向为晶体的光轴。实验发现,如图 5.2 所示的方解石晶体的三个钝角面形成的 A 和 A' 两个顶点的连线方向就是它的光轴方向。光轴指的是一个特定的方向,不是指一条特定的直线。一旦确定了光轴方向后,凡是与这个方向平行的直线都可以称为晶体的光轴。

方解石、石英、冰和红宝石等一些晶体只有一个光轴方向,称为单轴晶体;云母、硫磺、蓝宝石和石膏等一些晶体有两个光轴方向,称为双轴晶体。本书只讨论单轴晶体的双折射特性。

由晶体界面的法线与晶体的光轴组成的平面称为晶体的主截面,主截面由晶体的自身结构确定。

晶体中的寻常光线与晶体的光轴组成的平面称为 o 光的主平面;晶体中的非寻常光线与晶体的光轴组成的平面称为 e 光的主平面。o 光的主平面一般不与 e 光的主平面重合。实验显示,当入射光线在主截面内时,两个主平面互相重合,并且也与主截面重合。

用偏振片检查从晶体出射的两束光时发现,o 光和 e 光都是线偏振光,o 光的振动方向与其主平面垂直,e 光的振动方向在其主平面内(与主平面平行)。

3. 单轴晶体波面的惠更斯假说

惠更斯提出了单轴晶体中点光源波面的假说。在单轴晶体中,点光源发出的 o 光波面沿各个方向的传播速度 v_o 相同,波面是球面,其截面如图 5.3(a) 所示;e 光波面沿各个方向的传播速度不同,其中沿光轴方向的传播速度也是 v_o,沿垂直光轴方向的传播速度则是 v_e,e 光的波面是以光轴为轴的旋转椭球面,其截面如图 5.3(b) 和(c) 所示。o 光波面和 e 光波面在晶体的光轴方向相切。由此可知,o 光的光线和 o 光的波面处处正交,而 e 光的光线和 e 光的波面仅仅在晶体的光轴方向和垂直光轴的方向正交。

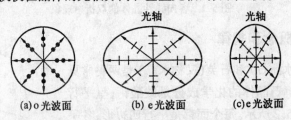

(a) o 光波面　　(b) e 光波面　　(c) e 光波面

图 5.3　单轴晶体中光波的球形和椭球形波面的截面图

在单轴晶体中,o 光的折射率不随传播方向变化,称 n_o 为 o 光折射率,$n_o = \dfrac{c}{v_o}$;e 光的折射率随传播方向变化,通常定义 e 光沿垂直光轴方向的折射率为 n_e,$n_e = \dfrac{c}{v_e}$,沿光轴方向的折射率仍然是 n_o。n_e 和 n_o 统称为晶体的主折射率。

单轴晶体分为两类,一类以方解石为代表,$v_e > v_o (n_o > n_e)$,e 光的波面是如图 5.4(a) 所示的旋转椭球面,椭球面的短半轴端与 o 光的球形波面相切,称为负晶体;另一类以石英为代表,$v_e < v_o (n_o < n_e)$,e 光的波面是如图 5.4(b) 所示的旋转椭球面,椭球面的长半轴端与 o 光的球形波面相切,称为正晶体。

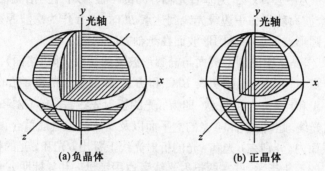

图 5.4　单轴晶体的复合波面

4. 单轴晶体的惠更斯作图法

一束单色平行自然光入射到单轴晶体上,波面上的每一点都是一个次波源,光波进入晶体后同时发出球面次波和旋转椭球面次波,某一时刻这些次波的包络面就是这一时刻光波的波面。利用上述惠更斯作图法可以确定 o 光和 e 光在晶体中的传播方向。

1) 平行光沿平行晶体主截面方向从空气斜入射到方解石晶体界面的折射

晶体的光轴方向沿如图 5.5 所示的平行入射面(纸面)的任意方向时,用惠更斯作图法确定斜入射平行光在晶体中折射的作图步骤如下:

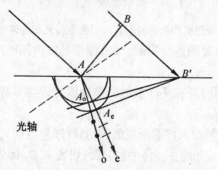

图 5.5　光轴平行入射面(纸面)时斜入射平行光在晶体中折射的惠更斯作图

(1) 画出斜入射平行光的两条边缘光线,设其与晶体和空气分界面的交点分别为点

A 和 B'。

(2) 过点 A 画出入射平行光线的波面 AB，求出光波从点 B 传播到点 B' 的时间 $t = \overline{BB'}/c$，c 为真空或空气中的光速。

(3) 以首先到达分界面的边缘光线与界面的交点 A 为中心，以 $v_o t$ 为半径在晶体中画出圆形波面，这个波面就是另一边缘光线到达点 B' 时，点 A 作为次波源在晶体中形成的 o 光次波面。

(4) 再以点 A 为中心，以 $v_e t$ 为垂直光轴方向的半径，以 $v_o t$ 为沿光轴方向的半径画出椭圆形波面，这个波面就是另一边缘光线到达点 B' 时，点 A 作为次波源在晶体中形成的 e 光次波面。注意，圆形波面要与椭圆形波面在光轴方向相切。

(5) 过点 B' 作晶体中的圆形波面与椭圆形波面的切线（即包络面），分别与圆形和椭圆形波面相切于点 A_o 和点 A_e，则切线 $B'A_o$ 和 $B'A_e$ 分别是 o 光和 e 光的折射波面。

(6) 连接点 A 和点 A_o，方向线 $\overrightarrow{AA_o}$ 即为 o 光的折射光线，连接点 A 和点 A_e，方向线 $\overrightarrow{AA_e}$ 即为 e 光的折射光线。此时 o 光和 e 光的主平面以及晶体的主截面重合，o 光和 e 光的折射光线均处于主截面内。分别在 o 光和 e 光的折射光线上标出 o 光和 e 光的振动方向，画出折射光线传播方向的箭头指示，并在两折射光线旁边用字母 o 和 e 标明 o 光和 e 光。

2) 平行光沿平行晶体主截面方向从空气垂直入射到方解石晶体界面的折射

晶体的光轴方向沿如图 5.6 所示的平行分界面和纸面方向时，作图步骤如下：

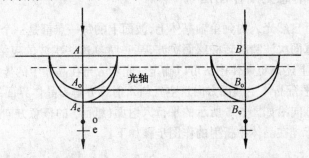

图 5.6 光轴平行分界面和纸面时垂直入射的平行光在晶体中折射的惠更斯作图

此时入射平行光线同时到达分界面，次波源在晶体内同时产生 o 光的球形波面和 e 光的椭球形波面。

用惠更斯作图法作图时要在平面波的两条边缘光线与分界面的交点 A 和 B 处作出两个球形波面和椭球形波面。

然后分别作两个圆形波面和椭圆形波面的切线（即包络面），切点分别为 A_o 和 B_o 以及 A_e 和 B_e，切线 $A_o B_o$ 即为 o 光的在晶体中的波面，切线 $A_e B_e$ 即为 e 光的在晶体中的波面。

连接点 A 和点 A_o，方向线 $\overrightarrow{AA_o}$ 即为 o 光的折射光线；连接点 A 和点 A_e，方向线 $\overrightarrow{AA_e}$ 即为 e 光的折射光线。此时 o 光和 e 光的传播方向相同，均沿垂直光轴的方向传播，但传播速度不同。在负晶体中沿垂直光轴方向传播的 e 光的速度快于 o 光的速度。

3) 平行光沿垂直晶体主截面方向从空气斜入射到方解石晶体分界面的折射

晶体的光轴方向沿如图 5.7 所示的平行分界面和垂直入射面(纸面)方向时,作图步骤与 1) 大致相同。

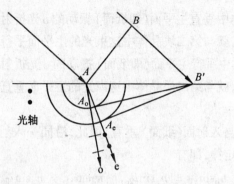

图 5.7 光轴平行分界面和垂直入射面(纸面)时斜入射的平行光在晶体中折射的惠更斯作图

仿照 1) 的步骤可以作出图 5.7 所示的两条折射光线,与 1) 不同的是,从点 A 发出的 o 光和 e 光的次波面在纸面内均是同心圆形波面,o 光和 e 光分别以波速 v_o 和 v_e 传播,晶体中的两条折射光都服从折射定律,但折射率分别为 n_o 和 n_e。

5.2 单轴晶体光学器件

1. 单轴晶体偏振棱镜

将单轴晶体制成棱镜,光束通过这种具有双折射特性的晶体棱镜后透射光成为线偏振光,称这种晶体棱镜为偏振棱镜。

1) 沃拉斯顿(Wollaston)棱镜

沃拉斯顿棱镜由两块方解石晶体的直角三棱镜组成,结构和光路如图 5.8 所示。第一块晶体的光轴平行晶体的入射界面和纸面,第二块晶体的光轴平行出射界面和垂直纸面,两块棱镜的光轴互相垂直。

单色自然光正入射到第一块棱镜上时,由于光轴与晶体入射界面平行,根据惠更斯作图法作图可知,入射光进入晶体后,o 光和 e 光的传播方向不分开,仍然垂直晶体的入射界面,但两者的传播速度不同。方解石是负晶体,因此 o 光的传播速度慢于 e 光的传播速度,即 $v_e > v_o (n_e < n_o)$。

在第一块晶体中,o 光和 e 光的主平面均与纸面平行,o 光的振动方向垂直纸面,e 光的振动方向平行纸面。在第二块晶体中,o 光和 e 光的主平面均与纸面垂直,o 光和 e 光的传播方向被分开,因此两个主平面也不再重合。

光束在分界面折射时,平行和垂直入射面(纸面)的两个振动分量独立传播。也就是说,平行入射面的振动分量折射后振动方向仍然平行入射面,垂直入射面的振动分量折射后振动方向仍然垂直入射面。

因此,在第一块晶体中垂直主平面(即纸面)振动的 o 光折射进入第二块晶体后,由于振动方向仍然垂直纸面,就与第二块晶体中这束光的主平面平行了,因而成为第二块晶体中的 e 光。在第一块晶体中平行主平面(即纸面)振动的 e 光折射进入第二块晶体后,由于振动方向仍然平行纸面,就与第二块晶体中这束光的主平面垂直了,因而成为第二块晶体中的 o 光。

第二块晶体的光轴与入射面(纸面)垂直,因此,沿同一入射方向进入第二块晶体的两束折射光都满足折射定律,即有

$$n_o \sin i_1 = n_e \sin i_{2e}, \quad n_e \sin i_1 = n_o \sin i_{2o} \tag{5.1}$$

负晶体两个主折射率的关系是 $n_e < n_o$,则有 $i_1 < i_{2e}, i_1 > i_{2o}$。因此入射光进入第二块晶体后,e 光向下方偏折,o 光向上方偏折,o 光和 e 光被分开。遮住其中的一束光,让另一束光从晶体棱镜出射,就可以得到一束很好的线偏振光。

2) 洛匈(Rochon)棱镜

洛匈棱镜由两块方解石晶体的直角三棱镜组成,结构和光路如图 5.9 所示。第一块晶体的光轴方向垂直入射界面和平行纸面,第二块晶体的光轴方向平行出射界面和垂直纸面,两块棱镜的光轴互相垂直。

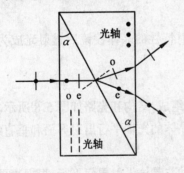

图 5.8 沃拉斯顿棱镜

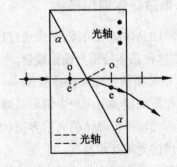

图 5.9 洛匈棱镜

与沃拉斯顿棱镜不同的是,单色自然光正入射到第一块棱镜上时,由于入射光与晶体的入射界面垂直,光束进入晶体后沿光轴方向传播,不发生双折射,o 光和 e 光的传播速度和传播方向都相同。

第一块晶体中的 e 光沿光轴传播时的折射率为 n_o,进入第二块晶体后变为 o 光,其折射率仍然为 n_o,在分界面上折射时满足折射定律,有

$$n_o \sin i_1 = n_o \sin i_{2o} \tag{5.2}$$

即 $i_{2o} = i_1$，这束光进入第二块晶体后传播方向不变。第一块晶体中的 o 光进入第二块晶体后变为 e 光，在分界面上折射时也满足折射定律，有

$$n_o \sin i_1 = n_e \sin i_{2e} \tag{5.3}$$

由于 $n_e < n_o$，因此 $i_1 < i_{2e}$，进入第二块晶体后光束向下方偏折，于是 o 光和 e 光被分开，遮住第二块晶体中的 e 光，让 o 光从晶体棱镜中出射，就可以得到一束很好的振动方向平行纸面的线偏振光。

3) 尼科耳(Nicol) 棱镜

取一块方解石晶体，长约是宽的三倍，将入射和出射端面磨去一些，使主截面的 71° 锐角 $\angle ABC$ 和 $\angle ADC$ 变为 68° 锐角 $\angle A'BC'$ 和 $\angle A'DC'$；再将晶体沿垂直主截面的短对角线 $A'C'$ 方向切开磨平抛光，然后用加拿大树胶黏合在一起，就制成了尼科耳棱镜。

相对波长为 589.3 nm 的钠黄光，加拿大树胶的折射率 $n = 1.55$ 介于方解石晶体两个主折射率 $n_e = 1.486$ 和 $n_o = 1.658$ 之间，而且较靠近 e 光的主折射率。沿 SM 方向进入尼科耳棱镜的单色自然光到达两块晶体的分界面时，o 光由光密介质入射到光疏介质，入射角大于全反射临界角(69°)，被全反射到棱镜的侧面，然后被吸收。e 光由光疏介质入射到光密介质，不发生全反射，从尼科耳棱镜另一端出射，出射光是一束振动方向平行纸面(主截面)的线偏振光。当按图 5.10(b) 所示方位放置尼科耳棱镜时，其主截面与图 5.10(a) 的主截面垂直，出射线偏振光的振动方向垂直纸面。

尼科耳棱镜的缺点是入射光束的会聚角不能过大，若入射光线 SM 向上方的 S_eM 方向偏移，则 e 光的传播方向与光轴的夹角变小，折射率变大，在晶体与树胶的分界面上的入射角也变大，当入射光线偏移到 S_eM 位置以外时会与 o 光一样在分界面发生全反射；若入射光线 SM 向下方的 S_oM 方向偏移，则 o 光和 e 光在树胶面上的入射角都变小，当入射光线偏移到 S_oM 位置以外时，o 光和 e 光将全都透过树胶层后从尼科耳棱镜的另一端面出射。计算显示，光束入射的极限角 $\angle S_eMS = \angle S_oMS \approx 14°$。

由于加拿大树胶吸收紫外线，所以在紫外波段可以使用沃拉斯顿或洛匈棱镜。

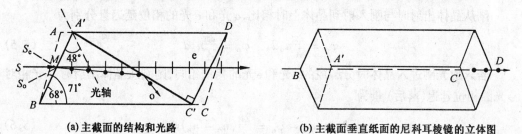

(a) 主截面的结构和光路　　　　(b) 主截面垂直纸面的尼科耳棱镜的立体图

图 5.10　尼科耳棱镜

4) 格兰(Glan)棱镜

制作两块方解石晶体直角三棱镜,在两块晶体分界面上,让顶角 α 稍大于 o 光的全反射临界角(69°)、小于 e 光的全反射临界角,两块晶体的光轴方向相同,都平行入射界面和垂直纸面,用加拿大树胶如图 5.11 所示地黏合在一起就制成了格兰棱镜。

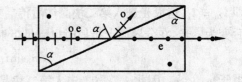

图 5.11　格兰棱镜

自然光正入射到第一块棱镜上,进入晶体的折射光与入射光的方向相同,o 光和 e 光在传播方向上不分开,但 e 光的传播速度快于 o 光的传播速度。光束到达两块晶体的分界面上后,o 光被全反射,e 光继续传播,从晶体出射后成为振动方向垂直纸面的线偏振光。

2. 波晶片

1) 结构、光路和附加相位差

将石英单轴正晶体切制成一块厚度为 d 的平行平面板,晶体的入射和出射界面与光轴平行,就制成了如图 5.12 所示的波晶片。

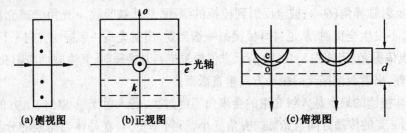

图 5.12　石英波晶片

一束单色自然光正入射到石英波晶片上,在晶体中分解成 o 光和 e 光,传播方向都与入射光的方向相同,但 o 光的速度快,e 光的速度慢。因此,两束光在波晶片中经历的光程不同,相位延迟(落后)程度也不同。o 光和 e 光在晶体中经历的光程分别为

$$L_o = n_o d, \quad L_e = n_e d \tag{5.4}$$

刚从晶体出射时与刚入射到晶体上时相比,o 光和 e 光的相位延迟量分别为

$$\varphi_o = \frac{2\pi}{\lambda} n_o d, \quad \varphi_e = \frac{2\pi}{\lambda} n_e d \tag{5.5}$$

若入射光刚进入晶体时分解成的 o 光和 e 光的相位相同,则刚从晶体出射时,o 光相对 e 光的相位延迟(落后)量为

$$\delta_a = \varphi_o - \varphi_e = \frac{2\pi}{\lambda}(n_o - n_e)d \tag{5.6}$$

δ_a 称为附加相位差。

2) 波晶片出射界面的 o 光和 e 光的振动表达式

如图 5.13 所示,分别用 e 轴表示晶体光轴的方向和 e 光的振动方向;用 o 轴表示 o 光的振动方向。坐标系中心的圆点表示光线由里向外的传播方向 $\hat{k}$,三者组成右手坐标系 $\hat{e} \times \hat{o} = \hat{k}$。又常常将 e 光和 o 光中光速较快的那束光的振动方向称为快轴,另一束光速较慢的振动方向称为慢轴。正晶体中 o 轴为快轴,负晶体中 e 轴为快轴。

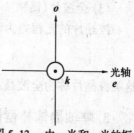

图 5.13　由 o 光和 e 光的振动方向和光的传播方向构成的坐标系

在图 5.13 所示的坐标系中,若入射光刚进入波晶片时分解成的 o 光与 e 光的振动表达式为

$$\boldsymbol{E}_e = E_{0e}\cos(-\omega t)\hat{e}, \quad \boldsymbol{E}_o = E_{0o}\cos(-\omega t)\hat{o} \tag{5.7}$$

则到达波晶片出射界面时 o 光与 e 光的振动表达式即为

$$\boldsymbol{E}_e = E_{0e}\cos(-\omega t)\hat{e}, \quad \boldsymbol{E}_o = E_{0o}\cos(\delta_a - \omega t)\hat{o} \tag{5.8}$$

3) 几种波晶片

正晶体和负晶体均可制作波晶片。在正晶体中 o 光快,e 光慢,附加相位差 δ_a 是负值。从波晶片出射时 e 光比 o 光的相位落后了一些;在负晶体中 o 光慢,e 光快,附加相位差 δ_a 是正值,从波晶片出射时 o 光比 e 光的相位落后了一些。

(1) 四分之一波晶片(简称 λ/4 片)

波晶片的光程差为 $(n_o - n_e)d = \pm(2m+1)\lambda/4$ 时,附加相位差满足

$$\delta_a = \frac{2\pi}{\lambda}(n_o - n_e)d = \pm(2m+1)\pi/2 \quad m = 0,1,2\cdots \tag{5.9}$$

其中,光程差为 $(n_o - n_e)d = \pm \lambda/4$ 的波晶片是厚度最小的波晶片。厚度最小的正晶体波晶片的附加相位差是 $\delta_a = -\pi/2$;厚度最小的负晶体波晶片的附加相位差是 $\delta_a = +\pi/2$。正晶体波晶片的附加相位差为 $\delta_a = -(2m+1)\pi/2(m=1,3,5\cdots)$ 时,其相位延迟作用等效于 $\delta_a = +\pi/2$ 的厚度最小的负晶体波晶片的作用;负晶体波晶片的附加相位差为 $\delta_a = (2m+1)\pi/2(m=1,3,5\cdots)$ 时,其相位延迟作用等效于 $\delta_a = -\pi/2$ 的厚度最小的正晶体波晶片的作用。因此,满足(5.9)式的正晶体和负晶体波晶片产生的附加相位差既可以等效于 $\delta_a = \pi/2$ 的作用,又可以等效于 $\delta_a = -\pi/2$ 的作用;也就是相当于光程差等于 $\pm \lambda/4$ 时的波晶片的作用,因此称这类波晶片为 1/4 波晶片。

(2) 二分之一波晶片(简称 λ/2 片)

波晶片的光程差为 $(n_o - n_e)d = \pm(2m+1)\lambda/2$ 时,附加相位差满足

$$\delta_a = \frac{2\pi}{\lambda}(n_o - n_e)d = \pm(2m+1)\pi \quad m = 0,1,2\cdots \tag{5.10}$$

这类波晶片称为二分之一波晶片。在这类波晶片中,o 光与 e 光的等效附加相位差是 $\delta_a = \pm\pi$。

(3) 全波片(简称 λ 片)

波晶片的光程差为 $(n_o - n_e)d = \pm m\lambda$ 时,附加相位差满足

$$\delta_a = \frac{2\pi}{\lambda}(n_o - n_e)d = \pm 2m\pi \qquad m = 0,1,2\cdots \tag{5.11}$$

这类波晶片称为全波晶片。在这类波晶片中,o 光与 e 光的等效附加相位差是 $\delta = 0$。

3. 单轴晶体补偿器

波晶片的厚度是确定的,因此,从波晶片出射的两束相互垂直的线偏振光之间只能产生固定的附加相位差。补偿器是厚度可变的波晶片装置,可以连续改变 o 光和 e 光之间的附加相位差。

图 5.14 是索累补偿器,由一块光轴方向垂直纸面但平行入射界面的固定石英平板、一块光轴方向平行纸面和入射界面的固定楔形石英棱镜,以及一块光轴方向平行纸面和出射界面的可移动的楔形石英棱镜组成。正入射的单色自然光进入石英平板后,o 光和 e 光的传播方向均与入射光方向相同,但 o 光的传播速度比 e 光快。进入楔形石英晶体后,原来的 o 光变为 e 光,e 光变为 o 光,此时的 o 光仍然比 e 光快。设石英平板的厚度为 d_1,光束

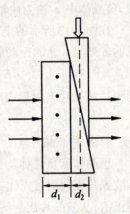

图 5.14 索累补偿器

通过两块楔形石英晶体的厚度为 d_2,则从索累补偿器出射时两束相互垂直线偏振光的附加相位差为

$$\delta_a = \frac{2\pi}{\lambda}[(n_o - n_e)d_1 + (n_e - n_o)d_2] = \frac{2\pi}{\lambda}(n_o - n_e)(d_1 - d_2) \tag{5.12}$$

通过改变 d_2 的厚度,索累补偿器可以产生连续变化的附加相位差。

5.3 圆偏振光和椭圆偏振光的产生和鉴别

1. 分解相位差

入射光一进入波晶片就要分解(或投影)成传播方向一致、振动方向互相垂直的 o 光和 e 光,并在 o 光和 e 光之间产生一个 o 光相对 e 光的相位延迟量,称这个相位延迟量为分解相位差 δ_b。

若一束在如图 5.15 所示坐标系中的二四象限内振动的线偏振光,进入波晶片分解成 o 光和 e 光后,分解相位差为 $\delta_b = \pm\pi$;在一三象限振动的线偏振光,分解成 o 光和 e 光后,分解相位差为 $\delta_b = 0$。

右旋圆偏振光的分解相位差为 $\delta_b = -\pi/2$，左旋圆偏振光的分解相位差为 $\delta_b = \pi/2$。椭圆偏振光的分解相位差由如图 2.16 所示的随相位差变化的偏振态确定。

自然光和部分偏振光进入波晶片后也要分解成 o 光和 e 光，它们的分解相位差不稳定，$\delta_b = \delta_b(t)$。

o 光和 e 光通过波晶片时，又产生一个 o 光相对 e 光的附加相位延迟量

$$\delta_a = \frac{2\pi}{\lambda}(n_o - n_e)d$$

因此，入射光从波晶片出射时，在 o 光和 e 光之间产生的总相位差为

$$\delta = \delta_b + \delta_a \tag{5.13}$$

在如图 5.15 所示的坐标系中，o 光和 e 光的振动方程式分别为

$$E_o = E_{0o}\cos(\delta - \omega t), \quad E_e = E_{0e}\cos(-\omega t) \tag{5.14}$$

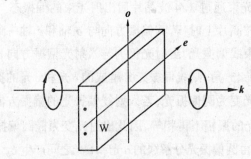

图 5.15 光束通过波晶片 W 的偏振态

2. 光束通过波晶片后的偏振态

1) 确定光束通过波晶片后偏振态的步骤

首先在如图 5.15 所示的坐标系中画出入射光的偏振态图；再将入射光的振动矢量沿波晶片的 o 轴和 e 轴分解，求出 o 光和 e 光的振幅 E_{0e} 和 E_{0o}，以及分解相位差 δ_b 和附加相位差 δ_a，然后对照如图 2.10，2.12，2.16 所示的随出射相位差 $\delta = \delta_b + \delta_a$ 变化的偏振态图，确定出射光的偏振态，并画出出射光的偏振态图。

2) 确定光束通过波晶片后偏振态的实例

如图 5.16 所示，入射光为 $-\pi < \delta_b < -\pi/2$ 的右旋椭圆偏振光，椭圆长轴与光轴所夹锐角为 $\alpha = 45°$。若通过 $\lambda/4$ 波晶片后，o 光比 e 光的相位超前了 $\pi/2$，求出射光的偏振态？

(1) 首先按题意画出如图 5.16 所示的入射右旋椭圆偏振光的偏振态图。

(2) 将入射光的振动矢量沿波晶片的 o 轴和 e 轴分解成如图 5.16 所示的 o 光的振动矢量 E_o 和 e 光的振动矢量 E_e，振幅分别为 E_{0e} 和 E_{0o}，两者大致相等。由题意可知，

$\delta_a = -\pi/2$。$\delta = \delta_b + \delta_a$,得 $-3\pi/2 < \delta < -\pi$,等于 $\pi/2 < \delta < \pi$。

(3) 对照图 2.16 所示的随相位差变化的各种偏振态,可知出射光是如图 5.17 所示的左旋椭圆偏振光。

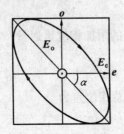
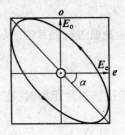

图 5.16　右旋椭圆偏振光　　　　　图 5.17　左旋椭圆偏振光

3) 各种偏振态的光束通过 $\lambda/4$ 波晶片后出射光束的偏振态

线偏振光入射到波晶片上时,若其偏振方向与 o 轴和 e 轴一致,则入射线偏振光在波晶片中不再分解成两束线偏振光,出射光仍为与入射光偏振方向相同的线偏振光;若其偏振方向与 o 轴和 e 轴成 45° 角,则线偏振光分解成的 o 光和 e 光的振幅相等,附加相位差为 $\delta_a = \pm\pi/2$,因此出射光变为圆偏振光;若入射线偏振光的偏振方向处于其它位置,线偏振光分解成的 o 光和 e 光的振幅不再相等,因此出射光变为椭圆偏振光。

圆偏振光入射时,由圆偏振光分解成的 o 光和 e 光之间产生 $\delta_b = \pm\pi/2$ 的分解相位差和 $\delta_a = \pm\pi/2$ 的附加相位差,出射相位差为 $\delta = 0$ 或 $\pm\pi$,从波晶片出射的是一束线偏振光。

椭圆偏振光入射时,若椭圆偏振光的主轴方向与 o 轴或 e 轴的方向一致,则在 o 光和 e 光之间产生 $\delta_b = \pm\pi/2$ 的分解相位差和 $\delta_a = \pm\pi/2$ 的附加相位差,出射光变为线偏振光;若椭圆偏振光的主轴方向处于其它位置,在 o 光和 e 光之间产生的分解相位差不等于 $\pm\pi/2$,出射光变为椭圆偏振光。

自然光和部分偏振光入射时,也要沿 o 轴和 e 轴方向分解成两个互相垂直的线偏振光,但两者的分解相位差不固定,即 $\delta_b = \delta_b(t)$,由自然光分解成的两个垂直分量的振幅相等,由部分偏振光分解成的两个垂直分量的振幅不相等。经过 $\lambda/4$ 波晶片后,虽然两者的相位差增加了 $\pm\pi/2$,但出射相位差仍然不固定,两者的振幅关系也没有发生变化。因此,从波晶片出射后仍然是自然光或部分偏振光。

3. 产生圆偏振光和椭圆偏振光的方法

1) 装置的结构和光路

由偏振片 P 和 $\lambda/4$ 波晶片 W 组成产生圆偏振光和椭圆偏振光的装置和光路如图 5.18

所示,偏振片的透振方向 P 处于与 e 轴成 θ 角的方位。

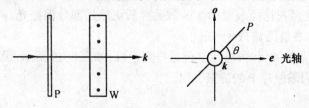

图 5.18　产生圆偏振光的装置

2) 产生条件

入射光束通过偏振片后,出射光变成沿偏振片透振方向 P 振动的振幅为 E_0 的线偏振光。线偏振光入射到 $\lambda/4$ 波晶片上时,分解成 o 光和 e 光,振幅分别为 $E_{0e} = E_0\cos\theta$,$E_{0o} = E_0\sin\theta$,同时产生分解相位差 $\delta_b = 0$ 或 $\delta_b = \pm\pi$。附加相位差 $\delta_a = \pm\pi/2$,出射相位差为 $\delta = \pm\pi/2$。

当 $\theta = \pm\pi/4, \pm 3\pi/4$ 时,$E_{0e} = E_{0o}$,从波晶片出射的是圆偏振光。

当 $\theta \neq 0, \pm\pi/4, \pm\pi/2, \pm 3\pi/4, \pm\pi$ 时,$E_{0e} \neq E_{0o} \neq 0$,从波晶片出射的是椭圆偏振光。

4. 鉴别五种偏振光

1) 将五种偏振光分成三组,首先鉴别出线偏振光

在入射光前面放置偏振片 P,将偏振片旋转一周,边旋转边观察出射光强的变化。若出射光强有变化,并且有光强变为零的消光位置,则入射光是线偏振光;若出射光强没有变化,则入射光为自然光或圆偏振光;若出射光强有变化,但光强始终不等于零,则入射光为部分偏振光或椭圆偏振光。

2) 鉴别自然光和圆偏振光

若入射光是自然光或圆偏振光,先在入射光前面放置 $\lambda/4$ 波晶片,再在 $\lambda/4$ 波晶片后面放置偏振片 P。将偏振片 P 旋转一周,边旋转边观察出射光强的变化,若出射光有消光位置,则该入射光为圆偏振光,否则为自然光。

这是因为圆偏振光经过 $\lambda/4$ 波晶片后变为线偏振光,自然光经过 $\lambda/4$ 波晶片后仍然是自然光。

3) 鉴别部分偏振光和椭圆偏振光

若入射光为部分偏振光或椭圆偏振光,首先在入射光前面放置透振方向已知的偏振片 P。旋转偏振片,在出射光最强或最弱的位置停止旋转,这时偏振片的透振方向与部分偏振光或椭圆偏振光的长轴或短轴方向平行。再在偏振片后面放置光轴方向已知的 $\lambda/4$ 波晶片,旋转 $\lambda/4$ 波晶片,让波晶片的光轴与偏振片的透振方向平行。然后将偏振片由 $\lambda/4$ 波晶片的前面移到后面,旋转偏振片一周,边旋转边观察出射光强的变化,若出射光有消光位置,则该入射光为椭圆偏振光,否则为部分偏振光。

这是因为椭圆偏振光经过光轴方向与其长轴或短轴方向一致的 $\lambda/4$ 波晶片后变为线偏振光,部分偏振光经过这样放置的 $\lambda/4$ 波晶片后仍然是部分偏振光。

4) 鉴别左旋和右旋圆偏振光

鉴别装置由波晶片 W 和偏振片 P 前后排列组成,如图 5.19 所示。设 W 为 $\delta_a = -\pi/2$ 的 $\lambda/4$ 波晶片,P 为偏振片 P 的透振方向。

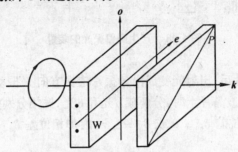

图 5.19 鉴别左旋和右旋圆偏振光的装置

若入射光为左旋或右旋圆偏振光,边旋转偏振片边观察通过偏振片的透射光强的变化,当出现消光现象时停止旋转。此时若偏振片的透振方向 P 位于 $\hat{e} \times \hat{o} = \hat{k}$ 坐标系的一三象限内,则入射光为右旋圆偏振光;若偏振片的透振方向 P 位于 $\hat{e} \times \hat{o} = \hat{k}$ 坐标系的二四象限内,则入射光为左旋圆偏振光。

这是因为,若圆偏振光为右旋光,则入射到波晶片 W 上后产生 $\delta_b = -\pi/2$ 的分解相位差,通过波晶片 W 后又增加了 $\delta_a = -\pi/2$ 的附加相位差,出射相位差为 $\delta = \pm \pi$,出射光就变成偏振方向位于 $\hat{e} \times \hat{o} = \hat{k}$ 坐标系二四象限内的线偏振光。旋转偏振片时,当偏振片的透振方向 P 位于一三象限内与这束线偏振光偏振方向垂直的位置时,就出现消光现象了。

若圆偏振光为左旋光,则入射到波晶片 W 上后产生 $\delta_b = \pi/2$ 的分解相位差,通过波晶片 W 后又增加了 $\delta = -\pi/2$ 的相位差,出射相位差为 $\delta = 0$,出射光就变成偏振方向位于 $\hat{e} \times \hat{o} = \hat{k}$ 坐标系一三象限内的线偏振光。旋转偏振片时,当偏振片的透振方向 P 位于二四象限内与这束线偏振光偏振方向垂直的位置时,就出现消光现象了。

5.4 平行偏振光的干涉

1. 干涉装置

平行偏振光的干涉装置如图 5.20 所示,将厚度为 d 的波晶片或双折射介质 W 放置在两片偏振片 P_1 和 P_2 之间,后面再放置观察屏 Σ,平行光束正入射到这个系统上,通过屏幕观察其干涉光强。

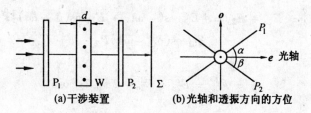

(a) 干涉装置   (b) 光轴和透振方向的方位

图 5.20 平行偏振光的干涉

2. 相干光强

设光强为 I_0 的单色平行自然光垂直入射到平行偏振光干涉装置上,通过第一个偏振片 P_1 后,透射光成为沿其透振方向 P_1 振动的线偏振光 E_1,光强为 $I_0/2$,振幅为

$$E_{01} = \sqrt{I_0/2} \tag{5.15}$$

瞬时振动矢量为

$$\boldsymbol{E}_1 = E_{01}\cos(-\omega t)\hat{\boldsymbol{P}}_1 \tag{5.16}$$

这束线偏振光入射到波晶片 W 上时分解为沿光轴方向振动的 e 光和垂直光轴方向振动的 o 光。设光轴与透振方向 P_1 的夹角为如图 5.21 所示的 α,则 o 光和 e 光的振幅分别为

$$E_{1e} = E_{01}\cos\alpha, \quad E_{1o} = E_{01}\sin\alpha \tag{5.17}$$

从波晶片出射后,瞬时振动矢量分别为

$$\boldsymbol{E}_{1e} = E_{1e}\cos(-\omega t)\hat{\boldsymbol{e}}, \quad \boldsymbol{E}_{1o} = E_{1o}\cos(\delta_b + \delta_a - \omega t)\hat{\boldsymbol{o}} \tag{5.18}$$

其中 δ_b 为分解相位差,δ_a 为附加相位差。

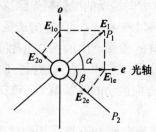

图 5.21 偏振矢量的分解

出射光束入射到第二个偏振片 P_2 上后,o 方向和 e 方向的线偏振光中只有沿其透振方向 P_2 的平行分量才能通过偏振片 P_2,设光轴与透振方向 P_2 的夹角为如图 5.21 所示的 β,则沿透振方向 P_2 振动的两束透射线偏振光的振幅分别为

$$E_{2e} = E_{01}\cos\alpha\cos\beta, \quad E_{2o} = E_{01}\sin\alpha\sin\beta \tag{5.19}$$

瞬时振动矢量分别为

$$\boldsymbol{E}_{2e} = E_{2e}\cos(-\omega t)\hat{\boldsymbol{P}}_2, \quad \boldsymbol{E}_{2o} = E_{2o}\cos(\delta_b + \delta_a + \delta_c - \omega t)\hat{\boldsymbol{P}}_2 \tag{5.20}$$

E_{2e} 和 E_{2o} 两束平行光满足相干条件,投射到观察屏 Σ 上的合振动为

$$E_2 = E_{2e} + E_{2o} = [E_{2e}\cos(-\omega t) + E_{2o}\cos(\delta - \omega t)]\hat{P}_2 =$$
$$E_{02}\cos(\delta_{02} - \omega t)\hat{P}_2 \qquad (5.21)$$

相干光强分布为

$$I_2 = E_{02}^2 = E_{2e}^2 + E_{2o}^2 + 2E_{2e}E_{2o}\cos\delta \qquad (5.22)$$

其中

$$\delta = \delta_b + \delta_a + \delta_c \qquad (5.23)$$

δ_c 称为坐标轴投影相位差。

3. 坐标轴投影相位差

沿 o 方向和 e 方向振动的线偏振光通过第二个偏振片时,要沿透振方向 P_2 投影,在两个平行投影矢量 E_{2e} 和 E_{2o} 之间会产生坐标轴投影相位差 δ_c。

确定坐标轴投影相位差的方法是,将 o 坐标轴和 e 坐标轴的正方向沿透振方向 P_2 投影,若两个投影矢量的方向相同,则坐标轴投影位相差为 $\delta_c = 0$;若两个投影矢量方向相反,则坐标轴投影相位差为 $\delta_c = \pi$,坐标轴投影相位差只有两个值,即

$$\delta_c = \begin{cases} 0 \\ \pi \end{cases} \qquad (5.24)$$

通过将 o 轴和 e 轴的正方向沿透振方向 P_2 投影来确定坐标轴投影相位差的原因是,由 o 轴和 e 轴的正方向沿透振方向 P_2 投影确定的坐标轴投影相位差恰是沿 o 方向和 e 方向振动的线偏振光沿透振方向 P_2 投影时产生的投影相位差。

也就是说,当沿 o 方向和 e 方向振动的线偏振光到达偏振片 P_2 时,若线偏振光 E_1 位于一三象限,分解相位差为零,则由矢量 E_{1e} 和 E_{1o} 向透振方向 P_2 投影产生的相位差与由 e 轴和 o 轴的正方向向透振方向 P_2 投影产生的相位差相同。但若线偏振光 E_1 位于二四象限,分解相位差为 $\pm\pi$ 时,则由矢量 E_{1e} 和 E_{1o} 向透振方向 P_2 投影产生的相位差是 E_1 的分解相位差 δ_b 与沿 o 方向和 e 方向振动的线偏振光向透振方向 P_2 的投影相位差 δ_c 之和,即 $\delta_{bc} = \delta_b + \delta_c$。

因此,若线偏振光入射到波晶片上,也可以采用由线偏振光的两个分矢量 E_{1e} 和 E_{1o} 直接向透振方向 P_2 投影的方法来确定分解相位差和坐标轴投影相位差之和 δ_{bc},此时从第二个偏振片出射的两束相干平行光之间的总相位差为

$$\delta = \delta_a + \delta_{bc} \qquad (5.25)$$

其中

$$\delta_{bc} = \delta_b + \delta_c \qquad (5.26)$$

4. P_1 和 P_2 垂直或平行,$\alpha = \beta = 45°$ 时的相干光强

如图 5.22 所示,P_1 和 P_2 互相垂直时 $\delta = \delta_a + \delta_{bc} = \delta_a + \pi$;$P_1$ 和 P_2 互相平行时

$$\delta = \delta_a + \delta_{bc} = \delta_a + \begin{cases} 0 \\ 2\pi \end{cases} = \delta_a \text{。两种情况均有 } E_{2e}^2 = E_{2o}^2 = E_{01}^2/4\text{,因此}$$

$$\begin{cases} P_1 \perp P_2 \Rightarrow I_\perp = \dfrac{I_0}{4}(1 - \cos\delta_a) \\ P_1 \parallel P_2 \Rightarrow I_\parallel = \dfrac{I_0}{4}(1 + \cos\delta_a) \end{cases} \quad (5.27)$$

其中 $\delta_a = \dfrac{2\pi}{\lambda}(n_o - n_e)d$,而且有

$$I_\perp + I_\parallel = E_{01}^2 = I_0/2 \quad (5.28)$$

即 P_1 和 P_2 互相垂直和平行时的两个光强互补,其中一个相干加强时,另一个相干相消。由式(5.27)可知,平行偏振光的相干光强随附加相位差变化,附加相位差中有波长 λ、厚度 d 和主折射率差 $(n_o - n_e)$ 三个变量,下面分别讨论这三个变量对平行偏振光干涉的影响。

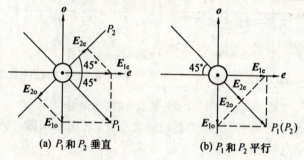

图 5.22 $\alpha = \beta = 45°$ 时的分量关系图

5. 波长对平行偏振光干涉的影响

白光入射到平行偏振光干涉装置上时,厚度 d 和主折射率差 $(n_o - n_e)$ 不变,光强分布仅与波长有关。P_1 和 P_2 垂直与平行时干涉图样的色彩互补,白光中包含各种波长的单色光,若转动 P_1 或 P_2,出射光将呈现绚丽的色彩变换。

若只有 λ_1 和 λ_2 两种波长的平行光入射到平行偏振光干涉装置上,P_1 和 P_2 垂直时,λ_1 光相干加强,λ_2 光相干相消,出射光呈现 λ_1 光的色彩;则 P_1 和 P_2 平行时,必定是 λ_2 光相干加强,λ_1 光相干相消,出射光呈现 λ_2 光的色彩。

6. 波晶片的厚度对平行偏振光干涉的影响

设光强为 I_0 的单色平行自然光入射到如图 5.23 所示的平行偏振光干涉装置上,将厚度变化的尖劈形波晶片 W 放置在两个偏振片 P_1 和 P_2 之间,波晶片的出射界面作为物面由透镜 L 成像于观察屏 Σ 上。

此时波长 λ 和主折射率差 $(n_o - n_e)$ 不变,相干光强分布仅与波晶片 W 的厚度有关。

干涉条纹如图 5.23(c) 所示,这是定位于波晶片出射界面的平行尖劈棱边的等厚直线条纹。在偏振片 P_2 前面看不到干涉条纹,在偏振片 P_2 后面才能看到干涉条纹。这是因为在偏振片 P_2 前面的两束线偏振光是偏振方向互相垂直的两束非相干光,在偏振片后面的两束线偏振光是偏振方向均平行偏振片 P_2 透振方向的两束相干光。或者说,在偏振片 P_2 前面有间距相互错开半个条纹间距的两套光强互补的干涉条纹,它们非相干叠加的结果,使干涉条纹的可见度为零。光束通过偏振片 P_2 后,其中偏振方向与透振方向 P_2 垂直的两束相干光波形成的干涉条纹不能通过偏振片 P_2。偏振方向与透振方向 P_2 平行的两束相干光波形成的干涉条纹从偏振片 P_2 透射出去,就可以观察到干涉条纹了,在观察屏上看到的则是被透镜 L 放大了的干涉条纹。

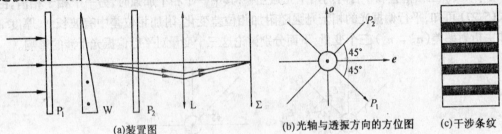

(a)装置图   (b)光轴与透振方向的方位图   (c)干涉条纹

图 5.23 尖劈形波晶片的干涉装置

波晶片上的厚度 d 不同,附加相位差也随之变化。若两个偏振片的透振方向相互垂直,如图 5.23(b) 所示,则相干光强分布为

$$I_\perp = \frac{I_0}{4}(1 - \cos\delta_a)$$

厚度 d 满足 $\delta = \frac{2\pi}{\lambda}(n_o - n_e)d = 2m\pi$ 时,相干光强为零,对应暗条纹;厚度 d 满足 $\delta = \frac{2\pi}{\lambda}(n_o - n_e)d = (2m+1)\pi$ 时,相干光强最大,$I_\perp = I_0/2$,对应亮条纹。若 P_1 和 P_2 互相平行,则情况相反。用白光照明时,干涉条纹的间距随波长变化,屏幕上呈现彩色条纹。

微分附加相位差公式两边的变量 d 和 m 得

$$(n_o - n_e)\Delta d = \Delta m\lambda$$

令 $\Delta m = 1$,有 $\Delta d = \frac{\lambda}{\Delta n}$,其中 $\Delta n = n_o - n_e$,则如图 5.24 所示的尖劈形波晶片的干涉条纹间距为

$$\Delta x = \frac{\Delta d}{\alpha} = \frac{\lambda}{\Delta n \alpha} \tag{5.29}$$

其中 α 是楔角。

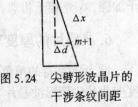

图 5.24 尖劈形波晶片的干涉条纹间距

7. 主折射率差对平行偏振光干涉的影响

对玻璃或塑料等各向同性介质施加外力,可以产生双折射现象。这是因为对玻璃或塑料等介质施加外力后,介质内部出现内应力,不均匀的内应力分布使主折射率差(n_o-n_e)随之变化,从而使附加相位差$\delta_a = \frac{2\pi}{\lambda}(n_o-n_e)d$随玻璃或塑料的内应力变化。把被施加外力的玻璃或塑料放置在两片偏振片之间,就构成如图 5.20 所示的平行偏振光干涉装置,也称为光测弹性干涉装置,在观察屏上可以看到彩色的偏振光干涉图样。

图 5.25 是光测弹性干涉装置产生的彩色干涉图样。应力越集中,各向异性越强,主折射率差(n_o-n_e)的变化越大,彩色干涉条纹越细密,色彩变化越大。

图 5.25　光测弹性干涉装置的平行偏振光干涉图样

光测弹性装置能够显示物体受力后的应力分布,可用于设计机械工件、桥梁和水坝,还可以预报地震和矿井冒顶等天然灾害或事故。

8. 克尔效应

如图 5.26 所示,在两端透光的盒内装有一对平行板电极,盒内充入电介质液体(如硝基苯,$C_6H_5NO_2$),构成克尔盒。将其置于透振方向互相垂直的两个偏振片之间,让极间电场方向与偏振片的透振方向成 45° 角,组成克尔效应装置。两电极间不加电压时,没有光束透过克尔效应装置,两极板间加上强电场时,有光束透过克尔效应装置,表明盒内液体在强电场作用下变成了双折射介质。这种通过施加电场使某些介质产生双折射的现象称为克尔效应。

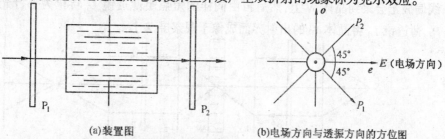

(a)装置图　　　　　　　　(b)电场方向与透振方向的方位图

图 5.26　克尔效应装置

实验表明,外电场方向相当于晶体的光轴,设沿外电场方向的介质折射率为 n_e,垂直该方向的折射率为 n_o,电场强度为 E,由实验可知

$$n_o - n_e = K\lambda E^2 \tag{5.30}$$

比例系数 K 称为该介质的克尔常数,与介质的性质和温度有关,通常 K 是负数,说明克尔介质具有正单轴晶体的特性。在 20℃ 和波长为 589.3 nm 的钠黄光照射的条件下,硝基苯的克尔常数为 -2.44×10^{-12} m/V²(米/伏特²)。

克尔效应与电场强度的平方成正比,因此克尔效应与电场的正负极取向无关,这种现象称为二次电光效应。克尔效应的弛豫时间 τ 极短,约为 ns 量级,常用克尔盒制作高速光开关和电光调整器,在高速摄影和激光通讯等方面有广泛的应用。硝基苯克尔盒有一些缺点,比如硝基苯有毒,对液体的纯度要求高,不便于携带等。

9. 泡克耳斯效应

随着激光技术的发展,克尔盒逐渐被具有电光效应的晶体代替。将 KDP 晶体(磷酸二氢钾,KH_2PO_4)放置在透振方向互相垂直的两个偏振片之间,组成泡克耳斯效应装置。KDP 晶体的两个端面通常镀上一层透明电极,确保两端面既通光又导电。在电场作用下 KDP 单轴晶体变成双轴晶体,产生附加的双折射效应,这种现象称为泡克耳斯效应。泡克耳斯效应的附加相位差与电场强度的一次方成正比,所需电压比克尔效应低,这是一种线性电光效应。KDP 晶体用于电光开关和电光调制时性能比克尔盒优越很多。

5.5 会聚偏振光的干涉

1. 会聚偏振光的干涉装置和光路

会聚偏振光的干涉装置和光路如图 5.27 所示,S 是点光源,P_1 和 P_2 是正交偏振片,L_1、L_2、L_3 和 L_4 均为会聚薄透镜,W 是单轴双折射晶体,光轴与入射界面垂直。点光源 S 发出的球面光波经薄透镜 L_1 准直后,透过偏振片 P_1 形成平行线偏振光。短焦距薄透镜 L_2 把平行线偏振光会聚到晶体 W 上,然后再由同样的短焦距薄透镜 L_3 转化为平行光通过偏振片 P_2,薄透镜 L_4 将晶体 W 的出射界面成像于观察屏 Σ 上。

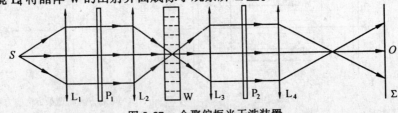

图 5.27 会聚偏振光干涉装置

2. 单轴晶体的会聚偏振光干涉图样

会聚偏振光干涉装置产生的单轴晶体的干涉图样如图 5.28 所示,这是明暗相间的同心圆环形干涉图样,圆环被沿两个正交偏振片透振方向的黑色十字图形分割成四瓣,白光照明时干涉图样呈四瓣圆环形彩色图样。

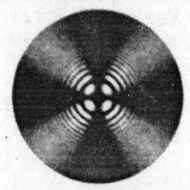

图 5.28 单轴晶体的会聚偏振光干涉图样

3. 单轴晶体偏振光干涉图样的光强分布

图 5.29(a) 是光束经过晶体时的光路放大图,进入晶体的会聚线偏振光从会聚点 Q 开始变成发散线偏振光从晶体出射,图中的点 O 是沿晶体光轴方向传播的光线与晶体出射界面的交点,点 A 是晶体出射界面上的任意一条光线的出射点。图 5.29(b) 是晶体出射界面的偏振分量方位图,设偏振片 P_1 的透振方向沿竖直方向,偏振片 P_2 的透振方向沿水平方向。因此,进入晶体的线偏振光 E_1 的偏振方向与 P_1 的透振方向一致。

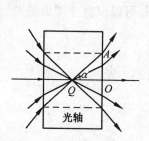
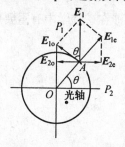

(a) 晶体光路放大图　　(b) 透振方向和偏振分量的方位图

图 5.29 会聚偏振光的光路和偏振分量的放大图

由于光束以圆锥形光路通过晶体,不同倾角的光线落在不同半径的圆周上,附加相位差 δ_a 为常数的轨迹是以点 O 为中心的同心圆,即图 5.29(b) 中的圆形图形。光线进入晶体后分解成 o 光和 e 光,沿光轴方向传播的 o 光和 e 光之间的附加相位差为 $\delta_a = 0$,随通过晶体的光束倾角的增大,附加相位差 δ_a 也逐渐增大。对晶体出射界面上任意一点 A 处沿 QA 方向出射的线偏振光来说,晶体的主平面总是沿半径方向 OA 走向的平面,因此,点 A 处的 o 光和 e 光的振动方向分别沿圆周的切向和径向方向,振幅分别为

$$E_{1o} = E_{01}\cos\theta, \quad E_{1e} = E_{01}\sin\theta \tag{5.31}$$

其中 E_{01} 是从偏振片 P_1 透射的线偏振光 E_1 的振幅;θ 为 E_1 与 E_{1o} 之间的夹角。从晶体出射的两束互相垂直的线偏振光通过 P_2 再次投影后,振幅变为

$$E_{2o} = E_{01}\cos\theta\sin\theta, \quad E_{2e} = E_{01}\sin\theta\cos\theta \tag{5.32}$$

投射到观察屏上的两束相干线偏振光之间的总相位差为

$$\delta = \delta_a + \delta_{bc} = \delta_a(\alpha) + \pi \tag{5.33}$$

其中附加相位差 $\delta_a(\alpha)$ 是任意光线 QA 相对光轴倾角 α 的函数。相干叠加后的光强分布为

$$I_2 = E_{02}^2 = E_{2e}^2 + E_{2o}^2 + 2E_{2e}E_{2o}\cos(\delta_a(\alpha) + \pi) = \frac{I_1}{2}\sin^2(2\theta)(1 - \cos\delta_a(\alpha)) \tag{5.34}$$

其中 $I_1 = E_{01}^2$。

由光强分布公式可以看出,θ 一定时,干涉条纹是随倾角 α 变化的同心圆环。从圆环中心向外,圆环逐渐变密。光强分布被因子 $\sin^2(2\theta)$ 调制,在 $\theta = 0, 90°, 180°, 270°$ 处光强为零,即 $I_2 = 0$,这就是会聚偏振光干涉图样中黑色十字图形的由来。从光路上看,当 $\theta = 0, 90°, 180°, 270°$ 时,沿 P_1 方向振动的线偏振光沿这几个方向进入晶体后与晶体主平面平行或垂直,仍保持原来的偏振方向,不再分解成两个垂直分量,这个偏振方向与透振方向 P_2 垂直,因此从晶体出射后通过 P_2 时被消光。

若入射光为白光,则会聚偏振光的干涉图样是彩色圆环,内紫外红,在暗十字方位是黑色十字图形。

会聚偏振光的干涉在矿物学中有重要应用,可以根据会聚偏振光的干涉图样鉴定各种矿物标本的特性。

5.6 旋 光

1. 旋光现象

切制一块长方形方解石晶体,让入射界面与光轴垂直,然后放置在一对正交偏振片 P_1 和 P_2 之间。用单色平行光垂直照射装置时,从偏振片 P_1 透射的线偏振光经过晶体后偏振状态不发生变化,从偏振片 P_2 出射的光强为零。

但若切制一块长方形石英晶体 W,让入射界面与晶体光轴垂直,然后如图 5.30 所示地插入正交偏振片 P_1 和 P_2 之间,用单色平行光垂直照射装置时,从偏振片 P_2 出射的光强

不再为零。当把偏振片 P_2 的透振方向旋转一个角度后,出射光强又变为零了。说明从石英晶体透射的光束仍然是线偏振光,只不过振动面旋转了一个角度,通过偏振片 P_2 的透射光束的投影分量不再为零了,这种现象称为旋光现象。糖溶液等有机物溶液也有旋光现象,凡是能使线偏振光的偏振面发生旋转的介质都称为旋光介质。

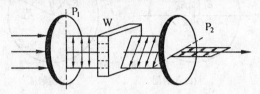

图 5.30　石英的旋光现象

迎着光的传播方向观看,一些旋光介质,例如葡萄糖,能使入射线偏振光的振动面顺时针旋转,称为右旋介质;能使线偏振光的振动面逆时针旋转的介质,例如果糖,称为左旋介质。天然石英有镜像对称结构的两种晶体,分别能使线偏振光的振动面右旋和左旋。

实验显示,线偏振光通过石英晶体时,振动面被石英晶体旋转的角度 θ 与石英晶体的厚度 d 成正比,即

$$\theta = \alpha d \tag{5.35}$$

其中比例系数 α 称作石英晶体的旋光率,单位:度／毫米。

实验表明,线偏振光通过旋光介质溶液时,振动面被旋转的角度 θ 与光束通过溶液的厚度 d 和溶液的浓度 N 成正比,即

$$\theta = \beta N d \tag{5.36}$$

其中 β 称为该溶液的比旋光率,与溶液的性质、温度和入射光的波长有关,单位:度／[分米(克／毫升)]。利用旋光现象可以测定溶液中旋光介质的浓度,这种方法在制糖、制药和化学工业中被普遍使用。

实验还显示,旋光率随波长变化,即 $\alpha = \alpha(\lambda)$,不同单色线偏振光透过晶体后振动面被旋转的角度不同。白光照射时,若将偏振片 P_2 放置在旋光晶体后面,各种颜色的光束不能同时消光,旋转偏振片时,透射光的色彩不断变化,这种现象称作旋光色散。

2. 旋光现象的菲涅耳解释

菲涅耳假设,线偏振光进入旋光晶体后沿光轴方向传播时分解成左旋和右旋圆偏振光,分别称为 L 光和 R 光如图 5.31 所示。其表示式为

$$E = 2E_0\cos(-\omega t)\hat{x} = E_L + E_R \tag{5.37}$$

$$\begin{cases} E_L = E_0[\cos(-\omega t)\hat{x} + \cos(\pi/2 - \omega t)\hat{y}] \\ E_R = E_0[\cos(-\omega t)\hat{x} + \cos(-\pi/2 - \omega t)\hat{y}] \end{cases} \tag{5.38}$$

反之,如式(5.38)所示的左、右旋圆偏振光可以合成如式(5.37)所示的线偏振光。

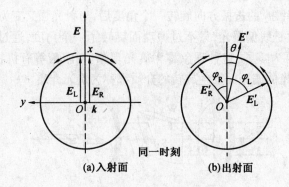

图 5.31 旋光现象的解释

而且，L 光和 R 光在晶体中的传播速度 v_L 和 v_R 稍有不同，它们的折射率也就随之不同，分别为

$$n_L = c/v_L \qquad n_R = c/v_R \tag{5.39}$$

线偏振光 E 进入晶体时，在入射界面上被分解为左右旋圆偏振光 E_L 和 E_R。若某一时刻在入射界面上 E_L 和 E_R 的方向一致，如图 5.31(a) 所示。则在如图 5.31(b) 所示的出射界面上，左右旋圆偏振光的瞬时旋转矢量 E_L' 和 E_R' 与同一时刻入射界面上的两个瞬时旋转矢量相比相位分别延迟（落后）了 φ_L 和 φ_R。或者说，在出射界面上 E_L' 和 E_R' 的瞬时旋转矢量与同一时刻入射界面上的两个瞬时旋转矢量相比，角位移分别倒转了如下角度

$$\varphi_L = \frac{2\pi}{\lambda} n_L d, \qquad \varphi_R = \frac{2\pi}{\lambda} n_R d \tag{5.40}$$

从晶体出射后，左右旋圆偏振光 E_L 和 E_R 的传播速度又恢复一致，两个瞬时旋转矢量的合成矢量仍然是振动方向固定的线偏振光了。但与同一时刻入射界面上线偏振光的偏振面相比，出射界面上线偏振光的偏振面偏转了如下的 θ 角

$$\theta = \frac{1}{2}(\varphi_L - \varphi_R) = \frac{\pi}{\lambda}(n_L - n_R)d \tag{5.41}$$

此式显示，偏振面偏转的角度 θ 与旋光晶体的厚度 d 成正比。

$n_R > n_L$ 时，$\theta < 0$，振动面左旋，这种晶体称为左(L)旋晶体；$n_R < n_L$ 时，$\theta > 0$，振动面右旋，这种晶体称为右(R)旋晶体。

3. 菲涅耳假说的实验验证

如图 5.32 所示，菲涅耳设计了一个验证这个假说的实验装置，由多块左右旋石英晶体交替组合在一起的复合棱镜，图中的虚线代表光轴方向。一束线偏振光入射到复合棱镜

上后,首先进入右旋石英晶体。由于是垂直入射,进入第一块右旋晶体后,左右旋圆偏振光的传播方向均沿光轴方向传播,只是传播速度不同,折射率关系为 $n_{R1} < n_{L1}$。第二块左旋晶体中的左右旋圆偏振光的折射率关系为 $n_{R2} > n_{L2}$。对于一对左右旋石英晶体来说有 $n_{R1} = n_{L2}, n_{L1} = n_{R2}$,因此,$n_{R1} < n_{R2}, n_{L1} > n_{L2}$。光束从第一块晶体进入第二块晶体时,右旋光是从光疏介质进入光密介质,左旋光是从光密介质进入光疏介质。所以,相对界面法线方向,右旋光的偏折角小于左旋光的偏折角,即右旋光向上偏折,左旋光向下偏折。第三块右旋晶体的左右旋光的折射率关系为 $n_{R3} < n_{L3}$,因此 $n_{R2} > n_{R3}, n_{L2} < n_{L3}$。光束从第二块晶体进入第三块晶体时,右旋光是从光密介质进入光疏介质,左旋光是从光疏介质进入光密介质。所以,相对界面法线方向,右旋光的偏折角大于左旋光的偏折角,即右旋光更向上偏折,左旋光更向下偏折。以此类推,一步步地传播下去。光束从复合棱镜出射时,一束入射线偏振光被分成了两束圆偏振光。经检验,向上偏折的正是右旋圆偏振光,向下偏折的正是左旋圆偏振光。从而验证了菲涅耳的假说。

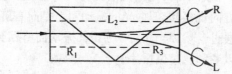

图 5.32　菲涅耳假说的实验验证

4. 磁致旋光效应

在外加磁场的作用下,一些各向同性介质能够变成旋光介质,线偏振光通过外加磁场中的这种介质后振动面会发生偏转,这种现象称为磁致旋光效应。法拉第首先发现和研究了磁致旋光现象,因此这种现象也称为法拉第旋光效应。

1) 磁致旋光的装置、光路和旋光效应

磁致旋光装置和光路如图 5.33 所示,将通有电流的带孔螺线管 W 放置在正交偏振片 P_1 和 P_2 之间,管内装有玻璃、水或空气等某种介质,构成磁致旋光装置。单色平行光垂直照射该装置,光束透过偏振片 P_1 后变成线偏振光,线偏振光沿(或逆着)磁场方向通过螺线管,透过偏振片 P_2 出射。线圈中没有电流时,出射光强为零,显然线偏振光的振动面没有旋转。螺线管通入电流产生强磁场后,则必须将 P_2 的透振方向转过 θ 角,才出现消光现象,说明线偏振光透过放置在通有电流的螺线管后振动面转过了 θ 角。

2) 磁致旋光效应的规律

实验显示,磁致旋光的线偏振光振动面的偏转角度 θ 与螺线管内介质的长度 l 和磁感应强度 B 成正比,即

$$\theta = VlB \tag{5.42}$$

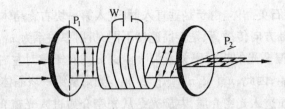

图 5.33　磁致旋光装置和光路

式中 V 是比例系数,单位:弧度/(特斯拉·米),称为维尔德(Verdet)常数,这是一个与介质的性质和光波的频率有关的常数。

3) 磁致旋光效应的特殊规律

(1) 自然旋光效应的特性:入射线偏振光偏振面的左右旋向由自然旋光介质的性质决定,与光的传播方向无关。

如图 5.34 所示,入射平行光通过偏振片 P_1 后变成沿其透振方向振动的线偏振光。线偏振光通过右旋自然旋光介质 W 后,无论光沿正方向传播,还是通过反射镜反射后沿反方向传播,迎着光的传播方向观察,线偏振光的振动面总是向右旋转 θ 角。因此,如果透射光沿原路反射返回,再次通过自然旋光介质 W 后,其振动面将回到与偏振片 P_1 的透振方向一致的方位,反射光可以顺利通过偏振片 P_1。

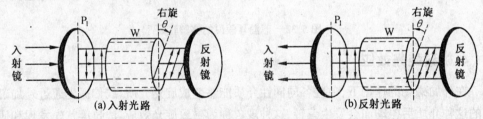

图 5.34　自然旋光介质的旋光特性

(2) 磁致旋光效应的特性:入射线偏振光偏振面的左右旋向由外加磁场的方向决定,与光的传播方向有关。

如图 5.35 所示,入射平行光通过偏振片 P_1 后变成沿其透振方向振动的线偏振光。设线偏振光通过螺线管内的磁致旋光介质时光沿磁场方向传播,若迎着光的传播方向观察,线偏振光的振动面向右旋转 θ 角;则光逆着磁场方向反向传播时,迎着光的传播方向观察,线偏振光的振动面向左旋转 θ 角。所以,如果光束先顺着磁场方向通过磁致旋光介质,然后经反射镜反射,再逆着磁场方向穿过磁致旋光介质出射后,出射线偏振光振动面的方位与入射时的初始方位相比,转过了如图 5.35 所示的 2θ 角。若 $\theta = 45°$,则振动面最终旋转了 $90°$,与偏振片 P_1 透振方向垂直,返回后的反射线偏振光不能通过偏振片 P_1 了。

利用磁致旋光特性可以制成光隔离器,即从一个方向通过的光束被反射返回时将被单向通光闸门消光。光隔离器常用于激光器的多级放大装置中,以便消除部分反射光和杂散光对前级装置的干扰和损害。

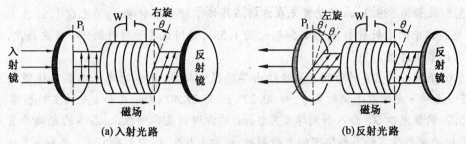

(a) 入射光路　　　　　　　　(b) 反射光路

图 5.35　磁致旋光介质的旋光特性

习　题　5

5.1　如图 5.36 所示,一束单色平行光沿光轴方向从空气斜入射到单轴负晶体的分界面上,用惠更斯作图法确定光束进入晶体后的折射光线。

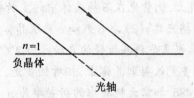

图 5.36　平行入射光在单轴负晶体分界面的折射

5.2　图 5.37 中虚线代表光轴,根据图中画出的双折射光路判断两图所示的单轴晶体的正负。

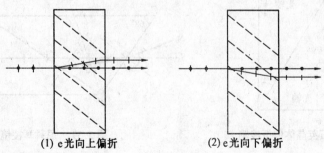

(1) e 光向上偏折　　　　　　　(2) e 光向下偏折

图 5.37　单轴晶体

5.3　线偏振绿光垂直入射到石英晶体上,其振动方向与晶体光轴成 30° 角,在晶体中沿垂直光轴的方向传播,绿光在石英晶体中的主折射率 n_o 为 1.546、n_e 为 1.555,求 o 光和 e 光的振幅和光强的比值。

5.4　波长为 589.3 nm 的钠黄光垂直照射厚度为 0.50 mm 的石英晶体平板,晶体的光轴与入射界面平行,钠黄光在石英晶体中的主折射率 n_o 为 1.544、n_e 为 1.553,求 o 光和 e 光通过晶体后的光程和两光束的相位差。

5.5 波长为 589.3 nm 的钠黄光在方解石晶体中的主折射率 n_o 为 1.658、n_e 为 1.486，在石英晶体中的主折射率 n_o 为 1.544、n_e 为 1.553，若用这两种材料制作 $\lambda/4$ 波晶片，分别求所需的最小厚度。

5.6 顶角 α 为 50° 的等腰三角棱镜由单轴晶体制成，晶体的光轴垂直三棱镜的主截面，若 o 光和 e 光的最小偏向角 δ_o 为 30.22°、δ_e 为 27.40°，求 o 光和 e 光的主折射率。

5.7 钠黄光以 60° 角入射到厚度为 3 mm 的方解石晶体平板上，晶体的光轴垂直入射面，已知钠黄光在方解石晶体中的主折射率 n_o 为 1.658、n_e 为 1.486，求 o 光和 e 光从晶体出射时两光束的间距。

5.8 顶尖 α 为 45° 的两块方解石晶体直角三棱镜组成洛匈棱镜，钠黄光垂直入射到洛匈棱镜上，钠黄光在方解石晶体中的主折射率 n_o 为 1.658、n_e 为 1.486，求 o 光和 e 光从晶体出射时两光束的夹角。

5.9 如图 5.38 所示，顶角 α 为 30° 的两块石英晶体直角三棱镜组成晶体偏振棱镜，钠黄光垂直入射到该偏振棱镜上，钠黄光在石英晶体中的主折射率 n_o 为 1.544、n_e 为 1.553，(1) 画出光束在晶体中的传播光路；(2) 求 o 光和 e 光从晶体出射时两光束的夹角。

5.10 如图 5.39 所示，虚线是尼科耳棱镜的光轴，$\angle CA'C'$ 是直角，直线 SM 平行于 $A'A$ 直线。波长为 589.3 nm 的钠黄光入射到晶体上，相对钠黄光，方解石晶体中的主折射率分别为 $n_o = 1.658$ 和 $n_e = 1.486$，加拿大树胶中的折射率为 $n = 1.55$，求 o 光在加拿大树胶黏合面 $A'C'$ 上发生全反射的入射角 i_0 和相应的端面入射极限角 $\angle S_oMS$。

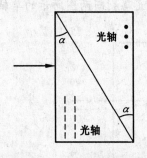

图 5.38 石英晶体偏振棱镜

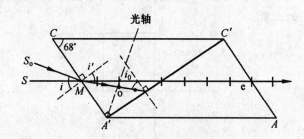

图 5.39 尼科耳棱镜

5.11 波长为 589.3 nm 的钠黄光在方解石晶体中的主折射率分别为 $n_o = 1.658$ 和 $n_e = 1.486$，用它制作波晶片，让垂直入射的线偏振光通过后出射光变为右旋圆偏振光，(1) 求波晶片的最小厚度；(2) 入射线偏振光的偏振面应该如何取向？

5.12 一束自然光通过主截面夹角为 30° 的两个尼科耳棱镜后的出射光强与另一束自然光通过主截面夹角为 45° 的两个尼科耳棱镜后的出射光强相等，求两束自然光的光强比值。

5.13 利用尼科耳棱镜观察部分偏振光，当尼科耳棱镜主截面从透射极小的位置转过 30° 角后，光强增加了两倍，求此部分偏振光的偏振度。

5.14 如图 5.40 所示,单色线偏振光正入射到石英晶体上,偏振方向与晶体光轴的夹角为 $\alpha = 15°$。在石英晶体后面放置透振方向与入射光的偏振方向夹角为 $\beta = 30°$ 的偏振片 P,求从偏振片出射的两束光的光强比值。

5.15 单色线偏振光垂直入射到最薄的 $\lambda/4$ 石英波晶片上,若线偏振光的偏振方向与晶体光轴的夹角为如图 5.41 所示的 $\theta = 3\pi/4$,求出射光的偏振态。

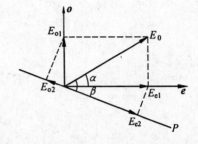

图 5.40 偏振方向、光轴和透振方向的方位图

5.16 椭圆偏振光先后通过最薄的 $\lambda/4$ 方解石波晶片和偏振片 P,当波晶片的光轴与偏振片 P 透振方向的夹角为如图 5.42 所示的 $60°$ 角时透射光强为零,求(1)入射的椭圆偏振光的旋向;(2)椭圆偏振光长短轴的比值。

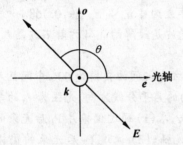

图 5.41 光轴和偏振方向的方位图

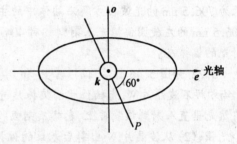

图 5.42 光轴和透振方向的方位图

5.17 光强为 I_0 的单色右旋圆偏振光垂直通过最薄的 $\lambda/4$ 石英波晶片,然后通过如图 5.43 所示的透振方向与波晶片光轴夹角 $30°$ 的偏振片 P,求出射光的光强。

5.18 入射的单色线偏振光的偏振方向与晶体光轴的夹角为如图 5.44 所示的 $30°$,求通过最薄的 $\lambda/8$ 方解石波晶片后出射光的偏振态。

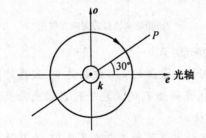

图 5.43 光轴和透振方向的方位图

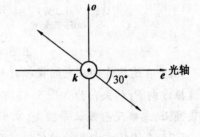

图 5.44 光轴与偏振方向的方位图

5.19 如图 5.45 所示的处于一三象限的单色右旋椭圆偏振光垂直入射到最薄的 $3\lambda/4$ 石英波晶片上,求出射光的偏振态。

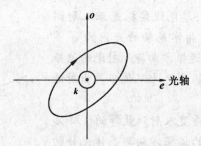

图 5.45 椭圆偏振光的偏振态

5.20 频率相同、初相位均为零的单色左旋和右旋圆偏振光沿同一方向传播,(1) 左右旋圆偏振光的振幅均为 E_0;(2) 左旋圆偏振光的振幅为 $2E_0$,右旋圆偏振光的振幅为 E_0,分别求合成光波的偏振态和合光强。

5.21 波长为 404.6 nm 的光波在方解石晶体中的主折射率差为 $|n_o - n_e| = 0.184$,波长为 706.5 nm 的光波在方解石晶体中的主折射率差为 $|n_o - n_e| = 0.168$。一束波长为 706.5 nm 的左旋圆偏振光入射到相对 404.6 nm 光波是最薄的 $\lambda/4$ 方解石波晶片上,求出射光的偏振态。

5.22 如图 5.46 所示,偏振片 P_1 和 P_2 的透振方向之间的夹角为 $60°$,中间插入最薄的 $\lambda/4$ 方解石波晶片 W,光轴位于两偏振片透振方向的角平分线方向。光强为 I_0 的单色平行自然光垂直入射到该装置上,忽略反射吸收等损失,求(1) 通过偏振片 P_1 后光束的偏振态和光强;(2) 从波晶片 W 出射后光束的偏振态和光强;(3) 通过 P_2 后光束的偏振态和光强。

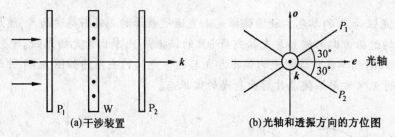

图 5.46 平行偏振光的干涉

5.23 在透振方向正交的偏振片 P_1 和 P_2 之间插入最薄的 $\lambda/4$ 波晶片 W,波晶片的光轴与透振方向 P_1 的夹角为如图 5.47 所示的 $30°$ 角。光强为 I_0 的单色平行自然光垂直入射到该装置上,忽略反射吸收等损失,求出射光的光强。

5.24 在透振方向平行的偏振片 P_1 和 P_2 之间插入最薄的 $\lambda/8$ 波晶片 W,波晶片的光轴与 P_1 的透振方向之间的夹角为 $45°$ 角。光强为 I_0 的单色平行自然光垂直入射到该装置上,忽略反射吸收等损失,求出射光的光强。

5.25 光强为 I_0 的单色右旋圆偏振光垂直入射到由最薄的 $2\lambda/3$ 石英波晶片 W 和偏振

第 5 章 光的偏振 · 209 ·

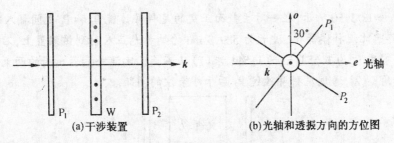

(a)干涉装置   (b)光轴和透振方向的方位图

图 5.47 平行偏振光的干涉

片 P 组成的偏振光干涉装置上,波晶片的光轴与偏振片 P 的透振方向的夹角为如图 5.48 所示的 45°。忽略反射吸收等损失,求光束从波晶片出射后的偏振态和通过偏振片后的出射光强。

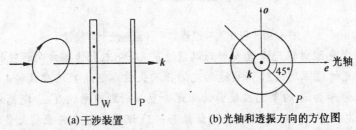

(a)干涉装置   (b)光轴和透振方向的方位图

图 5.48 平行偏振光的干涉

5.26 在一对主截面平行的尼科耳棱镜 P_1 和 P_2 之间插入厚度为 0.1 mm 的石英波晶片,波晶片的光轴与主截面的夹角为 45°,设可见光在石英晶体中 o 光和 e 光的主折射率差均为 0.01,求光束通过该装置后在可见光范围内哪些波长的出射光强为零。

5.27 如图 5.49 所示,在一对主截面正交的尼科耳棱镜 P_1 和 P_2 之间插入顶角为 0.5° 的石英晶楔 W,其棱边与光轴平行,光轴方向与两尼科耳棱镜主截面的夹角均为 45°。波长为 404.7 nm 的紫色平行光正入射到该装置上,求(1)光束通过第二个尼科耳棱镜 P_2 后干涉图样的形状;(2)相邻暗纹之间的间距;(3)将 P_2 旋转 90°,干涉图样有何变化;(4)保持 P_1 和 P_2 正交,将石英晶楔的光轴方向旋转 45°,使其与尼科耳棱镜 P_1 的透振方向平行,干涉图样有何变化。

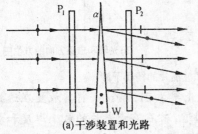 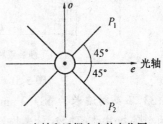

(a)干涉装置和光路   (b)光轴和透振方向的方位图

图 5.49 石英晶楔的平行偏振光干涉

5.28 如图 5.50 所示,在一对主截面正交的尼科耳棱镜 P_1 和 P_2 之间插入顶角 α 为 2.75° 的石英巴比涅补偿器 W,波长为 589.3 nm 的钠黄光正入射到该装置上,石英相对钠黄光的主折射率 n_e 为 1.553、n_o 为 1.544,求(1)从石英巴比涅补偿器出射的两束平行光传播方向的夹角;(2)通过尼科耳棱镜 P_2 后干涉条纹的间距。

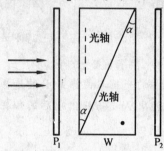

图 5.50　巴比涅补偿器的平行偏振光干涉装置

5.29 一束单色线偏振光垂直入射到以角速度 ω_0 绕光束传播方向旋转的 $\lambda/2$ 波晶片上,(1)求透射光的偏振态;(2)证明透射光的振动矢量以 $2\omega_0$ 角速度旋转。

5.30 一束频率为 ω 的单色左旋圆偏振光垂直入射到以角速度 ω_0 绕光束传播方向匀速右旋的 $\lambda/2$ 波晶片上,(1)求透射光的偏振态;(2)证明透射光的振动矢量以 $\omega + 2\omega_0$ 的角速度旋转。

5.31 一束频率为 ω 的单色左旋圆偏振光垂直入射到以角速度 ω_0 绕光束传播方向匀速左旋的 $\lambda/2$ 波晶片上,求透射光的偏振态和振动矢量的旋转角速度。

5.32 如图 5.51 所示,点光源 S 发出的光强为 I_0 的单色自然光入射到杨氏干涉装置上,在点光源 S 后面放置偏振片 P,在次波源 S_1 和 S_2 后面分别放置两个光轴互相垂直的最薄的 $\lambda/4$ 方解石波晶片 W_1 和 W_2,它们与偏振片 P 透振方向的夹角为如图 5.51 所示的 45°,在傍轴条件下求观察屏 Σ 上的光强分布。

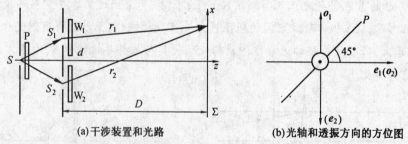

(a) 干涉装置和光路　　　(b) 光轴和透振方向的方位图

图 5.51　放置偏振片和波晶片的杨氏干涉

5.33 石英对波长为 589.3 nm 钠黄光的旋光率为 21.7°/mm,将其放置在透振方向正交的两个偏振片之间时入射光恰好能够顺利通过,求石英旋光片的最小厚度和相对钠黄光的左右旋圆偏振光的折射率之差。

5.34 在一对透振方向平行的偏振片之间插入石英旋光晶片,阻止 550 nm 的黄绿光通过,石英相对该光波的旋光率为 24°/mm。求满足要求的石英旋光晶片的最小厚度。

5.35 长度为 20 cm 的左旋葡萄糖溶液恰好抵消了最薄的右旋石英晶体的旋光作用,已知葡萄糖溶液的比旋光率为 51.4°/(dm·g/cm^3),浓度为 0.3 g/cm^3,石英晶体的旋光率为 21.7°/mm,求石英的厚度。

5.36 长度为 5 cm 的重火石玻璃棒用作光学隔离器的元件,已知维尔德常数为 30 rad/(T·m),求需要施加的磁感应强度。

第6章 光的吸收、色散和散射

6.1 光的吸收

光在介质中传播时光强随传播距离衰减的现象称为光的吸收。光的吸收是一种普遍现象,任何介质对光能量总有一定的吸收,完全没有吸收的绝对透明介质是不存在的。

1. 光的线性吸收定律

如图 6.1 所示,光强为 I_0 的平行光沿 x 方向进入均匀介质,在通过厚度为 dx 的介质层时由于光的吸收,光强由 I 衰减到 $I + dI(dI < 0)$。光强的衰减量 dI 通常满足如下等式
$$- dI = \alpha I dx$$
其中 α 称为介质的吸收系数,各种介质的吸收系数可以通过实验测定。对上式积分得到通过介质后的光强为

$$I = I_0 e^{-\alpha l} \tag{6.1}$$

此式称为光的线性吸收定律或布格尔 – 朗伯定律。

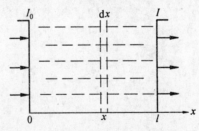

图 6.1 光的吸收

介质吸收系数 α 的单位为 cm^{-1},量纲是长度的倒数。令 $\alpha l = 1$,得 $l = 1/\alpha$,$e^{-1} \approx 36.8\%$。α^{-1} 的物理意义是,在介质中传播的光束能量衰减到原来的 36.8% 时光束通过的介质厚度。一般来说,介质的吸收性能与波长有关,α 是波长的函数。α 与光强无关的吸收称为线性吸收,激光出现之前,光的线性吸收定律与实验结果吻合得相当好。激光问世以后,在强光的作用下,一些介质呈现较强的非线性效应,吸收系数变得与光强有关,线性吸收定律不再成立。

2. 吸收系数与介质折射率的关系

沿 x 方向传播的电磁波中的电场强度可以写成复数形式

$$\widetilde{E}(x,t) = E_0 e^{i(kx-\omega t)} = E_0 e^{i\omega(x/v-t)} = E_0 e^{i\omega(nx/c-t)}$$

其中 $n = c/v$ 是介质的实数折射率。振幅是常数意味着电磁波在传播过程中不随距离衰减，也就是说介质对电磁波无吸收。为了更一般地描述电磁波的传播，应当把光吸收的因素考虑进去，将介质的折射率定义为复数，并记作

$$\widetilde{n} = n(1+i\kappa) \tag{6.2}$$

式中的 n 和 κ 都是实数，则有

$$\widetilde{E}(x,t) = E_0 e^{i\omega(\widetilde{n}x/c-t)} = E_0 e^{-n\kappa\omega x/c} e^{i\omega(nx/c-t)}$$

上式表示平面电磁波的振幅随传播距离的增加按指数规律衰减，κ 称为振幅衰减系数，光强即为

$$I \propto \widetilde{E}\widetilde{E}^* = |E_0|^2 e^{-2n\kappa\omega x/c}$$

将此式与式(6.1)比较得

$$\alpha = 2n\kappa\omega/c = 4\pi n\kappa/\lambda_0 \tag{6.3}$$

式中的 λ_0 是真空中的波长。显然，介质折射率的虚部反映了因介质的吸收导致的振幅衰减。

3. 光吸收与波长的关系

1) 普遍吸收与选择吸收

介质的吸收一般随光波的波长变化，如果介质对某波段的光强具有相同程度的吸收，即该波段的介质吸收与波长无关，称这种吸收为普遍吸收。可见光波段的普遍吸收意味着光束通过介质只改变光强不改变颜色。空气、纯水和无色玻璃等介质都在可见光波段内具有普遍吸收特性。

如果介质对某些波长的光波吸收特别强烈，则称这种吸收为选择吸收。对可见光波段的选择吸收将使白光变为彩色光，绝大部分物体呈现颜色，都是表面或体内选择吸收的结果。

对整个电磁波段来说，不存在普遍吸收的介质，一些在可见光范围内普遍吸收的介质，在红外或紫外波段选择吸收。因此，选择吸收是电磁波与物质相互作用的普遍规律，普遍吸收只具有相对意义。

例如，地球大气对可见光和波长超过 300 nm 的近紫外线是透明的，波长短于 300 nm 的紫外线会被空气中的臭氧强烈吸收。大气在某些红外波段是透明的，称为"大气窗口"。由于大气对红外波段的广泛吸收是大气中的水蒸气造成的，因此大气的红外吸收和"大气

窗口"与气象研究和红外遥感等工作有密切关系。任何光学材料都存在无吸收的透光范围，在透光范围之外的电磁波将被介质强烈吸收。因此棱镜光谱仪等仪器所选用的棱镜等光学镜头材料必须在所需的波段内透明，比如可见光波段可以选用玻璃元件，紫外波段就应当选用石英晶体元件，红外波段则常选用岩盐（NaCl）、萤石（CaF_2）或氟化锂（LiF）等晶体制作。

2) 吸收光谱和发射光谱

具有连续谱的光波通过吸收介质后进入光谱仪展成光谱，可以观察到在入射光的连续谱中出现一些暗线和暗带，这是该介质的吸收光谱，前者称为线状谱，后者称为带状谱。稀薄原子气体的吸收光谱是线状谱，分子气体、液体和固体的吸收光谱多为带状谱。

介质发光时产生的光谱称为发射光谱。介质的吸收光谱暗线和发射光谱的亮线位置严格对应，说明介质发射哪些波长的光波，就强烈地吸收那些波长的光波。

3) 特征光谱

介质吸收哪种波长的光波由组成该介质的原子或分子的能级结构确定，当某种光波能使介质中的原子或分子从较低能级跃迁到较高能级时，该光波就会被强烈吸收，形成吸收光谱。反之若某种介质中的原子或分子恰好从这个较高能级跃迁到这个较低能级时就会发射这种波长的光波，形成相对应的发射光谱。每种原子或分子都有自己特有的能级结构，相应地也就有自己独特的吸收和发射光谱，称为该元素的特征光谱或标识谱线，利用这些特征谱线可以检测介质中含有何种元素成分，这种检测方法称为光谱分析，光谱分析是研究物质结构的有力手段。介质材料显示不同颜色的原因是其具有不同的吸收光谱带，呈现出的色彩是其吸收谱带的互补色。比如，吸收红光的水呈现蓝绿的颜色，吸收绿光的防护玻璃透射和反射的是黄红颜色。

6.2 光的色散

1. 色散和色散率

介质的折射率随波长变化的现象称为色散，描述两者函数关系的曲线 $n = n(\lambda)$，称为介质的色散曲线。利用顶角为 α 的三棱镜测出不同波长的入射光对应的最小偏向角 $\delta_{min}(\lambda)$，再利用最小偏向角与介质折射率的关系式(1.11)，便可以得到棱镜介质的色散曲线。对公式中的折射率求导，可以得到介质折射率随波长改变的变化率 $dn/d\lambda$，称为介质的色散率。三棱镜的色散率公式为

$$\frac{dn}{d\lambda} = \frac{\cos((\delta_{min}(\lambda) + \alpha)/2)}{2\sin\alpha/2} \frac{d\delta_{min}(\lambda)}{d\lambda} \tag{6.4}$$

2. 正常色散

图 6.2 给出了几种光学材料在可见光波段附近的正常色散曲线,图中的横坐标 λ_0 是真空中的波长。这些介质的色散曲线有如下特点:

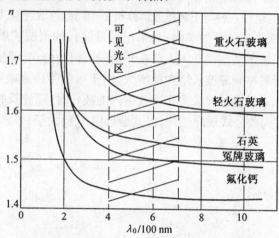

图 6.2　正常色散曲线

(1) 介质的折射率 n 随波长 λ_0 的增大单调下降,也就是介质的色散率小于零,即 $dn/d\lambda_0 < 0$,色散率的绝对值 $|dn/d\lambda_0|$ 也随波长的增大单调下降。折射率随波长增大而减小,即色散率小于零的现象称为正常色散。

(2) 波长 λ_0 确定时,折射率 n 越大,介质色散率的绝对值 $|dn/d\lambda_0|$ 也越大。

(3) 在可见光波段,折射率 n 变化较慢;在紫外波段,折射率 n 变化很快。

(4) 各曲线之间没有简单的几何相似性。

柯西(A. L. Cauchy)于 1836 年首先给出了正常色散曲线的经验公式

$$n = A + \frac{B}{\lambda_0^2} + \frac{C}{\lambda_0^4} \tag{6.5}$$

式中常量 A、B、C 由介质的性质决定,可以通过实验测定。在可见光波段,柯西公式相当准确地描述了无色透明介质材料的正常色散特性。当考察的波长 λ_0 变化范围不大时,柯西公式可以只取前两项,即

$$n = A + \frac{B}{\lambda_0^2} \tag{6.6}$$

由此可以得到介质的色散率为

$$\frac{dn}{d\lambda_0} = -\frac{2B}{\lambda_0^3} \tag{6.7}$$

3. 反常色散

碘蒸气和染料品红溶液的选择吸收带在可见光区域,用这类介质制成三棱镜,观察它们的吸收带内的色散光谱时发现,红光比蓝光的偏折更大。也就是折射率随波长增大而增大,色散率大于零($dn/d\lambda_0 > 0$),这是一种与正常色散规律很不相同的色散现象,称为反常色散。

当测量石英等透明介质的折射率时,如果把测量波长的范围扩展到如图 6.3 所示的红外区域,可以发现正常色散曲线 PQ 从点 Q 开始偏离柯西公式,随波长的增大折射率很快下降。吸收带内的折射率则随波长增大而增大,由于吸收带内光吸收很强,一般情况下其色散曲线较难测量。当光波的波长大于吸收带内的波长时,随波长的增大折射率又很快下降,并在 TU 段又按柯西公式规律变化,但其渐近值 V 要大于 PQ 段的渐进值 A。

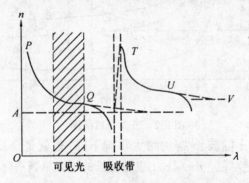

图 6.3　吸收带内的反常色散曲线

6.3　光的相速和群速

介质折射率的实验测量一般有两种方法,折射率法和速度法。设空气的折射率为 $n_1 = 1$,介质的折射率为 n。利用折射率法测量介质的折射率时有

$$n = \frac{\sin i_1}{\sin i_2}$$

式中 i_1 和 i_2 分别为光从空气入射到介质上时的入射角和折射角。利用速度法测量介质折射率时有

$$n' = \frac{v_1}{v_2}$$

式中 v_1 和 v_2 分别是光在空气和介质中的传播速度。

1885 年迈克耳孙使用钠黄光测量了二硫化碳(CS_2)的折射率,两种方法的检测结果分别为 $n = 1.64$ 和 $n' = 1.758$,两种折射率相差 $\Delta n = 0.118$,超过了实验允许的误差范围。后来瑞利找到了产生这种差异的原因,提出了光的群速概念。

1. 相速

各向同性介质中的理想单色波可以表示为
$$E(x,t) = E_0\cos(kx - \omega t)$$
式中等相面的公式为 $kx - \omega t = C$(常数)，微分这个等相面公式中的变量，可得 $\omega dt = k dx$，即等相面的传播速度为

$$v_p = \frac{dx}{dt} = \frac{\omega}{k} \tag{6.8}$$

简称为相速。

在真空中，各种单色光波都以相同的相速 c 传播，由一些单色光波叠加形成的非单色光波也以相同的相速 c 传播。但在介质中，各种单色光波以不同的相速传播，因此，在介质中，非单色光波的传播速度就变得复杂了。

2. 群速

设有两列波长接近的单色光波的波动表示式分别为
$$E_1(x,t) = E_0\cos(k_1 x - \omega_1 t) \qquad E_2(x,t) = E_0\cos(k_2 x - \omega_2 t)$$
令 $\Delta\omega = (\omega_1 - \omega_2)/2$，$\omega_0 = (\omega_1 + \omega_2)/2$，$\Delta k = (k_1 - k_2)/2$，$k_0 = (k_1 + k_2)/2$，并且有 $|\Delta\omega| \ll \omega_0$ 和 $|\Delta k| \ll k_0$，这样的两列光波叠加后得
$$E(x,t) = E_1(x,t) + E_2(x,t) = 2E_0\cos(\Delta kx - \Delta\omega t)\cos(k_0 x - \omega_0 t)$$

合成波列的波形如图 6.4 所示，这是一个振幅被低频调制的高频波列，虚线表示低频调制包络。高频波列等相面的公式为 $k_0 x - \omega_0 t = C$，C 是常数，微分这个方程式可以得到合成波列的相速

$$v_p = \frac{dx}{dt} = \frac{\omega_0}{k_0}$$

公式中的等幅面公式为 $\Delta kx - \Delta\omega t = C$，微分这个公式中的变量可以得到等幅面的传播速度为

$$v_g = \frac{dx}{dt} = \frac{d\omega}{dk} \tag{6.9}$$

简称为群速。

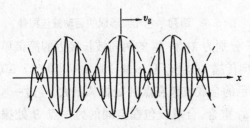

图 6.4　两列波长接近的单色光波合成的波形

严格地说,应该通过频率连续分布的多列单色光波的叠加来推导准单色光波的群速公式,计算显示,其合成波包的瞬时波形如图 6.5 所示。

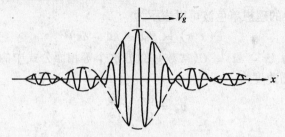

图 6.5　准单色光的波包

波包中振动幅度最大的位置为波包中心,计算得出,波包的相速和群速分别为 $v_p = \dfrac{\omega_0}{k_0}$, $v_g = \dfrac{d\omega}{dk}$,其中的 ω_0 和 k_0 分别为准单色光的中心圆频率和中心波矢,计算过程从略。

3. 相速和群速的关系式

由于 $k = 2\pi/\lambda$, $dk = -2\pi d\lambda/\lambda^2$,因此以 k 为自变量对公式 $\omega = kv_p$ 两边求导可得

$$v_g = v_p + k\frac{dv_p}{dk} = v_p - \lambda\frac{dv_p}{d\lambda} \tag{6.10}$$

其中 λ 是介质中的波长。此式称为相速和群速的关系式。

相速和群速关系式也可以从图 6.6 所示的两列光波传播的图像中得到,由此可以更直观地理解群速的概念。

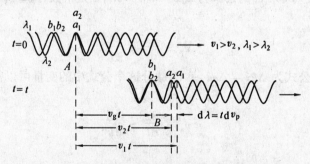

图 6.6　两列单色光波形成的运动波包图像

如图 6.6 所示,波长分别为 λ_1 和 λ_2 的两列波长接近的简谐单色波列,在空间分别以速度 v_1 和 v_2 沿水平方向传播,并且有 $\lambda_1 > \lambda_2$, $v_1 > v_2$。设在 $t = 0$ 时刻两列波的波峰 a_1 和 a_2 重合,如图 6.4 所示的合成波包在点 A 处振幅最大。经过一段时间的传播后,在 t 时刻两列波的波峰 b_1 和 b_2 重合,合成波包在空间的另一点 B 处振幅最大。由图 6.6 可得 $v_1 t - v_g t = \lambda_1$, $v_2 t - v_g t = \lambda_2$,即

$$v_p t - v_g t = \lambda$$

而且有

$$d\lambda = t dv_p$$

将上述两式联立就可以得到与式(6.10)相同的相速和群速关系式

$$v_g = v_p - \lambda \frac{dv_p}{d\lambda}$$

还可以将群速与相速关系式表示为其它形式，利用 $v_p = c/n$ 以及 $dv_p/d\lambda = -v_p(1/n)(dn/d\lambda)$，可以得到

$$v_g = v_p(1 + \frac{\lambda}{n}\frac{dn}{d\lambda}) \tag{6.11}$$

其中 λ 是介质中的波长。为了用真空中的波长 λ_0 表示色散关系，首先导出

$$\frac{dn}{d\lambda} = \frac{dn}{d\lambda_0}\frac{d\lambda_0}{d\lambda} = \frac{dn}{d\lambda_0}\frac{d(n\lambda)}{d\lambda} = \frac{dn}{d\lambda_0}(n + \lambda\frac{dn}{d\lambda})$$

将此式两边的 $dn/d\lambda$ 合并同类项，再利用 $n = \lambda_0/\lambda$，并设介质为弱色散介质（即 $|dn/d\lambda_0| \ll n/\lambda_0$），近似处理后可得

$$\frac{dn}{d\lambda} = [n(dn/d\lambda_0)]/[1 - (\lambda_0/n)(dn/d\lambda_0)] \approx n\frac{dn}{d\lambda_0}$$

由此可得

$$v_g \approx v_p(1 + \frac{\lambda_0}{n}\frac{dn}{d\lambda_0}) = \frac{c}{n}(1 + \frac{\lambda_0}{n}\frac{dn}{d\lambda_0}) \tag{6.12}$$

这是一个具有实用价值的瑞利群速公式。若已知折射率的色散关系 $n = n(\lambda_0)$，可以利用式(6.12)计算群速。它与式(6.11)的形式一样，只是将介质中的波长换成了真空中的波长 λ_0。上式表明，当介质无色散时，$dn/d\lambda_0 = 0$，$v_g = v_p$；当介质处于正常色散区时，$dn/d\lambda_0 < 0$，$v_g < v_p$；当介质处于反常色散区时，$dn/d\lambda_0 > 0$，$v_g > v_p$。

4. 群速与相速折射率及其关系式

除了可以根据惠更斯原理用折射率法测出介质中的光速是光的相速外，用大多数其它方法测出的光速都是光的信号传播速度，或者粗略地说是光的能量传播速度。我们知道，波动携带的能量与振幅的平方成正比，故波包中振幅最大的地方，也是能量最集中的地方。因此群速代表能量的传播速度或信号传播速度。这样，迈克耳孙实验的矛盾就可以得到解释了。原来迈克耳孙使用速度法测得的 CS_2 的折射率等于光在空气和介质中的群速之比，使用折射率法测得的 CS_2 的折射率等于光在空气和介质中的相速之比。定义群速折射率为

$$n_g = \frac{c}{v_g} \tag{6.13}$$

通常意义下的介质折射率是相速折射率，即为

$$n = \frac{c}{v_p} \qquad (6.14)$$

由群速公式(6.12)可以近似地得到群速折射率与相速折射率的关系,将式(6.12)代入式(6.13)得

$$n_g = \frac{c}{v_g} = n\left(1 + \frac{\lambda_0}{n}\frac{dn}{d\lambda_0}\right)^{-1}$$

即

$$n_g = n - \lambda_0 \frac{dn}{d\lambda_0} \qquad (6.15)$$

用纳黄光($\lambda_0 = 589.3$ nm)对 CS_2 作精确的测量表明:速度法给出 $n_g = 1.722$,折射率法给出 $n = 1.624$,色散率的测量给出 $\lambda_0 dn/d\lambda_0 = -0.102$,于是

$$n_g = n - \lambda_0 \frac{dn}{d\lambda_0} = 1.624 + 0.102 = 1.726$$

由此可知,将折射率法的实验数据代入式(6.15)后得出的结果与速度法的实验测量值符合得很好,这是对群速理论的有力支持。

按相对论的要求,代表能量传播速度或信号传播速度的群速 v_g 应当总小于真空中的光速 c。而相速则不同,它与理想单色波互相联系,这种时空无限连续的理想单色波不携带任何信号,因此相速 v_p 可以大于光速 c,这与相对论不矛盾。

6.4 光的散射

1. 光的散射现象

光束通过非均匀介质时,光线向四面八方散开的现象称为光的散射。可以用次波的叠加解释散射光的产生。光束入射到介质上时,介质的粒子或其中的杂质微粒辐射相干次波。若介质的纯净均匀,各次波相干叠加后,只在原入射光方向发生干涉加强,其它方向均干涉相消,因此光线按几何光学规律传播。若介质的不均匀分布引起各次波相位的无规律分布,各次波之间为非相干叠加,则除原入射光方向之外,其它方向也有光强分布,光束发生散射。

2. 光的散射

散射一般可分成如下几类。

1) 瑞利散射

粒子的线度 a 与入射光波长的关系满足 $a < 0.1\lambda$ 时,散射光的波长与入射光的波长相同,散射光的光强与波长的四次方成反比,即

$$I \propto \frac{1}{\lambda^4} \tag{6.16}$$

散射光的光强在空间呈现如图 6.7 所示的哑铃形角分布,其光强分布为

$$I(\theta) = I_0(1 + \cos^2\theta) \tag{6.17}$$

则称这种散射现象为瑞利散射,其中 I_0 表示垂直于入射光方向($\theta = \pi/2$)的散射光强。

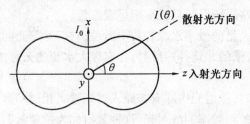

图 6.7　瑞利散射光强的角分布曲线

满足瑞利散射条件的线度很小的散射粒子不仅是随机分布的细微颗粒,还包括由于介质分子(原子)的热运动引起的密度涨落和折射率的不均匀分布形成的类似细微颗粒的随机分布的不均匀介质结构。

2) 米氏散射和大粒子散射

散射介质的粒子线度与入射光的波长之间满足 $0.1\lambda < a < 10\lambda$ 的关系时,虽然散射光的波长仍与入射光的波长一致,但散射光的光强与波长之间的四次方反比关系不再适用,散射光强与波长的依赖关系逐渐减弱。粒子的线度增大到一定程度后,散射光强 I 随粒子线度的增大呈现如图 6.8 所示的起伏变化,起伏的幅度随粒子线度的增大逐渐减小,这种散射称为米氏散射。

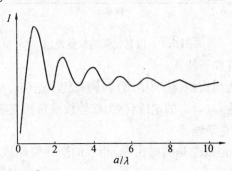

图 6.8　米氏散射的光强随粒子线度增大的起伏变化曲线

若散射粒子的线度大于10倍的入射光波长,即 $a > 10\lambda$ 时,散射光强基本上与波长无关,称这种散射为大粒子散射。

3) 自然界的散射现象

自然界的很多现象都是由光的散射引起的,地球周围的大气层对太阳光的散射使天

空发亮。如果没有大气层,则除了直视日月星辰等发光体和反光体外,从其他方向观察时,看到的都是一片漆黑,这已经被在太空旅行的宇航员证实。

纯净大气层的散射属于瑞利散射,根据瑞利散射规律,短波波段的散射光强远大于长波波段的光强,因此天空呈现蔚蓝色。

日出或日落时,看到的是经过较长大气层的瑞利散射后的透射阳光,短波部分被大量散射,剩余部分中长波较强,所以旭日或夕阳呈现红色。

云团和雾气内含有大量的微小水珠和灰尘微粒,它们对阳光的散射属于米氏散射,散射光呈灰白色。由于大粒子的非选择性散射,含有较大水滴的云雾的散射光呈现白色。

4) 拉曼散射

当光通过散射介质时,散射光中除有与原入射光频率相同的散射光外,又出现了在入射光频率两侧对称分布的新频率的散射光,这种散射称为拉曼散射。

1928 年,印度学者拉曼(C. V. Raman)首先在四氯化碳中观察到如图 6.9 所示的散射现象。同年,前苏联学者曼杰利斯塔姆等人也独立地在石英晶体中发现了同样的散射效应。

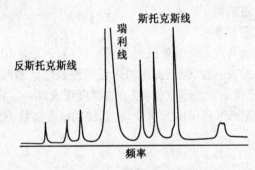

图 6.9　四氯化碳的拉曼光谱

典型的拉曼光谱具有如下特征:

(1) 在频率为 ω_0 的入射谱线(瑞利谱线)两侧有频率差($\omega_j, j = 1, 2\cdots$)相等的散射谱线,称为拉曼谱线。频率为 $\omega_0 - \omega_j$ 的谱线,称为红伴线或斯托克斯线;频率为 $\omega_0 + \omega_j$ 的谱线,称为紫伴线或反斯托克斯线。

(2) 瑞利谱线和拉曼谱线总是同时出现,相应的斯托克斯线的光强比反斯托克斯线的光强约高三个数量级。

(3) 频率差($\omega_j, j = 1, 2, \cdots$)与入射光频率 ω_0 无关,与散射介质分子的固有振动频率相同,一般在红外波段。

经典电磁理论认为,若入射光场为

$$E = E_0\cos\omega_0 t \quad (6.18)$$

则分子因光场作用获得的感生电偶极矩为

$$p = \alpha\varepsilon_0 E \tag{6.19}$$

其中 α 是分子的极化率。若 α 是常数,则感生电偶极矩以入射光频率 ω_0 作简谐振动,散射光的振动频率也是 ω_0,这就是瑞利散射。

如果散射介质分子以固有频率 ω_j 振动,促使极化率 α 也以 ω_j 作周期性变化,则有

$$\alpha = \alpha_0 + \alpha_j \cos\omega_j t \tag{6.20}$$

将其代入(6.19)式,得

$$p = \alpha_0\varepsilon_0 E_0 \cos\omega_0 t + \alpha_j\varepsilon_0 E_0 \cos\omega_0 t \cos\omega_j t$$

即

$$p = \alpha_0\varepsilon_0 E_0\cos\omega_0 t + \frac{1}{2}\alpha_j\varepsilon_0 E_0[\cos(\omega_0-\omega_j)t + \cos(\omega_0+\omega_j)t] \tag{6.21}$$

此式显示,感应电偶极矩有 ω_0 和 $\omega_0 \pm \omega_j$ 三种简谐振动频率,ω_0 对应拉曼光谱中的瑞利谱线,$\omega_0 \pm \omega_j$ 对应拉曼谱线。当有多个分子固有振动频率时,则可以得到多对拉曼谱线。

实验表明,反斯托克斯线强度很弱,经典电磁理论无法解释这种现象,表明拉曼散射的经典理论不够完善。

拉曼散射的量子解释如图 6.10 所示,提供分子振动频率 ω_j 的一对能级为 E_N 和 E_M,它们满足如下的能级跃迁频率条件

$$\hbar\omega_j = E_M - E_N$$

式中 $\hbar = h/2\pi$ 是约化普朗克常数。产生拉曼散射的跃迁需要经过虚能级 E_A 或 E_B 的过渡,虚能级不是真实的能级,它处于某个真实能级 E 的下方,特别不稳定,粒子处于这个能量状态的时间极为短暂。

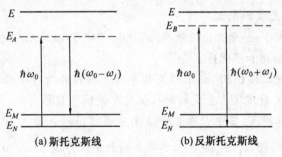

图 6.10 拉曼散射的量子解释

斯托克斯线(红伴线)的发射过程如图 6.10(a) 所示,处于能级 E_N 状态的粒子吸收了一个光子的能量 $\hbar\omega_0$ 后,首先向上跃迁到虚能级 E_A 上,然后很快向下跃迁到 E_M 能级,发射频率为 $(\omega_0 - \omega_j)$ 的斯托克斯谱线。

反斯托克斯线(紫伴线)的发射过程如图 6.10(b) 所示,处于能级 E_M 状态的粒子吸收了一个光子的能量 $\hbar\omega_0$ 后,首先向上跃迁到虚能级 E_B 上,然后很快向下跃迁到 E_N 能级,发射频率为 $(\omega_0 + \omega_j)$ 的反斯托克斯谱线。

由于紫伴线的初始能级 E_M 高于红伴线的初始能级 E_N，粒子的能级分布满足波耳兹曼分布规律，即处于能级 E_M 状态的粒子数少于处于能级 E_N 状态的粒子数，因此发射的紫伴线的光子明显少于发射的红伴线的光子，从而解释了拉曼光谱中紫伴线弱、红伴线强的发光特点。

习 题 6

6.1 空气的吸收系数为 10^{-5}/cm，若光束通过 20 m 厚的空气与通过 1 cm 厚的介质吸收的光强相等，求该介质的吸收系数。

6.2 若介质的吸收系数为 0.06/m，光束通过该介质后光强衰减为入射光强的一半，求介质的厚度。

6.3 人眼能觉察的光强是太阳到达地面光强的 $1/10^{18}$，若人在 20 m 深的海水里还能看见光亮，求海水的吸收系数。

6.4 玻璃相对波长为 632.8 nm 的氦氖激光的复数折射率为 $\tilde{n} = 1.5 + i5 \times 10^{-8}$，求该玻璃的折射率和吸收系数。

6.5 光学玻璃相对水银灯发出的波长为 435.8 nm 和 546.1 nm 的蓝绿谱线的折射率分别为 1.6525 和 1.6245，根据以上数据确定柯希公式中的两个常数 A 和 B，并推算出这种玻璃相对波长为 589.3 nm 的钠黄光的折射率和在该波长附近的色散率。

6.6 顶角为 50° 的三棱镜由玻璃材料制成，其色散性能可以用只有两个常数的柯希公式描述，若两个常数分别为 $A = 1.53974$ 和 $B = 4.6528 \times 10^3 \text{ nm}^2$，求处于最小偏向角时三棱镜对波长 550 nm 光波的色散本领。

6.7 玻璃相对 400 nm 光波的折射率为 1.66，相对 600 nm 光波的折射率为 1.63，求相对 800 nm 光波的折射率和色散率。

6.8 玻璃相对波长为 0.67 nm 的极高频率的 X 射线的折射率为 0.9999985，求由真空入射到该玻璃上的 X 射线发生全反射时入射光与玻璃平面的夹角。

6.9 由相速计算群速，其中 C 为常数，λ 为波长：(1) $v_p = C$，空气中的声波；(2) $v_p = C\sqrt{\lambda}$，水面上的重力波；(3) $v_p = C/\sqrt{\lambda}$，水面上的表面张力波。

6.10 冕玻璃相对波长 398.8 nm 光波的折射率为 1.5255，在这个波长附近的色散率为 -1.26×10^{-4}/nm，求该光波的群速和相速。

6.11 以波长为 770 nm 的红光和波长为 550 nm 的绿光为例计算说明，虽然人眼对波长为 550 nm 的黄绿光最敏感，但指示危险和停止的信号灯都采用红光的原因。

6.12 二硫化碳对 527.0 nm 光波的折射率为 1.642，对 589.0 nm 光波的折射率为 1.629，对 656.0 nm 光波的折射率为 1.620，求波长为 589.0 nm 的光波在二硫化碳中的相速和群速。

第6章 光的吸收、色散和散射

6.13 光束通过 5 cm 厚的液体后光强减弱 10%，若光束通过 30 cm 厚的液体，光强减弱多少。

6.14 长度为 30 cm 的玻璃管中充满含有烟尘的气体，设烟尘对光只有散射，吸收可以忽略；气体对光只有吸收，散射可以忽略。若烟尘引起的光散射和气体对光吸收的规律相同，不含烟尘的气体的吸收系数为 0.35/m，烟尘的散射系数为 1.45/m，分别求光束通过没有烟尘和含有烟尘的气体后透射光强与入射光强的比值。

6.15 苯(C_6H_6)的拉曼光谱中较强的谱线与入射光的波数差分别为 607 cm^{-1}，992 cm^{-1}，1178 cm^{-1}，1586 cm^{-1}，3047 cm^{-1} 和 3062 cm^{-1}。以波长 488 nm 的氩离子激光为入射光，计算在 488 nm 谱线两侧的前三个斯托克斯谱线和反斯托克斯谱线的波长。

第7章 光的量子性

7.1 黑体辐射

1. 热辐射

通过发射电磁波传递能量的过程称为辐射。光是电磁辐射,光源向外辐射能量时会减少自己的能量,为了维持辐射,需要不断补充能量。通过不断给物体加热维持内部原子或分子的热运动状态,物体不断辐射电磁波,辐射过程中原子或分子的能量状态不发生变化,称这种辐射为热辐射。若热辐射体从外界吸收的热量恰好等于辐射减少的能量,则称这种辐射为平衡热辐射。

在一定温度下处于热平衡状态物体的热辐射可以用一个恒定的温度来描述,所以又称热辐射为温度辐射。

热辐射具有如下特点:
(1) 任何温度和任何环境下物体都能进行热辐射。
(2) 热辐射谱是连续谱。
(3) 在固体、液体和气体中均可发生热辐射。

2. 描述辐射场的物理量

为了定量描述辐射场和物体间的能量传递过程,首先引入如下一些物理量。

1) 辐射场的能量密度及其谱密度

辐射场中单位体积内所有频率的总辐射能称为辐射场的能量密度,记为 U,单位为焦耳/立方米(J/m^3)。

辐射场中在频率 ν 附近的单位频率间隔内的能量密度称为辐射场能量密度的谱密度,记为 $u(\nu)$,单位为焦耳/(立方米·赫兹)($J/m^3 Hz$),辐射场的能量密度与其谱密度的关系为

$$u(\nu) = \frac{dU}{d\nu} \quad \text{或} \quad U = \int_0^\infty u(\nu) d\nu \tag{7.1}$$

2) 辐射通量及其谱密度

单位时间内通过辐射场中某个截面的辐射能,也就是通过该截面的辐射功率,称为辐射通量,记为 Φ,单位为瓦(W)。单位频段内的辐射通量称为辐射通量的谱密度,记为 $\varphi(\nu)$,单位为瓦/赫兹(W/Hz)。辐射通量与其谱密度的关系为

$$\varphi(\nu) = \frac{\mathrm{d}\Phi}{\mathrm{d}\nu} \tag{7.2}$$

3) 辐射本领及其谱密度

辐射源单位表面积(向半球空间)发射的辐射通量称为辐射本领,记为 R,单位为瓦/平方米(W/m²)。单位频段内的辐射本领称为辐射本领的谱密度,记为 $r(\nu)$,单位为瓦/(平方米·赫兹)(W/m²Hz)。辐射本领的谱密度与辐射通量谱密度的关系为

$$r(\nu) = \frac{\mathrm{d}\varphi(\nu)}{\mathrm{d}S} \tag{7.3}$$

其中 $\mathrm{d}\varphi(\nu)$ 是从面元 $\mathrm{d}S$ 发出的辐射通量的谱密度。辐射本领与其谱密度的关系为

$$R = \int_0^\infty r(\nu)\mathrm{d}\nu \tag{7.4}$$

4) 辐射照度及其谱密度

照射到辐射场中某个物体单位表面积上的辐射通量称为辐射照度,记为 E,单位为瓦/平方米(W/m²)。单位频段内的辐射照度称为辐射照度的谱密度,记为 $e(\nu)$,单位为瓦/(平方米·赫兹)(W/(m²Hz))。辐射照度的谱密度与辐射通量谱密度的关系为

$$e(\nu) = \frac{\mathrm{d}\varphi'(\nu)}{\mathrm{d}S'} \tag{7.5}$$

其中 $\mathrm{d}\varphi'(\nu)$ 是照射到面元 $\mathrm{d}S'$ 上的辐射通量的谱密度。辐射照度与其谱密度的关系为

$$E = \int_0^\infty e(\nu)\mathrm{d}\nu \tag{7.6}$$

5) 吸收本领

辐射场中某个物体吸收的辐射通量的谱密度与照射到该物体上的辐射通量的谱密度之比称为该物体的吸收本领。记为

$$a(\nu) = \frac{\mathrm{d}\varphi''(\nu)}{\mathrm{d}\varphi'(\nu)} = \frac{e'(\nu)}{e(\nu)} \tag{7.7}$$

其中 $0 \leqslant a(\nu) \leqslant 1$,是一个无量纲的量。

3. 基尔霍夫热辐射定律

1) 基尔霍夫热辐射定律

为了研究物体辐射本领的谱密度与吸收本领之间的关系,基尔霍夫于 1859 年设计了一个如图 7.1 所示的理想绝热系统。绝热腔 Σ 中放置多个不同材料的物体 A、B、C…。设绝热腔壁为理想反射体,整个系统形成一个孤立体系。将绝热腔 Σ 内部抽成真空,各物体之间只能通过热辐射交换能量。整个系统达到热平衡后,腔内温度 T 处均匀,而且不随时间变化。这时,在单位时间内从每个物体单位表面积发射的辐射能量应该等于单位时间内该单位表面积接收的辐射能量。平衡关系为

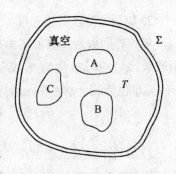

图 7.1 绝热系统

$$r_A(\nu, T) = a_A(\nu, T) e_A(\nu, T), \quad r_B(\nu, T) = a_B(\nu, T) e_B(\nu, T), \cdots$$

显然,在平衡状态下,腔内辐射场是均匀、稳定和各向同性的,即有

$$e_A(\nu, T) = e_B(\nu, T) = \cdots = e(\nu, T)$$

因此

$$\frac{r_A(\nu, T)}{a_A(\nu, T)} = \frac{r_B(\nu, T)}{a_B(\nu, T)} = \cdots = e(\nu, T)$$

即

$$\frac{r(\nu, T)}{a(\nu, T)} = e_T(\nu) \tag{7.8}$$

此式称为基尔霍夫热辐射定律。式中的 $e_T(\nu)$ 是平衡热辐射时辐射场中辐射照度的谱密度,物体的辐射本领的谱密度与吸收本领之比是辐射频率和平衡热辐射温度的普适函数,与物质的性质无关。式(7.8)表明,对处于辐射场中的任何物体来说,吸收本领大,其辐射本领也大。

2) 基尔霍夫热辐射定律对热辐射现象的解释

图 7.2(a) 是在室温状态下的白底黑色圆环瓷片,加热到较高温度时,原来的白底变暗了,原来的黑色圆环变亮了,如图 7.2(b) 所示。

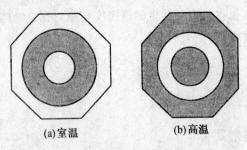

(a)室温　　　(b)高温

图 7.2　不同温度下瓷片的热辐射

这种变化可以解释为：瓷片白色部分吸收本领 a 小，辐射本领 r 也就小，黑色圆环吸收本领大，辐射本领也大。在常温状态下，由于温度较低，瓷片各部分的辐射均较低，瓷片的亮暗主要由反射决定。瓷片白色部分反射率高，黑色部分反射率低。因此，瓷片的白色部分较亮，黑色圆环部分较暗。在高温状态下，辐射本领 r 明显增大，而且随着温度的增加，辐射光谱分布中的可见光成分逐渐加大，这时物体的辐射占主导地位，反射居次要地位。因此，黑色圆环部分因吸收本领大，其辐射本领也大，所以显得比白色部分更明亮。

4. 绝对黑体及其辐射实验曲线

1) 绝对黑体

如果物体在任何温度下都能将照射到物体上的所有频率的辐射通量全部吸收，即 $a_0(\nu, T) = 1$，则该物体称为绝对黑体，简称黑体。由此可以得到绝对黑体的基尔霍夫定律为

$$r_0(\nu, T) = e_T(\nu) \tag{7.9}$$

绝对黑体虽然不反射能量，但由于 $r_0(\nu, T) = e(\nu, T) \neq 0$，因此绝对黑体不但能够辐射能量，而且辐射本领最大。

绝对黑体是理想化的物体，实际中的任何物体都不是严格的绝对黑体。例如对涂黑的盒子表面用光照射时或多或少还能够分辨出它的颜色，说明黑色盒子还是反射了一些光能量。在盒子上开一个小孔，若有光入射到这个小孔内，就很少有入射光被反射出来，看上去是一个近似黑体的漆黑小洞。

这启发我们人工制作一个黑体，把一个空腔的内部涂黑，再装上很多黑色的遮光板，然后在侧面开一个小孔，就制成了一个如图7.3所示的空腔辐射器，称其上的小孔为黑体。

图7.3 空腔辐射器

2) 绝对黑体的辐射本领谱密度与热辐射标准能谱的关系式

将处于平衡热辐射状态下的辐射场能量密度的谱密度称为热辐射的标准能谱，这也是一个与物质性质无关的普适函数。记为 $u_T(\nu)$。如图7.4所示，半球面辐射体中的任意小体积元 dV 可以表示为

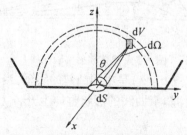

图7.4 辐射能量的传播

$$dV = r^2\sin\theta\,d\theta\,d\varphi\,dr$$

小体积元 dV 向面积为 dS 的小孔（黑体）所张的立体角为

$$d\Omega = dS\cos\theta/r^2$$

向四面八方辐射的小体积元 dV 向面积为 dS 的小孔发射的辐射能量的谱密度为

$$u_T(\nu)dV\frac{d\Omega}{4\pi}$$

则图 7.4 中的半球壳辐射体在一定的时间间隔内向面积为 dS 的小孔发射的（或者说从小孔 dS 发射的）辐射能量的谱密度为

$$dW(\nu,T) = \int_{\theta>0} u_T(\nu)dV\frac{d\Omega}{4\pi} = \int_0^{2\pi}d\varphi\int_0^{\pi/2}\sin\theta\cos\theta\,d\theta\int_r^{r+dr}\frac{1}{4}u_T(\nu)dS\,dr =$$

$$\frac{1}{4}u_T(\nu)dS\,dr = \frac{1}{4}u_T(\nu)c\,dS\,dt$$

由此可以得到小孔 dS 的单位表面积向半球空间发射的辐射通量（即绝对黑体辐射本领的谱密度）与热辐射标准能谱的关系式为

$$r_0(\nu,T) = \frac{dW(\nu,T)}{dS\,dt} = \frac{c}{4}u_T(\nu) \tag{7.10}$$

3) 黑体辐射实验曲线

如图 7.3 所示的实用空腔辐射器是用耐火材料制作的，用电炉加热到所需温度，由小孔发出的黑体辐射光谱经过光栅分光仪后被按波长分开，再利用涂黑的热电偶探测各波段的辐射本领的谱密度，可以得到如图 7.5 所示的黑体辐射实验曲线。

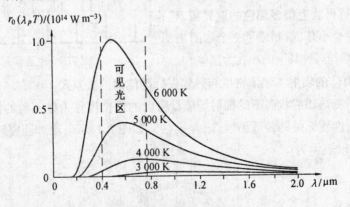

图 7.5　黑体辐射实验曲线

黑体辐射实验曲线（$r_0(\nu,T) \sim \lambda$）呈中间凸起的线型，当 $\lambda \to 0$ 和 $\lambda \to \infty$ 时，$r_0(\nu,T)$ 均趋于零。随温度的升高，黑体辐射曲线的形状整体上升，$r_0(\nu,T)$ 曲线的极大值对应的波长 λ_M 向短波方向移动。

4) 斯特藩 – 玻耳兹曼定律

黑体辐射实验曲线包围的总面积是温度为 T 的黑体在所有波段的总辐射本领,即

$$R_T = \int_0^\infty r_0(\lambda, T) d\lambda$$

实验发现,总辐射本领 R_T 与绝对温度 T 的四次方成正比

$$R_T = \sigma T^4 \tag{7.11}$$

此式称为斯特藩－玻耳兹曼定律,式中的比例常数 σ 称为斯特藩－玻耳兹曼常数

$$\sigma = 5.67 \times 10^{-8} \text{ W}/(\text{m}^2 \cdot \text{K}^4) \tag{7.12}$$

5) 维恩位移定律

黑体辐射实验曲线在任何温度下都有一个极大值,相应的波长称为峰值波长,记为 λ_M。实验发现,λ_M 与绝对温度 T 的乘积等于常数 b,即

$$\lambda_M T = b \tag{7.13}$$

此式称为维恩位移定律,式中的比例常数 b 称为维恩常数

$$b = 2.90 \times 10^{-3} \text{ m} \cdot \text{K} \tag{7.14}$$

式(7.13)显示,随着温度的升高,λ_M 向短波方向移动。维恩位移定律将热辐射的颜色随温度变化的规律定量化了。温度不太高时,热辐射的绝大部分是肉眼看不见的红外线。温度达到 3800 K 时,其黑体辐射曲线极大值处对应的波长为 770 nm,处于可见光谱红端的边缘。太阳是近似黑体,它的表面温度大约为 6300 K,其黑体辐射曲线极大值处对应的波长约为 460 nm,这是青色光的波长,处于可见光的中部区域,此时热辐射中全部可见光都较强,人眼的感觉是很亮的白光,称这个温度的黑体辐射光谱为白光光谱。

5. 黑体辐射的经典理论曲线

为了从理论上解释黑体辐射实验曲线,许多物理学家做了大量的分析探讨工作,试图从经典理论出发推导出与黑体辐射实验曲线一致的黑体辐射理论曲线。

1) 维恩公式

1896 年维恩假设黑体辐射是很多称为谐振子的分子辐射的总和,频率为 ν 的辐射只与速率为 v 的谐振子有关,频率正比于谐振子的动能,即

$$\frac{1}{2} m v^2 = \alpha \nu$$

式中 α 是比例系数。因此,$r_0(\nu, T)$ 按频率的分布应该与谐振子能量按麦克斯韦速率分布的形式相似,即

$$r_0(\nu, T) = \frac{\alpha \nu^3}{c^2} \exp(-\beta \nu / T), \quad r_0(\lambda, T) = \frac{\alpha c^2}{\lambda^5} \exp(-\beta c / \lambda T) \tag{7.15}$$

这两个公式称为黑体辐射的维恩公式。式中 α, β 是两个常数;c 为真空中的光速。维恩假

设没有严格的物理依据,如图 7.6 所示的维恩曲线只在短波区与黑体辐射的实验曲线符合得较好,在长波区则与实验曲线有较大的偏离。

2) 瑞利 – 金斯公式

瑞利从能量按自由度均分定律出发,得到黑体辐射本领为

$$r_0(\nu, T) = \frac{2\pi}{c^2}\nu^2 \bar{\varepsilon}(\nu, T), \quad r_0(\lambda, T) = \frac{2\pi c}{\lambda^4}\bar{\varepsilon}(\lambda, T) \tag{7.16}$$

瑞利认为组成系统的谐振子的能量连续分布,依据玻耳兹曼分布率,在热平衡态下,谐振子具有能量 ε 的几率正比于 $e^{-\varepsilon/kT}$,其中 $k = 1.38 \times 10^{-23}$ J/K 是玻耳兹曼常数,则

$$\bar{\varepsilon} = \frac{\int_0^\infty \varepsilon \exp(-\varepsilon/kT)\mathrm{d}\varepsilon}{\int_0^\infty \exp(-\varepsilon/kT)\mathrm{d}\varepsilon} = kT$$

由此可以得到瑞利 – 金斯公式为

$$r_0(\nu, T) = \frac{2\pi}{c^2}\nu^2 kT, \quad r_0(\lambda, T) = \frac{2\pi c}{\lambda^4}kT \tag{7.17}$$

如图 7.6 所示的瑞利 – 金斯曲线与长波区的黑体辐射实验曲线符合得较好。但是,当 $\lambda \to 0$ 时,$r_0(\nu, T) \to \infty$,也就是波长极短的紫外辐射能量趋于无穷大,这显然是不合理的,被称为"紫外灾难"。与维恩公式不同的是,瑞利 – 金斯公式的推导有严格的经典理论依据。因此,该公式与实验结果的矛盾说明经典理论无法解释黑体辐射的实验事实,预示着物理学正面临一场大变革。

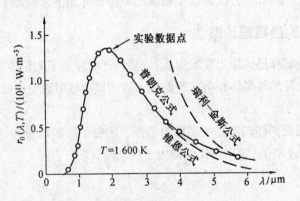

图 7.6 黑体辐射理论曲线与实验曲线

6. 能量子假说与普朗克公式

1) 能量子假说

1900 年普朗克对当时已有的黑体辐射经典理论公式,特别是瑞利 – 金斯公式进行了

分析,发现这些理论公式与实验曲线不符合的根本原因在于使用了"谐振子能量连续变化"的经典概念。由此,他假设辐射系统由大量包含各种固有频率的谐振子组成,频率为 ν 的谐振子能量的取值 ε 只能是基本能量单元 $\varepsilon_0 = h\nu$ 的整数倍,即

$$\varepsilon = n\varepsilon_0 = nh\nu \quad (n = 1, 2, 3, \cdots) \tag{7.18}$$

而且谐振子发射与吸收能量也只能一份份地进行,上述假设被称为普朗克能量子假说。其中 $h = 6.626 \times 10^{-34}$ J·s 称为普朗克常数。

2) 普朗克公式

根据普朗克的能量子假说,能量取离散值的谐振子平均能量的计算为

$$\bar{\varepsilon} = \frac{\sum_{n=0}^{\infty} n\varepsilon_0 \exp(-n\varepsilon_0/kT)}{\sum_{n=0}^{\infty} \exp(-n\varepsilon_0/kT)}$$

令 $\beta = 1/kT$,利用

$$\sum_{n=0}^{\infty} \exp(-n\varepsilon_0 \beta) = \frac{1}{1 - \exp(-\varepsilon_0 \beta)}$$

可得

$$\bar{\varepsilon} = -\frac{\partial}{\partial \beta} \ln\left(\sum_{n=0}^{\infty} \exp(-n\varepsilon_0 \beta)\right) = -\frac{\partial}{\partial \beta} \ln(1 - \exp(-\varepsilon_0 \beta))$$

即

$$\bar{\varepsilon} = \frac{\varepsilon_0}{\exp(\varepsilon_0 \beta) - 1} = \frac{h\nu}{\exp(h\nu/kT) - 1}$$

将其带入式(7.16),就得到了普朗克公式

$$r_0(\nu, T) = \frac{2\pi h}{c^2} \frac{\nu^3}{\exp(h\nu/kT) - 1}, \quad r_0(\nu, T) = \frac{2\pi hc^2}{\lambda^5} \frac{1}{\exp(hc/k\lambda T) - 1} \tag{7.19}$$

由普朗克公式绘制的黑体辐射理论曲线如图 7.6 的实线所示,普朗克公式的理论曲线与如图 7.6 中圆圈表示的黑体辐射实验曲线完全吻合。经过短波近似 ($h\nu \gg kT$, $\exp(h\nu/kT) \gg 1$),普朗克公式可以化为维恩公式;经过长波近似 ($h\nu \ll kT$, $\exp(h\nu/kT) \ll 1$),普朗克公式可以化为瑞利-金斯公式。求出黑体辐射曲线下的总面积可以得到斯特藩-玻耳兹曼定律;求出黑体辐射曲线的峰值波长,可以得到维恩位移定律;普朗克公式不仅包容了当时已知的黑体辐射的所有实验规律,而且导出了常数 σ 和 b 的理论表达式,其理论计算值与实验测定值相符。

能量子假说的提出及其对黑体辐射实验结果的成功解释是物理学发展史上的重大突破,开创了量子理论的新领域,量子物理学从此诞生了,普朗克由于能量子假说的贡献获得了 1918 年诺贝尔物理学奖。

7.2 光的粒子性和波粒二象性

不仅辐射场中的谐振子发射和吸收能量不连续,而且辐射场本身也是量子化的。普朗克假说中的能量基本单元 $h\nu$ 不仅是数学模型,而且具有光子这种实在的物质载体,由此,产生了现代的光的粒子说。利用光的粒子说可以成功地解释光电效应和康普顿效应等实验规律。

1. 光电效应

1) 实验装置

金属及其化合物在光照下发射电子的现象称为光电效应。观察光电效应的实验装置如图 7.7 所示,在高度真空的石英管内,装有金属阴极 K 和阳极 A。光照下,金属阴极板 K 释放电子,逸出的光电子经电场加速后向阳极 A 运动,在电路中形成光电流,改变电池的极性,可以使光电子加速或减速。

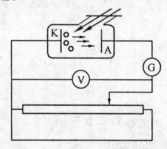

图 7.7 光电效应实验装置

2) 实验规律

(1) 饱和电流与入射光强成正比。光电效应中的电流随加速电压变化的曲线如图 7.8 所示,图中分别给出了入射光强 I_1 和 I_2 对应饱和电流 i_{M1} 和 i_{M2} 的两条伏安曲线。在给定频率和确定光强的光照射下,光电流 i 随加速电压 V 的增加逐渐增大,当 V 达到一定值时,光电流达到最大值 i_M,称为饱和电流。实验表明,饱和电流 i_M 与入射光强成正比,这说明单位时间内从阴极被入射光轰击出来的光电子数目与入射光强成正比。

(2) 遏止电压与入射光强无关。由图 7.8 还可以看出,减小加速电压 V,光电流 i 随之减小;$V = 0$ 时,仍然有光电流。直到减速的反向电压达到 V_0 值时,光电流才减小到零,这个反向电压值称为遏止电压。进一步的实验显示,被入射光轰击出来的光电子的最大初动能与遏止电压的关系为

$$\frac{1}{2}mv_M^2 = eV_0 \tag{7.20}$$

式中 m 是电子的质量;e 是电子的电荷;v_M 是光电子的最大初速度。从图 7.8 可以看出,不

同入射光强对应的遏止电压 V_0 是相同的,表明遏止电压与入射光强无关。

(3) 遏止电压与入射光频率成正比。如图7.9所示,改变入射光频率 ν 时,遏止电压 V_0 随之改变。实验表明, V_0 与 ν 成线性关系,入射光的频率越高,光电子的初动能越大,遏制电压越大。

(4) 存在频率红限。由图7.9可以看出,当入射光频率减小到一定值 ν_0 后,遏制电压变为零。这说明,只有当入射光频率等于或大于 ν_0 时光电效应才能发生。光电阴极金属的种类发生变化,频率 ν_0 随之变化, ν_0 称为光电效应红限或频率红限。

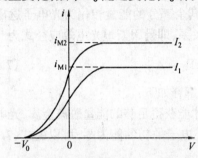
图 7.8 光电流随电压变化的曲线

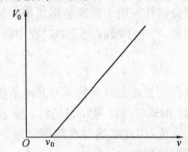
图 7.9 遏止电压随入射光频率变化的曲线

(5) 弛豫时间极短以至无法探测。具有因果关系的两个事件相继发生的时间间隔称为弛豫时间。一旦 $\nu \geqslant \nu_0$ 的入射光照射在光电阴极上,无论光强多么微弱,几乎是在开始照射的时刻就产生了光电子,其弛豫时间(最多不超过 10^{-9} s) 极短,以至于无法探测。

3) 经典电磁理论无法解释光电效应

在经典电磁理论看来,光是能量连续分布的电磁波,金属中的电子在电磁波交变电场的作用下做受迫振动,在单位时间内吸收的能量 W 与照射光强和照射时间成正比,即应当满足

$$W = \alpha It$$

式中 α 是比例常数。当电子从入射光中吸收的能量超过其脱离金属所需要的能量 A(脱出功)时电子就会从金属中逸出,超过脱出功的能量变成了逸出金属的光电子的动能。整个光电效应过程应当满足

$$\alpha It - A = \frac{1}{2} m v_M^2 = eV_0$$

上述经典理论与光电效应实验的规律有尖锐矛盾:

(1) 由上式可知,不论光频率如何,只要光强足够强,照射的持续时间足够长,电子总能够在吸收了足够的能量后逸出。这样的经典结论和存在一个与光强无关的频率红限 ν_0 矛盾。

(2) 按照上述经典理论,光强越强,电子吸收的能量越多,逸出时的最大初动能也就越大,因此遏止电压 V_0 应当与光强成正比、与频率无关。这样的经典结论恰好与实验事实相反。

(3) 按照上述经典理论,电子从光波场中吸收能量是一个连续的时间积累过程,其弛豫时间完全可以探测得到,这也与实验事实矛盾。

4) 爱因斯坦的光量子假说及其对光电效应的解释

1905 年爱因斯坦将普朗克的量子假说加以推广,假设光由光量子(光子)组成,每一个光子的能量为 $E = h\nu$。由此,爱因斯坦成功地解释了光电效应的实验规律。

光电效应是电子吸收光子的过程。能量为 $h\nu$ 的光子打在金属上,金属中的电子吸收了光子后,获得能量 $h\nu$。若光子的频率大于金属的频率红限($\nu > \nu_0$),则可以将其能量中的一部分消耗在电子脱离金属所需的脱出功 A 上,其余部分的能量转化为光电子逸出后的初动能,在电子吸收光子的过程中满足能量守恒关系,即爱因斯坦光电效应公式为

$$h\nu = \frac{1}{2} m v_M^2 + A = eV_0 + A \qquad (7.21)$$

爱因斯坦光电效应公式对光电效应实验规律的解释如下:

(1) 由式(7.21)可知,只有当 $h\nu \geq A$ 时,电子才能获得足够的能量脱离金属,光电效应才会发生。因此必然存在频率红限,令逸出后的光电子的初动能为零,可以由式(7.21)得到频率红限为 $\nu_0 = A/h$。

(2) 入射光强越强,则单位时间内入射到金属表面的光子数越多,从金属脱出的光电子数目就越多,所以饱和电流与光强成正比。

(3) 爱因斯坦光电效应公式中不包含光强,与频率的关系恰如公式所示的正比关系 $V_0 = (h\nu - A)/e$,因此遏止电压与光强无关、与频率成正比。

(4) 电子与光子作用并吸收光子的过程是瞬间完成的,只要入射光频率大于频率红限,电子可以立即脱离金属,无需能量的长时间积累,因此光电效应的发生不需要弛豫时间。

5) 密立根的实验验证

密立根(R.A.Milikan)花费了将近 10 年的时间测量铯、铍、钛、镍等金属的遏止电压随频率变化的关系曲线。用这种方法测定的普朗克常数值与用黑体辐射方法确定的相同,用这种方法测定的脱出功和用其它方法测定的结果一致。因此,密立根实验完全证实了爱因斯坦光电效应公式的正确性。

2. 康普顿效应

X 射线被物质散射后,散射光中除有原入射光的波长成分外,还出现波长较长的光波成分,这种现象称为康普顿(A.H.Compton)效应或康普顿散射。

1) 实验装置

如图 7.10 所示,波长为 $\lambda_0 = 0.071261$ nm、光子能量约为 2 万电子伏特的 X 射线经光阑准直后被某种散射物质散射。沿 θ 角散射的光线再次被光阑准直后入射到布喇格晶体上检测波长,被晶体反射的散射线入射到探测器上检测光强。

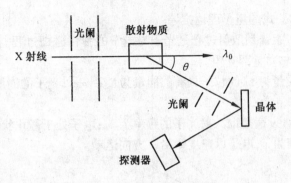

图 7.10 康普顿散射装置

2) 康普顿散射的实验规律

(1) 沿不同方向($\theta = 0$ 除外)的散射光线中除原波长 λ_0 的谱线外,还出现波长大于入射波长的新谱线。

(2) 实验得到的新波长与入射波长相比的差值关系为

$$\Delta\lambda = \lambda - \lambda_0 = 2\lambda_C \sin^2(\theta/2) \tag{7.22}$$

此式称为康普顿散射公式,其中常数 λ_C 称为康普顿波长。实验测量的结果为 $\lambda_C = 2.41 \times 10^{-3}$ nm。实验发现,波长差 $\Delta\lambda$ 随 θ 角的增大变大,与散射物质的种类无关。

(3) 如图 7.11 所示,相对同种散射物质,λ_0 谱线的光强随 θ 的增大逐渐减弱,λ 谱线的光强随 θ 的增大逐渐增强。

(4) 如图 7.12 所示,散射角相同时,λ_0 谱线的光强随散射物质原子序数的增大逐渐增强,λ 谱线的光强随散射物质原子序数的增大逐渐减弱。

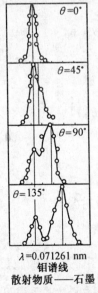

图 7.11 不同散射角的康普顿散射谱

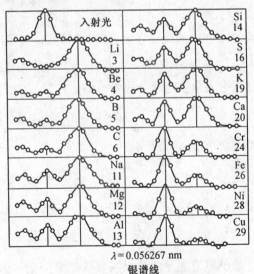

图 7.12 不同散射物质的康普顿散射谱

3) 康普顿散射公式的量子理论推导

按照量子理论,康普顿散射过程是光子与电子的弹性碰撞过程。在这个过程中,光子与电子的总能量及总动量都守恒。

依据相对论,质量为 m 的粒子具有的能量为 $E = mc^2$;光子的能量为 $E = h\nu$,动量为 $P = mc = h\nu/c$。

如图 7.13 所示,设碰撞前入射光子的频率为 ν_0,电子处于静止状态。碰撞后光子向 θ 角方向散射,频率变为 ν,电子以速度 v 沿 φ 方向运动。

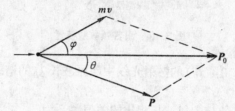

图 7.13 康普顿散射中的光子和电子的动量关系

由于碰撞过程中能量和动量守恒,可得

$$\begin{cases} h\nu_0 = h\nu + \dfrac{1}{2}mv^2 \\ \boldsymbol{P}_0 = \boldsymbol{P} + m\boldsymbol{v} \end{cases} \quad (7.23)$$

将式(7.23)中的动量守恒公式按图 7.13 所示的矢量关系写成余弦定理形式

$$(mv)^2 = \left(\frac{h\nu_0}{c}\right)^2 + \left(\frac{h\nu}{c}\right)^2 - 2\left(\frac{h}{c}\right)^2 \nu\nu_0 \cos\theta$$

将式(7.23)中的能量守恒公式改写为 $\Delta\nu = \nu_0 - \nu = \dfrac{mv^2}{2h} > 0$,即

$$mv^2 = 2h\Delta\nu$$

将此式带入余弦定理公式中可得

$$2mh\Delta\nu = \left(\frac{h}{c}\right)^2 [\Delta\nu^2 + 2\nu\nu_0(1 - \cos\theta)]$$

忽略高级小量 $\Delta\nu^2$,得

$$\frac{\Delta\nu}{\nu^2} = \frac{h}{mc^2}(1 - \cos\theta)$$

将 $\Delta\lambda = \lambda - \lambda_0 = c\Delta\nu/\nu^2 > 0$ 代入上式,可以得到康普顿散射公式,即

$$\Delta\lambda = 2\frac{h}{mc}\sin^2\left(\frac{\theta}{2}\right) = 2\lambda_C \sin^2\left(\frac{\theta}{2}\right)$$

量子理论推导的结果与实验结果完全一致。理论计算给出的康普顿波长值为 $\lambda_C = \dfrac{h}{mc} = 0.002426$ nm,与实验观测值符合得很好,由康普顿波长的函数关系式可知,λ_C 是一

个与物质性质无关的常量。

4) 康普顿散射规律的量子理论解释

(1) $\Delta\lambda > 0 (\lambda > \lambda_0)$ 是由于与电子碰撞的光子把部分能量交给了电子,自身的能量减少了,散射谱线的频率也就变小了,因此散射光的波长变长。散射角 θ 越大,意味着光子与电子碰撞得越厉害,自身能量减少得越多,$\Delta\lambda$ 也就随之增大了。

(2) 由于康普顿散射是光子与电子的相互作用,任何物质的电子都是全同的,显然 $\Delta\lambda$ 值的大小与物质的性质无关。

(3) 在 $\theta = 0$ 方向接收到的均是未与电子碰撞的原波长的光子,随着散射角 θ 的增大,接收到的原波长的散射光是光子与被原子核束缚的内层电子碰撞形成的散射光。光子与这种电子碰撞,等同于和质量很大的原子碰撞,因此光子只改变方向,能量几乎不变。散射角 θ 较大时,光子与原子接近正碰,这种正碰的可能性比光子与原子之间的斜碰要小,因此与原子碰撞产生的散射光子会随着散射角 θ 的增大减少。自由电子比原子多得多,随着散射角 θ 的增大,接收到的与自由电子碰撞的光子会越来越多。因此,相对同种散射物质,λ_0 谱线的光强随散射角 θ 的增大逐渐减弱,新的 λ 谱线的光强随散射角 θ 的增大逐渐增强。

(4) 随着原子序数的增大,被原子核束缚的电子越来越多,未被束缚的自由电子越来越少。因此,随着散射物质原子序数的增大,入射光子与束缚电子(相当于与原子)碰撞的机会越来越多,与自由电子碰撞的机会越来越少。因此,散射角相同时,散射光中 λ_0 谱线的光强随散射物质原子序数的增大逐渐增强,新的 λ 谱线的光强随散射物质原子序数的增大逐渐减弱。

3. 波粒二象性

光既具有波动性又具有粒子性,光的这种特性称为光的波粒二象性。

1) 实物粒子的波动性

实物粒子(电子、质子和中子等)不但具有粒子性,而且也具有波动性,其波长与粒子的动量成反比,即 $\lambda = \dfrac{h}{mw}$,称为德布罗意波。在一定场合下,例如用电子轰击晶体表面发生散射时,微观粒子的波动性就显现出来了,从图 7.14 可以观察到,电子束的强度分布和 X 光在晶体上发生的衍射图样非常相似。

电子的杨氏双缝干涉实验也能显示微观粒子的波动性。在如图 7.15 所示的电子杨氏双缝干涉实验中,电子束从电子枪 S 发射出来后,通过双缝落在观察屏上。

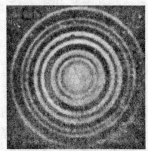

图 7.14　电子在晶体上的衍射图样

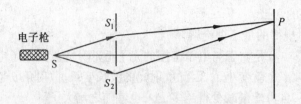

图 7.15 电子的杨氏双缝干涉实验

实验图样如图 7.16 所示,低电子流密度时观察屏上只出现几颗亮点,如图 7.16(a)所示。随着电子流密度的增加,干涉条纹隐约可见,如图 7.16(b)和(c)所示。电子流密度很大时,可以清晰看到干涉条纹,如图 7.16(d)所示。少量电子落在观察屏上时显示了电子的粒子性,其分布没有规律,但大量电子通过双缝落在观察屏上后,形成了清晰的干涉条纹,显示了电子的波动性。

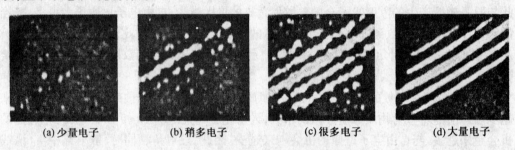

(a) 少量电子　　(b) 稍多电子　　(c) 很多电子　　(d) 大量电子

图 7.16 电子的杨氏实验干涉图样

图 7.16 所示的干涉图样不是从两个缝射出的大量粒子的统计分布(简单的非相干叠加)图样。进一步研究发现,这也不是由于来自不同缝的电子之间发生了某种相互作用(比如碰撞)导致电子发生了重新分布。因为当电子一个个地单独通过双缝时,也获得了与大量电子在短时间内通过双缝后相同的干涉条纹。惟一的解释只能是,波动是每个电子本身的固有属性。电子的干涉是自身的干涉,不是电子之间的相互作用。由于每个电子通过双缝的几率各占 50%,干涉正是发生在这两部分的几率波之间,实物粒子波是几率波。

2) 光的波粒二象性

与实物粒子一样,光波也具有波粒二象性。干涉、衍射和偏振特性显示了光的波动性,光电效应和康普顿效应显示了光的粒子性。

光波与实物粒子波一样,也是几率波,几率波的振幅和强度按波动光学的预言分布,光波的干涉是几率波之间的干涉。

光子与实物粒子并不完全相同。实物粒子有静止质量,光子没有静止质量。实物粒子的速度可以取小于光速的任意值,光子的速度只能取光速值。光子与实物粒子的最大区别是,实物粒子的运动可以用确定的轨道描述,光子的运动没有确定的轨道。

光的粒子性是指它具有可分割性,光的波动性是指它具有可叠加性,这就是光的波粒二象性。

由于普朗克常数 h 极小,频率不高的光子的能量和动量都很小,在很多情况下这样的个别光子不容易显示出可观的量子效应,显示的是大量光子的统计行为,这与经典波动光学的情况相同。只有在光的发射和吸收等一些特殊场合,光子的粒子性才能明显地表现出来。而且波长越短,频率越高,粒子性越明显。由于 X 射线的波长极短,因此在康普顿散射效应中光子显示了明显的粒子性。

习 题 7

7.1 人体的正常体温为 36.5℃,求人体热辐射最强处对应的峰值波长。

7.2 将星球视为绝对黑体,通过测量黑体辐射曲线的峰值波长,可以估算星球表面的温度。若测得太阳的黑体辐射峰值波长为 0.46 μm,天狼星的黑体辐射峰值波长为 0.29 μm,求这两个星体的表面温度。

7.3 若空腔处于某温度 T 时黑体辐射的峰值波长为 600 nm,则空腔的温度增加到总辐射本领加倍时,黑体辐射的峰值波长变为多少?

7.4 加热黑体后其峰值波长由 800 nm 变为 400 nm,求黑体的总辐射本领增加了多少倍。

7.5 由普朗克公式的短波近似推导维恩公式 $r_0(\nu, T) = \dfrac{\alpha \nu^3}{c^2} e^{-\beta \nu / T}$,式中的 α 和 β 为常数。

7.6 由普朗克公式的长波近似推导瑞利 – 金斯公式 $r_0(\nu, T) = \dfrac{2\pi}{c^2} \nu^2 kT$。

7.7 利用普朗克公式证明斯特藩 – 玻耳兹曼常数为 $\sigma = \dfrac{2\pi^5 k^4}{15 c^2 h^3}$。(提示:$\int_0^\infty \dfrac{x^3}{e^x - 1} dx = \dfrac{\pi^4}{15}$)

7.8 利用普朗克公式证明维恩常数为 $b = 2.90 \times 10^{-3}$ m·K。(提示:$e^{-x} + \dfrac{x}{5} = 1$ 的解为 $x = 4.965$)

7.9 平均波长为 550 nm、光强为 1500 W/m² 的太阳光垂直入射到地球表面上,求每平方米的太阳表面每秒投射到地球表面的光子数目。

7.10 用波长为 300 nm 的紫外光照射金属表面,测得光子的遏止电压是 2.5 V,求金属的脱出功;改用 200 nm 的紫外光照射时,遏止电压是多少?

7.11 波长为 400 nm 的光波照射脱出功为 2.5 eV 的金属,求光电子的最大初速度。

7.12 波长为 200 nm 的光波照射铝表面,释放电子所需的能量为 4.2 eV,求(1)光电子的最大初动能,遏止电压和截止波长;(2)若入射光强为 2.0 W/m²,求单位时间照射到铝金属单位表面积上的平均光子数目。

7.13 分别用 550 nm 的光波和 0.02 nm 的 X 射线照射金属,求在 $30°$ 散射角的方向上的康普顿散射波长。

7.14 从动量守恒出发推导康普顿散射实验中电子的反冲角 φ 与光子散射角 θ 的关系式。

7.15 证明康普顿散射效应中反冲电子的动能 K 与入射光子能量 E_0 之间的关系为 $\dfrac{K}{E_0} = \dfrac{\Delta\lambda}{\lambda_0 + \Delta\lambda} = \dfrac{2\lambda_C \sin^2(\theta/2)}{\lambda_0 + 2\lambda_C \sin^2(\theta/2)}$,式中 λ_0 为入射光波的波长,λ_C 为康普顿波长,$\Delta\lambda = \lambda - \lambda_0$ 为散射光波波长的改变量,θ 为光子散射角。

7.16 照射到碳块上的波长为 0.2 nm 的光子发生康普顿散射,若光子的频率移动为 $|\Delta\nu/\nu| = 0.01\%$,求(1) 光子的散射角;(2) 电子因散射光子获得的动能。

第8章 激 光

8.1 激光产生的基本原理

1.粒子的能级和统计分布

1) 粒子的能级

组成物质的原子和分子等微观粒子具有的稳定能量状态称为定态,定态的能量值称为能级。一般情况下,粒子的能级只能取某些分立值。能级中最低的能量状态称为基态,其余的自下而上依次为第一激发态、第二激发态等。

处于定态的粒子不发射也不吸收电磁辐射能(即光子),当粒子的能量状态发生变化,或者说粒子在较高能级 E_2 和较低能级 E_1 间发生跃迁时,才发射或吸收满足这两个能级差的特定频率的光子,即

$$h\nu = E_2 - E_1 \quad \text{或} \quad \nu = \frac{E_2 - E_1}{h} \tag{8.1}$$

此式称为玻尔频率条件,式中 h 为普朗克常数。粒子从高能级向低能级跃迁时,发射一个光子,称为光的辐射过程。相应的从低能级向高能级跃迁时,吸收一个光子,称为光的吸收过程。

2) 粒子数按能级的统计分布

粒子体系(例如理想气体) 中的任意一个粒子处在哪个能级带有偶然性,而且由于相互碰撞和电磁辐射等作用,粒子体系的能量状态在不断变化。但是,达到热平衡态后,任意能级 E_n 上的粒子数 N_n 处于满足如下公式的动态平衡状态

$$N_n \propto e^{-\frac{E_n}{kT}} \tag{8.2}$$

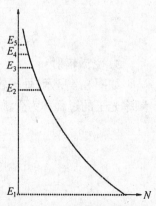

图 8.1 波耳兹曼分布律

这个统计规律称做玻耳兹曼正则分布律,其中 k 为玻耳兹曼常数,T 为热平衡温度,正则分布曲线如图 8.1 所示。由分布曲线可知,随着能级 E_n 的增高,粒子数 N_n 按指数规律递减。

由波耳兹曼正则分布律可得,任意两个能级 E_1 和 E_2

($E_2 > E_1$)上的粒子数之比为

$$\frac{N_2}{N_1} = e^{\frac{E_1 - E_2}{kT}} < 1 \qquad (8.3)$$

此式表明,在热平衡状态下,高能级上的粒子数 N_2 总少于低能级上的粒子数 N_1,两者之比由体系的温度决定。在给定的温度下,两个能级的差值越大,粒子数之比就越小。例如氢原子的第一激发态能级为 $E_2 = -3.4$ eV,基态为 $E_1 = -13.60$ eV。在常温($T = 300$ K)的热平衡状态下,$N_2/N_1 \approx e^{-400} \approx 10^{-170}$,此时几乎全部粒子都处在基态。

2. 自发辐射、受激辐射和受激吸收

1916 年爱因斯坦首先提出了光的吸收和辐射的三种基本过程。

1) 受激吸收

如图 8.2 所示,处于较低能级的粒子吸收一个光子跃迁到较高能级的过程称为受激吸收过程。

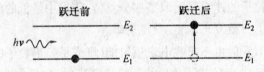

图 8.2 受激吸收过程

2) 自发辐射

如图 8.3 所示,处于较高能级的粒子,自发地发射一个光子,跃迁到较低能级的过程称为自发辐射过程。

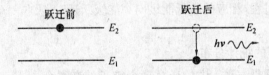

图 8.3 自发辐射过程

3) 受激辐射

如图 8.4 所示,处于较高能级的粒子在光子的激励下跃迁到较低能级,并发射一个同频率光子的过程称为受激辐射过程。

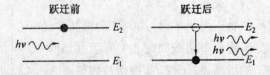

图 8.4 受激辐射过程

在上述三种过程中,粒子吸收或发射的光子频率均满足式(8.1)。自发辐射是随机过程,处在高能级的粒子什么时候发射光子带有偶然性,所以发射的光子(也可以说光波)的初始相位、偏振状态和传播方向等特性均具有随机性,辐射的是非相干光波。受激辐射发射的光子频率、初始相位、偏振态和传播方向等特性均与入射光子相同,因此辐射的是相干光波。

4) 受激吸收的爱因斯坦系数

若 N_1 为低能级 E_1 上的粒子数,$u(\nu)$ 为频率满足式(8.1)的外界光场的光子数密度(或者辐射能量的谱密度)。则在受激吸收过程中,单位时间内从低能级 E_1 跃迁到高能级 E_2 上的粒子总数 dN_{12}/dt 应该与 N_1 和 $u(\nu)$ 成正比,即有

$$(\frac{dN_{12}}{dt})_{吸收} = B_{12}u(\nu)N_1 \tag{8.4}$$

其中 B_{12} 是比例常数,称为受激吸收的爱因斯坦系数;$B_{12}u(\nu)$ 是受激吸收的跃迁几率。

5) 自发辐射的爱因斯坦系数

若 N_2 为高能级 E_2 上的粒子数,则在自发辐射过程中,单位时间内从高能级 E_2 跃迁到低能级 E_1 上的粒子总数 dN_{21}/dt 应该与 N_2 成正比,与外界光场无关,即有

$$(\frac{dN_{21}}{dt})_{自发} = A_{21}N_2 \tag{8.5}$$

其中 A_{21} 是比例常数,称为自发辐射的爱因斯坦系数;A_{21} 又是自发辐射的跃迁几率。

6) 受激辐射的爱因斯坦系数

若 N_2 为低能级 E_2 上的粒子数,$u(\nu)$ 为频率满足式(8.1)的外界光场的光子数密度。则在受激辐射过程中,单位时间内从高能级 E_2 跃迁到低能级 E_1 的粒子总数 dN_{21}/dt 应该与 N_2 和 $u(\nu)$ 成正比,即有

$$(\frac{dN_{21}}{dt})_{受激} = B_{21}u(\nu)N_2 \tag{8.6}$$

其中 B_{21} 是比例系数,称为受激辐射的爱因斯坦系数;$B_{21}u(\nu)$ 称为受激辐射的跃迁几率。

7) 爱因斯坦系数关系式

上述三个爱因斯坦系数都与原子本身的属性有关,与体系中原子按能级的分布状况无关。由此可以利用细致平衡条件推导出三者之间的比例关系。所谓细致平衡是指在每对能级之间粒子的交换都达到了平衡状态。

由上面的三个关系式可知,单位时间内由能级 E_2 跃迁到能级 E_1 的粒子总数为

$$(\frac{dN_{21}}{dt})_{受激} + (\frac{dN_{21}}{dt})_{自发} = B_{21}u(\nu)N_2 + A_{21}N_2$$

单位时间内由能级 E_1 跃迁到能级 E_2 的粒子总数为

$$\left(\frac{dN_{12}}{dt}\right)_{吸收} = B_{12}u(\nu)N_1$$

两个能级之间的跃迁达到细致平衡时向上跃迁和向下跃迁的粒子总数相等

$$\left(\frac{dN_{21}}{dt}\right)_{受激} + \left(\frac{dN_{21}}{dt}\right)_{自发} = \left(\frac{dN_{12}}{dt}\right)_{吸收}$$

即

$$B_{21}u(\nu)N_2 + A_{21}N_2 = B_{12}u(\nu)N_1$$

由此可以解得

$$u(\nu) = \frac{A_{21}}{B_{12}\dfrac{N_1}{N_2} - B_{21}} \tag{8.7}$$

在热平衡状态下，外界光场的光子数密度等于标准能谱，即

$$u(\nu) = u_T(\nu) = \frac{4}{c}r_0(\nu, T)$$

将普朗克公式代入此式，得

$$u(\nu) = u_T(\nu) = \frac{4}{c}r_0(\nu, T) = \frac{8\pi h}{c^3}\frac{\nu^3}{e^{h\nu/kT} - 1} \tag{8.8}$$

将式(8.1)代入式(8.3)，得

$$\frac{N_1}{N_2} = e^{E_2 - E_1/kT} = e^{h\nu/kT} \tag{8.9}$$

将式(8.8)和式(8.9)代入式(8.7)，得

$$\frac{8\pi h\nu^3}{c^3}\frac{1}{e^{h\nu/kT} - 1} = \frac{A_{21}}{B_{12}e^{h\nu/kT} - B_{21}}$$

若此式两端对$(h\nu/kT)$的任何值均成立，公式两边对应的系数必须相等，即

$$\frac{A_{21}}{B_{12}} = \frac{A_{21}}{B_{21}} = \frac{8\pi h\nu^3}{c^3}$$

也就是爱因斯坦系数之间满足如下关系式

$$\begin{cases} B_{21} = B_{12} \\ \dfrac{A_{21}}{B_{21}} = \dfrac{8\pi h\nu^3}{c^3} \end{cases} \tag{8.10}$$

此式表明，对任何能级来说，因受激吸收向上跃迁和因受激辐射向下跃迁的几率相等。从低能级越难激发上去，则越难从高能级跃迁下来。

虽然式(8.10)是在细致衡条件下导出的，但由于三个爱因斯坦系数与原子按能级的分布状况无关，所以这两个公式适用于普遍情况。上述的爱因斯坦辐射理论为后来激光的发明奠定了理论基础。

3. 粒子数反转和抽运

1) 粒子数反转

频率为 ν 的光束通过具有能级 E_2 和 E_1($h\nu = E_2 - E_1$)的粒子体系时,受激吸收与受激辐射同时发生。若在时间 dt 内,单位体积中被粒子吸收的光子数为 dN_{12},受激辐射的光子数为 dN_{21},由于 $B_{12} = B_{21}$,则有

$$(dN_{21})_{\text{受激}} - (dN_{12})_{\text{吸收}} = B_{21}u(\nu)(N_2 - N_1)dt \propto N_2 - N_1 \quad (8.11)$$

(1) 若上能级的粒子数少于下能级的粒子数,即 $N_2 < N_1$,就有 $(dN_{12})_{\text{吸收}} > (dN_{21})_{\text{受激}}$,光束通过粒子体系时,受激吸收的光子数多于受激辐射的光子数,宏观表现为光的吸收或光损耗。

(2) 若上能级的粒子数多于下能级的粒子数,即 $N_2 > N_1$,称为粒子数反转。此时 $(dN_{21})_{\text{受激}} > (dN_{12})_{\text{吸收}}$,光束通过粒子体系时,受激辐射的光子数多于受激吸收的光子数,宏观表现为光的放大或光增益。而且,增加的这些光子的状态(频率、相位、偏振态和传播方向等)与入射光子的状态完全相同,这个过程称为受激辐射放大或光的相干放大。

2) 抽运

为了实现粒子数反转,粒子体系不能处于热平衡状态。粒子体系如果受到某种形式的激励(如光辐射、放电或化学反应等),就可能在某些能级之间实现粒子数反转。这种将低能量状态的粒子转变成高能量状态粒子的过程称为抽运过程,所需的能量由外界的激励能源提供。

由此可见,实现粒子数反转是产生激光必须具备的条件,而抽运过程则是实现粒子数反转必须经历的过程。

4. 能级的寿命

粒子在某个能级上停留的平均时间称为粒子在该能级上的平均寿命,简称寿命。设能级 E_2 上粒子数为 N_2 的粒子自发地向较低能级 E_1 跃迁,若在时间 dt 内,N_2 的改变量为 dN_2,它与自发辐射跃迁粒子数 dN_{21} 的关系为

$$dN_2 = -dN_{21} = -A_{21}N_2 dt$$

式中的负号表示自发辐射时,N_2 随时间不断减少。对上式积分得

$$N_2 = N_{20}e^{-A_{21}t} \quad (8.12)$$

其中 N_{20} 为 $t = 0$ 时刻能级 E_2 上的粒子数。式(8.12)表明,N_2 减少的快慢与自发辐射跃迁几率 A_{21} 的大小有关,跃迁几率越大,自发辐射过程越快。A_{21} 具有时间倒数的量纲,设它的倒数为

$$\tau = \frac{1}{A_{21}} \tag{8.13}$$

τ 反映了粒子平均来说在能级 E_2 上停留时间的长短,称为能级 E_2 的寿命。于是式(8.12)可以改写为

$$N_2 = N_{20} e^{-t/\tau} \tag{8.14}$$

由式(8.14)可知,寿命 τ 也可以理解为能级 E_2 上的粒子数减少到初始时刻的 $1/e(36.8\%)$ 时经历的时间。

各种粒子的各个能级的寿命 τ 与粒子的结构有关。粒子激发态能级寿命的数量级一般为 10^{-9}s,也有一些激发态能级的寿命特别长,可以达到 10^{-3}s,甚至达到 1s,这种长寿命的激发态称为亚稳态,亚稳态的存在对激光的产生具有重要意义。

式(8.13)中的能级寿命只是与自发跃迁过程对应的寿命,称其为能级的自然寿命更为确切。由于粒子间的碰撞和其它外界的干扰,能级的实际寿命要比能级的自然寿命小几个数量级。

8.2 激光器的基本结构和激光的产生

1. 激光器的基本结构

1) 激光器的种类和基本结构

产生激光的器件或装置称为激光器,激光器分为激光振荡器和激光放大器两大类。振荡器的特点是具有光学谐振腔,激光在腔内多次往返形成持续振荡;放大器的特点是没有光学谐振腔,入射激光通过增益介质获得单次或有限次行波式放大。通常的激光器都是指激光振荡器,在某些情况下,则指由激光振荡器和放大器构成的组合系统。如图 8.5 所示,激光器由三部分组成,激活介质、激励能源和光学谐振腔。

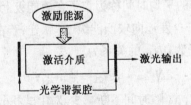

图 8.5 激光器结构示意图

2) 激励能源

激励能源供给激活介质能量,使基态粒子获得能量后被抽运到具有较高能量状态的激发态上,实现粒子数反转。

3) 激活介质(激光工作物质或增益介质)

激活介质是实现粒子数反转并产生受激辐射光放大的粒子体系,它是激光器的核心。激活介质可以是固体(如晶体、半导体或玻璃)、气体(原子、离子或分子气体)和液体等物质。激活介质能够在特定能级之间实现较大程度的粒子数反转,并使这种反转在整个激光发射过程中尽可能有效地保持下去。为此要求激活介质具有合适的能级结构和跃迁特性。

2. 激活介质中的粒子数反转

激活介质的真实能级结构比较复杂,而且一种激活介质内部可能存在几对特定能级的粒子数反转分布。下面讨论的三能级或四能级系统只是激活介质的原理性能级结构。

1) 三能级系统实现粒子数反转的效率不高

在如图 8.6 所示的三能级系统中,能级 E_1 是基态,能级 E_3 和 E_2 是两个激发态,其中能级较低的 E_2 是亚稳态。在外界激励能源的作用下,基态 E_1 上的粒子被迅速抽运到激发态 E_3 上,能级 E_1 上的粒子数 N_1 迅速减少。由于激发态 E_3 的寿命极短,粒子在相互碰撞的过程中,一部分能量转变成热运动能量,很快无辐射跃迁到亚稳态 E_2 上。粒子在亚稳态 E_2 上停留的时间较长,因此在基态 E_1 上粒子数 N_1 迅速减少的同时,亚稳态 E_2 上的粒子数 N_2 迅速增多,直至实现能级 E_2 和 E_1 之间的粒子数反转,即 $N_2 > N_1$。在满足这两个能级之间频率条件的外来光子的激励下,或者在激活介质自发辐射光子的激励下,就会迅速形成受激辐射的光放大。

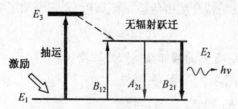

图 8.6 三能级系统的能级图

梅曼(T.H.Maiman)于 1960 年制成的第一台红宝石激光器就是一个三能级激光系统,三能级系统可以实现粒子数反转,但效率不高。原因在于抽运前粒子几乎全部处于基态 E_1 上,只有激励能源很强,而且抽运过程很快时,才可能实现能级 E_2 和 E_1 之间的粒子数反转。

2) 四能级系统容易实现粒子数反转

在如图 8.7 所示的四能级系统中,能级 E_0 是基态,能级 E_3、E_2 和 E_1 都是激发态,其中能级 E_2 是亚稳态。激发态 E_1 上的粒子数本来就较少,只要亚稳态 E_2 上的粒子稍有积累,就会在 E_2 和 E_1 能级之间实现粒子数反转,产生受激辐射光放大。能级 E_3 上的粒子向能

级 E_2 无辐射跃迁得越快,能级 E_1 上的粒子向能级 E_0 无辐射过渡得越快,四能级系统的工作效率就越高。

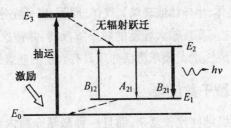

图 8.7　四能级系统的能级图

激活介质的实际能级结构往往比较复杂,可能同时存在几对粒子数反转能级,可以输出多种波长的激光。比如,具有四能级结构的 He – Ne 激光器可以输出 632.8 nm 和 1152.3 nm 波长的激光。氩离子(Ar^+)激光器的输出波长在可见光范围内多达七八种,其中最强的是 488.0 nm 的青光和 514.5 nm 的绿光。

综上所述,粒子抽运和跃迁的全过程是一个循环往复的非平衡过程,实现粒子数反转的基本条件是:存在激励能源,激活介质中存在具有亚稳态的三能级或四能级结构。

3. 激活介质的增益系数及其变化

增益系数 G 用来描述激活介质对光的放大作用,因此激活介质也称为激光增益介质。若光强为 I_0 的光束在增益介质中传播 x 距离后,光强增加了 dI,则有 $dI = GIdx$,即

$$I(x) = I_0 e^{Gx} \tag{8.15}$$

此式表明,光强 $I(x)$ 随距离 x 的增加按指数规律增长。

增益曲线的形状如图 8.8 所示。在形成粒子数反转的两个能级 E_2 和 E_1 之间,与激发态 E_1 上的粒子数 N_1 相比,亚稳态 E_2 上的粒子数 N_2 越多,$N_2 - N_1$ 越大,光放大的能力越强,增益 G 就越大;亚稳态 E_2 上的粒子数 N_2 减少,$N_2 - N_1$ 变少,光放大的能力变弱,增益 G 也随之变小。如图 8.8 所示的曲线显示,光强增强时增益 G 下降了。这是因为,光强 I 很强时,意味着单位时间内从亚稳态 E_2 向激发态 E_1 跃迁的粒子数 dN_{21} 很多,导致 $N_2 - N_1$ 迅速减小,增益 G 随之下降了。

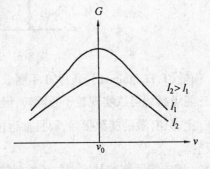

图 8.8　增益曲线

4. 光学谐振腔的定向连续光放大

1) 光学谐振腔的结构

激光器的光学谐振腔简称谐振腔,通常由一对平面或球面反射镜组成,中间放置激活介质。平面谐振腔的两个平面反射镜中,一个是全反射镜 M_1,光强反射率几乎为 100%,另一个为部分反射镜 M_2,反射率约为 80%,这种结构相当于法布里–珀罗标准具。

2) 定向连续光放大

如图 8.9 所示,在实现了粒子数反转的激活介质工作的初期,自发辐射的光子向各个方向随机发射,引起的受激辐射光束的传播方向也是随机的。但只有沿轴向传播的受激辐射光束才能在谐振腔的两个反射镜之间来回多次反射,形成雪崩式的连续光放大,其中的部分激光透过反射镜 M_2,形成稳定的激光输出光束。谐振腔对激光束方向的选择作用,确保了激光器输出的稳定性和激光束极好的方向性。

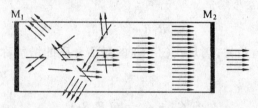

图 8.9 谐振腔对光束方向的选择作用

3) 阈值条件

光在谐振腔和激活介质中来回传播的过程中,有两个相互对立、相互竞争的影响光强变化的因素:一个是光束在激活介质中的增益,它使光强变强;另一个是光束在谐振腔端面和激活介质中的损耗(吸收、透射和衍射等),它使光强变弱。要获得稳定的激光输出,就必须使增益大于或等于损耗。

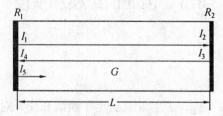

图 8.10 谐振腔内光的增益与损耗

如图 8.10 所示,设激活介质的长度,即平面谐振腔的腔长为 L;激活介质的增益系数为 G,用来代表激光的增益;左右两端面两个反射镜的光强反射率分别为 R_1 和 R_2,用来代表激光的损耗。

若激活介质左端的光强为 I_1，经过长度 L 的激活介质到达右端的反射镜 R_2 时，光强增加到

$$I_2 = I_1 e^{GL}$$

右端反射镜 R_2 造成的透射少部分激光等损耗使反射后的光强减少到

$$I_3 = R_2 I_2 = R_2 I_1 e^{GL}$$

经过长度 L 的激活介质到达左端反射镜 R_1 时，光强又增加到

$$I_4 = I_3 e^{GL} = R_2 I_1 e^{2GL}$$

左端反射镜 R_1 造成的反射等损耗使光强减少到

$$I_5 = R_1 I_4 = R_1 R_2 I_1 e^{2GL}$$

至此，光束在激活介质中往返一周，完成了一个循环。若要确保一个循环的光增益大于或等于光损耗，就必须让 $I_5 \geq I_1$。或者说，若要光束在谐振腔内来回往复的传输过程中维持激光的稳定运行，必须至少满足

$$R_1 R_2 e^{2GL} = 1 \qquad (8.16)$$

此式称为谐振腔的阈值条件，满足式(8.16)的激活介质的增益称为谐振腔的阈值增益 G_m。显然，阈值增益为

$$G_m = -\frac{1}{2L}\ln(R_1 R_2) \qquad (8.17)$$

当激活介质的实际增益 G 大于 G_m 时，光在谐振腔内来回传播的过程中光强增强。由如图 8.8 所示的增益曲线可知，随着光强的增强，激活介质的实际增益很快下降，光强也随之下降，当实际增益 G 下降到等于阈值增益 G_m 时，谐振腔内的光强就维持稳定了。

综上所述，产生激光有两个基本条件：激活介质实现粒子数反转；谐振腔满足阈值条件。

8.3 激光的纵模和横模

1. 激光的辐射线宽

1) 激光的辐射线宽

跃迁的频率条件 $\nu = (E_2 - E_1)/h$ 只给出了激活介质一对能级 E_1 与 E_2 之间形成的光辐射的中心频率是 ν。由于辐射持续时间的有限性等因素的影响，导致激光具有如图 8.11 所示的频率半宽度 $\Delta\nu$，称为激光的辐射线宽。

2) 自然线宽

能级 E_2 的寿命 τ 相当于粒子辐射光波的持续时间。由时间相干性反比公式(3.68)可知，自发辐射发光的持续时间为 τ，波列的频率展宽为

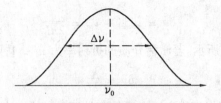

图 8.11 激光的辐射线宽

$$\Delta \nu = \frac{1}{\tau}$$

这种辐射展宽称为激光的自然线宽。因为能级 E_2 是亚稳态,通常寿命为 $\tau > 10^{-3}$s,因此,自然线宽 $\Delta \nu$ 一般在千赫兹(kHz)数量级,甚至更小。

3) 碰撞展宽

粒子之间的碰撞可以加快激发态粒子向低能级的跃迁,促使能级寿命缩短,导致激光的辐射线宽进一步加宽,这种辐射展宽称为碰撞展宽。对于气体激活介质来说,压强增大时粒子碰撞的频率随之增大,碰撞展宽也相应增大。例如,在室温和约 200 Pa 的压强下,He – Ne 激光器 632.8 nm 谱线的碰撞展宽为 100 ~ 200 MHz,远大于谱线的自然线宽。

4) 多普勒展宽

热运动粒子形成的光辐射是运动粒子的辐射。当粒子向着检测器运动时,观测到的辐射频率比静止粒子的辐射频率大,反之则小,这种由多普勒频移效应引起的谱线辐射展宽称为多普勒展宽。大量粒子的速率分布服从麦克斯韦速率分布,故这种展宽的线型与麦克斯韦分布函数曲线相似。室温下,He – Ne 激光器的 632.8 nm 谱线的多普勒展宽为 1300 MHz,比碰撞展宽还大一个数量级,因此多普勒展宽是激光辐射线宽增宽的主要原因。

2. 激光的模式

激光在谐振腔内往返传输,最后趋于稳定,形成输出激光的稳定分布状态,称为激光的模式。每种激光模式都对应一定的激光振荡频率、振幅、相位和偏振态。谐振腔的结构不同,激光的模式也不相同。通常把输出激光的频率称为纵模,把激光在垂直传播方向的横截面上的稳定光强分布称为横模。

1) 纵模

光学谐振腔相当于法布里 – 珀罗标准具,能够对输出光进行选频,由法布里 – 珀罗标准具确定的多光束干涉的纵模及其间隔可知,中心频率满足

$$\nu_m = \frac{mc}{2nL}$$

的光波才能相干加强,成为输出激光。式中 n 为激活介质的折射率;L 为腔长;m 是正整数。频率 ν_m 称为激光的纵模,纵模之间具有相同的频率间隔,即

$$\delta\nu = \nu_{m+1} - \nu_m = \frac{c}{2nL}$$

称为纵模间隔,如图 8.12 所示。若激活介质的折射率为 $n = 1$,则纵模间隔为

$$\delta\nu = \frac{c}{2L}$$

激光器谐振腔的选频作用将激活介质较宽的辐射谱线变成了许多等间隔的较窄辐射谱线。输出激光的频谱中包含的纵模个数为

$$N = \frac{\Delta\nu}{\delta\nu} \tag{8.18}$$

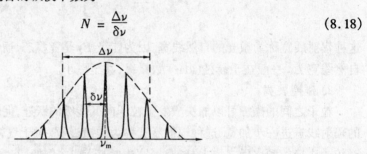

图 8.12　输出激光的纵模

激光的辐射线宽 $\Delta\nu$ 越窄,纵模间隔 $\delta\nu$ 越宽,输出激光的纵模个数越少。例如,He – Ne 激光器中心频率为 $\nu = 4.74 \times 10^{14}$ Hz($\lambda = 632.8$ nm)的激光辐射线宽为 $\Delta\nu \approx 1.5 \times 10^9$ Hz($n \approx 1.0$),若腔长 $L = 30$ cm,则纵模间隔为 $\delta\nu = 5.0 \times 10^8$ Hz,此时激光器输出的纵模个数为 $N = 3$,称这种激光为多纵模(或多频)输出激光。若腔长为 $L = 10$ cm,则 $\delta\nu = 1.5 \times 10^9$ Hz,相应的纵模个数是 $N = 1$,称这种激光为单纵模(或单频)输出激光。

2) 横模

光学谐振腔端面的两个反射镜都有一定大小,反射镜的边缘就是光阑,除了镜面对激光束的反射,必然还有镜面边缘对激光束的衍射。激光束在谐振腔内来回反射时,等价于光束连续通过一系列间距为谐振腔腔长、直径为反射镜直径的圆孔型光阑。激光第一次通过光阑发生衍射后,部分激光偏离原来光束的传播方向。激光第二次通过光阑时,边缘部分的光束被阻挡不能继续在谐振腔内传播,又发生第二次衍射,边缘光束进一步被削弱。经过多次削弱后,激光束将由原来的均匀分布状态变为如图 8.13 所示的稳定分布状态。计算显示,大约经过 300 多次往返反射后,光束就可以达到稳定的光强分布了。

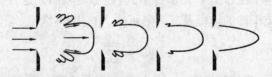

图 8.13　光束在谐振腔中往返传播时的多次衍射

形成稳定的激光振荡后,在垂直激光传播方向的横截面上的稳定光强分布就是输出激光的横模。输出光束在观察屏上形成的光斑形状直观地显示了横模的模式。激光的横模模式一般用 TEM_{pqm} 表示,TEM 是"横电磁"的英文字头缩写,整数 m 为纵模序数,通常略去不写。在如图 8.14 所示的轴对称横模图形中,整数 p 和 q 分别表示光束横截面内在水平方向和竖直方向的暗区数目。例如,横模 TEM_{23} 表示竖直走向的暗区有 2 个,水平走向的暗区有 3 个。

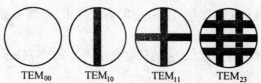

图 8.14　几种轴对称的横模图形

在如图 8.15 所示的旋转对称横模图形中,p 表示图形中的暗环数,q 表示图形中的暗直径条数。例如,在横模 TEM_{03} 中没有暗环,有 3 条暗直径。最常使用的横模模式是最低阶的 TEM_{00} 基模。

图 8.15　几种旋转对称的横模图形

8.4　激光的特性和应用

1. 激光的主要特性

激光器的发光是特定能级间粒子数反转体系的受激辐射发光,与普通的自发辐射发光相比具有鲜明的特点。

1) 极好的单色性

激活介质的有限辐射线宽加上谐振腔的选频作用,使输出激光的谱线很窄,甚至可以单纵模输出,具有极好的单色性。设激光器输出的中心频率为 ν_0,线宽为 $\Delta\nu$,则激光较好的单色性表征量 $\nu_0/\Delta\nu$ 可达 $10^{10} \sim 10^{13}$ 数量级,而较好的普通单色光源的单色性表征量只有 10^6 数量级左右。

2) 极好的方向性

谐振腔对光束方向的选择作用,使激光器的输出光束具有极好的方向性,光束以极小的立体角(一般为 $10^{-5} \sim 10^{-8}$ sr) 向前传输。

3) 极好的相干性

激光极好的单色性使它具有极好的时间相干性。单横模运行时其横截面上各点具有固定的相位差,使它具有极好的空间相干性。在单纵模及 TEM_{00} 横模的模式下运行时,激光的相干性、单色性及方向性均最好,这时光束腰部截面上各点的相位相同。激光束振幅的横向分布呈高斯分布(称为高斯光束),激光束近似于理想平面波。

4) 极高的光强

极好的方向性使激光束的能量可以在空间高度集中,形成高亮度的激光输出和被照射物体表面的高照度。

自然界中最强的光源要属太阳,它的辐射亮度约为 10^3 W/(cm²·sr),而目前大功率激光器的输出亮度可以达到 $10^{10} \sim 10^{17}$ W/(cm²·sr)。

2. 激光的应用

激光的极高光强是任何自然光源和其它普通光源无法相比的。激光束的良好方向性,使其可以聚焦在线度为几十个微米的很小区域里。一台 10 mW 的小型 He-Ne 激光器焦点处的光强(即辐射照度)可以达到 10^7 W/m²,是太阳在地球表面产生的约 10^3 W/m² 光强的一万倍。现在大型激光器可以输出数十千瓦(kW) 功率的连续激光或数百太瓦(1TW = 10^{12}W) 功率的脉冲激光。因此,可以利用这种高强度激光束打孔、焊接、切割以及用做医学上的激光手术刀。

在强光下介质呈现明显的非线性效应,因此可以用激光进行非线性光学的研究。更高强度的激光可以用作激光武器。当激光的光强超过 10^{18} W/m² 时,可以引发核聚变,即可以将较轻的原子核(氢、氘和氚核等) 聚合为较重的原子核,同时释放出大量的能量。

利用激光极好的单色性和方向性可以在更高的精度下和更大的范围内进行长度等物理量的测量。可以利用单色性和频率稳定性极高的激光系统建立长度、时间和频率的标准;测量 40 万 km 的地月距离时,误差不超过数米。

激光是一种光频波段的相干电磁波辐射,可以用激光作为光频电磁载波来传递各种信息。激光通信的优点主要是:传递信息容量大、通信距离远、保密性高,以及抗干扰性强。在较好的地面条件下,可以实现几十千米甚至上百千米区间的定点激光通信。

激光还在激光化学、激光医学、激光生物学、激光全息术和激光雷达等方面有广泛应用。随着科学技术的发展,激光必将在各方面发挥越来越大的作用。

8.5 超短脉冲激光

1. 超短脉冲激光及其应用

激光器产生的激光脉冲的时间宽度称为脉宽。普通脉冲激光的脉宽为毫秒(1 ms =

10^{-3} s)量级;调 Q 激光器输出激光的脉宽可以达到纳秒(1 ns = 10^{-9} s)量级;20世纪60年代发展起来的锁模技术可以将激光的脉宽压缩到皮秒(1 ps = 10^{-12} s)量级;通常将脉宽小于 100 ps 的激光称为超短脉冲激光。目前,超短脉冲激光的脉宽已经缩短至 5 飞秒左右(1 fs = 10^{-15} s),脉宽为几十飞秒的激光器已经成为商品。

飞秒脉冲激光具有持续时间短、峰值功率高等特点,使用飞秒脉冲激光可以研究发生在亚皮秒以及飞秒时间范围的光与物质相互作用的超快现象,使人类探索物质世界未知的瞬态过程的梦想成为现实。

美国埃及裔科学家 A. Zewail 利用飞秒脉冲激光的泵浦探测技术首次实时观测到了分子层次上的化学反应的全过程,开创了飞秒科学研究的新领域,于 1999 年获得了诺贝尔化学奖。

泵浦探测技术使用两束飞秒脉冲激光,第一束飞秒脉冲激光激发物质分子间的化学反应,称为泵浦光。第二束称为探测光的飞秒脉冲激光经过不同时间的延迟后入射到正在发生化学反应的物质上,探测飞秒量级时间内化学反应的瞬态变化。这相当于在启动化学反应后再在不同时刻拍摄化学反应的"快照",从这些"快照"中可以获得飞秒时间分辨的化学反应的演变信息。

2. 利用锁模技术产生超短脉冲激光的基本原理

激光器谐振腔的选频作用通常使激光呈现多纵模振荡。由于不同的振荡纵模是由不同的光子激发形成的受激辐射光放大,在激活介质和谐振腔腔长的热形变以及泵浦能量变化等各种因素的影响下,各个纵模的振幅和初始相位都不相同,相互之间没有关联。各个振荡模非相干叠加后的总输出光强随时间呈现如图 8.16 所示的随机起伏变化。

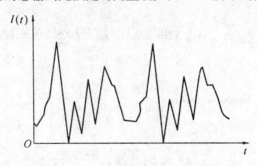

图 8.16 非锁模激光输出的光强分布

此时,若有 N 个纵模超过激光器谐振腔的阈值条件,则激光输出的合光强是 N 个纵模输出光强的和,即

$$I(t) = \sum_N I_q(t)$$

若每个纵模的光强都为 I_0,则合光强是单个纵模光强的 N 倍,即
$$I = NI_0$$

如果能够采用适当的措施使这些各自独立的纵模在时间上同步,也就是把相邻纵模之间的相位差按照 $\varphi_{q+1} - \varphi_q = C$(常数)的关系锁定起来,激光器将输出脉宽极窄、峰值功率很高的光脉冲,具有这种功能的激光器称为锁模激光器,相应的固定相邻纵模相位差的技术称为锁模技术。

锁模后的激光输出波函数和输出光强可以通过如下的计算得到。为计算方便,设多模激光器的所有超过阈值的纵模共有 N 个,各个纵模均具有相等的振幅 E_0。处于激活介质辐射线宽中心的纵模频率为 ω_0,初相位为 0,纵模序数为 $q = 0$。各相邻纵模的圆频率间隔为

$$\omega = 2\pi\delta\nu = 2\pi\frac{c}{2L} \tag{8.19}$$

设锁模后的各相邻纵模间的相位差为 φ_0。在平面波近似下,若第 q 个纵模的波函数为

$$E_q(t) = E_0\cos[q\varphi_0 - (\omega_0 + q\omega)t] \tag{8.20}$$

则激光器总的输出波函数为各个纵模波函数的叠加,即

$$E(t) = \sum_{q=-(N-1)/2}^{(N-1)/2} E_0\cos[q\varphi_0 - (\omega_0 + q\omega)t] =$$
$$E_0\cos(-\omega_0 t)[1 + 2\cos\alpha + 2\cos2\alpha + \cdots + 2\cos((N-1)\alpha/2)]$$

其中 $\alpha = \varphi_0 - \omega t$。利用三角级数求和公式

$$\sum_{m=1}^{N}\cos m\alpha = \frac{\sin(N\alpha/2)\cos((N+1)\alpha/2)}{\sin(\alpha/2)}$$

可得

$$1 + 2 \times \left(\sum_{m=1}^{(N-1)/2}\cos m\alpha\right) = 1 + \frac{2\sin((N-1)\alpha/4)\cos((N+1)\alpha/4)}{\sin(\alpha/2)} = \frac{\sin(N\alpha/2)}{\sin(\alpha/2)}$$

因此得

$$E(t) = E_0\cos(-\omega_0 t)\frac{\sin[N(\varphi_0 - \omega t)/2]}{\sin[(\varphi_0 - \omega t)/2]} = E_0(t)\cos(-\omega_0 t)$$

其中合振幅为

$$E_0(t) = E_0\frac{\sin[N(\varphi_0 - \omega t)/2]}{\sin[(\varphi_0 - \omega t)/2]} \tag{8.21}$$

合光强为

$$I(t) = E_0^2\frac{\sin^2[N(\varphi_0 - \omega t)/2]}{\sin^2[(\varphi_0 - \omega t)/2]}$$

由上面的光强分布公式可以得到输出激光的特性,为了讨论方便,设 $\varphi_0 = 0$,则输出

激光的光强分布为

$$I(t) = E_0^2 \frac{\sin^2(-N\omega t/2)}{\sin^2(-\omega t/2)} \tag{8.22}$$

图 8.17 给出了具有 8 个纵模的激光器锁模后的激光输出光强分布。

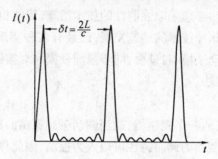

图 8.17 锁模后的激光输出光强分布

(1) 由式(8.22)可以求得激光输出主脉冲出现的时间为

$$t = m\frac{2\pi}{\omega} = m\frac{2L}{c} \quad (m = 0, \pm 1, \pm 2, \cdots) \tag{8.23}$$

因此，锁模后激光器输出周期为 $\delta t = 2L/c$ 的规则脉冲激光序列。激光脉冲的输出周期恰好是一个光脉冲在谐振腔中往返一次所用的时间，所以锁模振荡也可以理解为只有一个光脉冲在腔内的往返传输。

激光脉冲的峰值功率为

$$I_M = N^2 E_0^2 = N^2 I_0 \tag{8.24}$$

非锁模激光器的输出功率仅为锁模激光器输出脉冲峰值功率的 $1/N$。

(2) 激光输出脉冲的零值点出现在 $\sin(-N\omega t/2) = 0$，且 $\sin(-\omega t/2) \neq 0$ 的位置，零值点满足

$$\omega(t + \tau)/2 = (k + m/N)\pi \quad (m = 0,1,2,\cdots,(N-1); k = 0, \pm 1, \pm 2, \cdots) \tag{8.25}$$

其中 t 是输出主脉冲峰值出现的时间；τ 是输出主脉冲由峰值下降到第一个零值点的时间间隔，称为输出主脉冲的脉宽。注意到 $\omega t/2 = k\pi$ 以及主脉冲由峰值下降到第一个零值点时 $m = 1$，由式(8.19)和(8.18)可得主脉冲的脉宽为

$$\tau = \frac{1}{N\delta\nu} = \frac{1}{\Delta\nu} \tag{8.26}$$

其中 $\delta\nu$ 是纵模间隔；$\Delta\nu$ 是激活介质的辐射线宽。可见，纵模个数 N 越多，或者激活介质的辐射线宽越宽，锁模后得到的脉冲激光的脉宽越窄。

(3) 由上述讨论可知，在激光脉冲的一个输出周期 $\delta t = \dfrac{2L}{c}$ 内，有 $N - 1$ 个光脉冲的零值点和 $N - 2$ 个次强光脉冲。由于锁模激光器中被锁定的纵模个数很多，因此次强光脉冲的峰值功率很低，可以忽略不计。

多模激光器相位锁定后获得了峰值功率很高、脉冲宽度很窄的序列光脉冲。此时各个振动模发生功率耦合,不再独立,激光输出主脉冲的功率是所有振荡模共同提供的。

3. 主动锁模和被动锁模

为了实现纵模的锁定,必须采取强制性的技术措施,促使相邻纵模间的相位和频率保持固定的关系。随着超短脉冲技术的迅速发展,已经有多种实现锁模的方法,按其工作原理可以分为主动锁模、被动锁模、自锁模、同步泵浦锁模和对撞锁模等方法。其中最常用的是主动锁模和被动锁模方法。

1) 主动锁模

在激光器谐振腔里安插一个调制器,适当调制激光振荡的频率和幅度,可以实现激光器的纵模锁定。由于该调制器的调制特性可以人为控制,因此称为主动锁模。

将振幅调制器安插在谐振腔内,调制频率应该严格等于激光振荡纵模的频率间隔,即 $\omega = 2\pi\delta\nu = 2\pi\dfrac{c}{2L}$,或者调制周期必须恰好等于激光振荡在腔内往返一周所需的时间,即 $\delta t = \dfrac{2L}{c}$。若调制幅度为 M,则处于激活介质辐射线宽中心附近的纵模频率为 ω_q 的光波被调制后的波函数为

$$E_q(t) = E_0[1 + M\cos(-\omega t)]\cos(\varphi_q - \omega_q t)$$

将此式展开得

$$E_q(t) = E_0\cos(\varphi_q - \omega_q t) + \frac{1}{2}ME_0\cos[\varphi_q - (\omega_q + \omega)t] + \frac{1}{2}ME_0\cos[\varphi_q - (\omega_q - \omega)t] \tag{8.27}$$

调制的结果使频率为 ω_q 的纵模又产生了频率为 $\omega_q \pm \omega$ 的初相位相同的两个边频。因此,只要频率处于激活介质辐射线宽中心频率附近的某个优势纵模形成振荡,将会同时激起与其相邻的初相位相同的两个纵模振荡,马上这两个边频纵模通过调制又会产生新的边频,并形成频率为 $\omega_q \pm 2\omega$ 的初相位相同的纵模振荡。如此发展下去,直至激活介质辐射线宽内满足阈值条件的所有纵模均被耦合激发形成振荡为止。由于所有这些纵模均有相同的初相位 φ_q,相邻纵模间又保持等间隔的固定频率差 ω,则适当选择调制幅度 M 的大小就可以控制各个纵模的振幅关系,实现纵模间的相互耦合,形成强而窄的激光输出脉冲序列。

2) 被动锁模

在激光器里内置一个很薄的可饱和吸收体(比如染料盒),用于调节腔内的损耗,选择适当的参数也可以实现锁模。由于这种锁模过程由吸收体的非线性可饱和吸收特性决定,不受人为控制,因此称为被动锁模。

染料具有可饱和吸收系数随光强增强下降的特性,因此强激光的透过率比弱激光的透过率大。也就是大于饱和光强的强激光大部分透过,而且其损耗部分可以由激活介质的放大得到补偿。小于饱和光强的弱激光被大部分吸收,而且损耗部分不容易得到激活介质的补偿。设锁模前谐振腔内光子的分布基本上是均匀的,由于染料的可饱和吸收特性,光脉冲每通过染料和激活介质一次,其强弱部分的强度差值就扩大一次,在腔内往返多次后,强弱部分的差值越来越大。光脉冲的前沿不断被削陡,激光脉冲变得越来越窄,最终形成了脉宽很窄的激光输出脉冲序列。

被动锁模的机制也可以从另一个角度来理解。开始时自发辐射的荧光以及受激辐射激光经过可饱和吸收染料的选择吸收作用,只剩下高增益的中心频率 ω_0 以及边频的纵模激光,经过几次染料的吸收和激活介质的放大,边频纵模激光又激发出新的边频纵模激光,如此发展下去,最终使得激活介质辐射线宽内满足阈值条件的所有纵模均被耦合激发形成激光振荡,就得到了周期为 $t_0 = \frac{2L}{c}$ 的强而窄的激光输出脉冲序列。

习 题 8

8.1 设两能级系统的能级差为 0.02 eV,求(1) $T = 10^2$ K、10^3 K、10^5 K 和 10^8 K 时上下两能级的粒子数比值;(2) 两能级的粒子数相等时对应的状态温度。

8.2 如果激光分别在 15 μm 和 550 nm 波长处,以及在 4000 MHz 频率处输出 1 W 的连续功率,分别求每秒钟从激光上能级向下能级跃迁的粒子数。

8.3 光束通过长度为 20 cm、增益系数为 0.2 cm^{-1} 的激活介质,求透射光强与入射光强的比值。

8.4 光束通过长度为 1 m 的均匀激活介质后,透射光强变为入射光强的 5 倍,求激活介质的增益系数。

8.5 发光时间为 10^{-9} s 的自发辐射介质发射波长为 550 nm 的光波,求谱线的自然线宽对应的波长宽度 Δλ 和相干长度。

8.6 中心波长为 632.8 nm 的 He - Ne 激光的输出线宽对应的波长宽度为 10^{-8} nm,(1) 求相应的线宽(频率宽度)和相干长度;(2) 若波长为 589.3 nm 的钠黄光的多普勒展宽为 0.0012 nm,求相应的线宽和相干长度。

8.7 若一对能级间的能量差为 2.0 eV,自发辐射的自然寿命为 10 μs,求爱因斯坦的自发辐射系数和受激辐射系数。

8.8 氢原子第 1 激发态的能量为 - 3.4 eV,基态能量为 - 13.6 eV,若处于 2700 K 平衡温度下的基态原子数为 10^{20},求第 1 激发态的原子数目。

8.9 在 300 K 的室温下,一对能级间的粒子数比值为 $N_1/N_2 = e$,求电子在这对能级间跃迁时辐射或吸收光子的波长。

8.10 在 300 K 的室温下,普通光源发出波长为 600 nm 光波,辐射源发出波长为 30 cm 的微波,分别求热平衡状态下受激辐射与自发辐射的光强比值。

8.11 氩离子激光器输出基模 488 nm 的辐射线宽为 $\Delta\nu = 4000$ MHz,求腔长为 $L = 1$ m 时,光束中包含的纵模数目和两相邻输出纵模间的波长差。

8.12 He-Ne 激光器的谐振腔长为 2 m,谐振腔两个镜面的光强反射率均为 98%,求纵模间隔和波长为 632.8 nm 的纵模对应的单模线宽。

8.13 激光器中的激活介质的辐射线宽为 $\Delta\nu = 1000$ MHz,激活介质的折射率为 1。求单纵模输出时激光器谐振腔的腔长。

8.14 输出波长为 800 nm 的飞秒激光的脉冲宽度为 130 fs(1 fs = 10^{-15} s),求激活介质辐射线宽对应的波长宽度。

8.15 腔长为 1 m,折射率为 1 的激活介质的辐射线宽为 $\Delta\nu = 4000$ MHz,各个纵模的光强都为 I_0,求锁模前激光器输出的合光强和锁模后主脉冲的峰值光强。

8.16 锁模激光器的腔长为 1 m,激活介质的折射率为 1,多普勒线宽为 6000 MHz,未锁模时的平均输出功率为 3W。求激光输出脉冲的峰值功率、脉冲宽度和相邻脉冲的时间间隔。

第9章 光学信息处理和全息照相

9.1 傅里叶变换

1. 傅里叶级数和频谱

设 $f(x)$ 表示一个随位置变化的函数,变化周期为 λ,空间频率即为 $u = 1/\lambda$。时间频率表示单位时间里波动的振动次数;空间频率表示某方向上单位距离内包含的波动周期的数目。$k = 2\pi/\lambda = 2\pi u$ 称为该函数的基频(圆频率)。由无穷级数理论可知,$f(x)$ 可以分解为无穷多个频率分别为基频 k 不同整数倍的简谐函数之和,即

$$f(x) = \frac{a_0}{2} + \sum_{m=1}^{\infty}(a_m\cos(mkx) + b_m\sin(mkx)) \tag{9.1}$$

其中 a_0, a_m, b_m 称为傅里叶系数,对应的公式分别为

$$a_0 = \frac{2}{\lambda}\int_0^\lambda f(x)\mathrm{d}x \tag{9.2}$$

$$a_m = \frac{2}{\lambda}\int_0^\lambda f(x)\cos(mkx)\mathrm{d}x \quad (m = 1,2,3,\cdots) \tag{9.3}$$

$$b_m = \frac{2}{\lambda}\int_0^\lambda f(x)\sin(mkx)\mathrm{d}x \quad (m = 1,2,3,\cdots) \tag{9.4}$$

下面计算图 9.1 所示的周期性方波的傅里叶级数,周期性方波的表示式为

$$f(x) = \begin{cases} +1 & (0 < x < \lambda/2) \\ -1 & (\lambda/2 < x < \lambda) \end{cases} \tag{9.5}$$

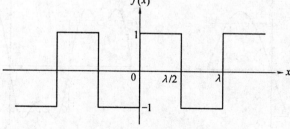

图 9.1 周期性方波

将方波表示式代入傅里叶系数公式得

$$a_0 = a_m = 0$$

$$b_m = \frac{2}{\lambda}\int_0^\lambda f(x)\sin(mkx)\mathrm{d}x =$$

$$\frac{2}{\lambda}\int_0^{\lambda/2}(+1)\sin(mkx)\mathrm{d}x + \frac{2}{\lambda}\int_{\lambda/2}^\lambda(-1)\sin(mkx)\mathrm{d}x =$$

$$\frac{2}{m\pi}(1 - \cos m\pi)$$

因此，傅里叶系数分别为

$$b_1 = \frac{4}{\pi},\ b_2 = 0,\ b_3 = \frac{4}{3\pi},\ b_4 = 0,\ b_5 = \frac{4}{5\pi},\cdots$$

展开后的方波为

$$f(x) = \frac{4}{\pi}\left[\sin(kx) + \frac{1}{3}\sin(3kx) + \frac{1}{5}\sin(5kx) + \cdots\right] \tag{9.6}$$

可见，周期性方波由基频 $k = 2\pi/\lambda$ 和奇数倍基频的正弦函数之和构成，振幅分别为 $4/\pi, 4/3\pi, 4/5\pi, \cdots$，称这些随频率变化的振幅分布为周期性方波函数 $f(x)$ 的频谱，如图 9.2 所示。

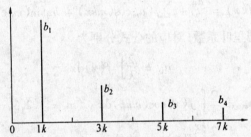

图 9.2　周期性方波的频谱

图 9.3 ~ 9.6 给出了参与组合的正弦函数依次增多时形成的逐渐逼近方波形状的曲线图。

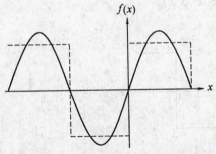

图 9.3　$f(x) = \frac{4}{\pi}\sin(kx)$ 的曲线图

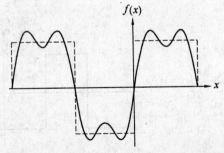

图 9.4　$f(x) = \frac{4}{\pi}[\sin(kx) + \frac{1}{3}\sin(3kx)]$ 的曲线图

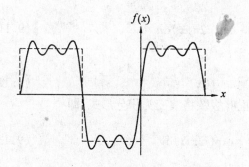
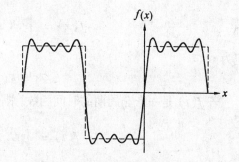

图 9.5 $f(x) = \frac{4}{\pi}[\sin(kx) + \frac{1}{3}\sin(3kx) + \frac{1}{5}\sin(5kx)]$ 的曲线图

图 9.6 $f(x) = \frac{4}{\pi}[\sin(kx) + \frac{1}{3}\sin(3kx) + \frac{1}{5}\sin(5kx) + \frac{1}{7}\sin(7kx)]$ 的曲线图

从这一系列的函数曲线图可以看出,频谱中的低频分量给出了物体或图像的轮廓,这是物体或图像的主要构成部分。频谱中的高频部分则给出了物体或图像的细节,也就是分辨率。随着越来越多的高级次谐频函数参与组合,曲线的棱角会越来越分明,曲线图将越来越逼近如图 9.1 所示的周期性方波的形状。

2. 傅里叶积分

若函数 $f(x)$ 是一个非周期函数,则上述级数将演变为积分形式,即

$$f(x) = \int_{-\infty}^{\infty} F(u) \cdot \exp(\mathrm{i}2\pi ux) \mathrm{d}u \tag{9.7}$$

其中 $F(u)$ 的表示式为

$$F(u) = \int_{-\infty}^{\infty} f(x) \cdot \exp(-\mathrm{i}2\pi ux) \mathrm{d}x \tag{9.8}$$

$F(u)$ 称为函数 $f(x)$ 的频谱。

3. 傅里叶变换

空间坐标函数 $f(x)$ 的傅里叶变换定义为

$$F(u) = \int_{-\infty}^{\infty} f(x) \exp(-\mathrm{i}2\pi ux) \mathrm{d}x \tag{9.9}$$

其中 u 为空间频率;$F(u)$ 是 $f(x)$ 的频谱或振幅分布函数,也称为傅里叶变换或傅里叶正变换。记为

$$\mathscr{F}[f(x)] = F(u) \tag{9.10}$$

傅里叶逆变换定义为

$$f(x) = \int_{-\infty}^{\infty} F(u) \cdot \exp(\mathrm{i}2\pi ux)\mathrm{d}u \qquad (9.11)$$

记为

$$\mathscr{F}^{-1}[F(u)] = f(x) \qquad (9.12)$$

若 $f(t)$ 是一个非周期的时间函数,则傅里叶级数将演变为积分形式,即

$$f(t) = \int_{-\infty}^{\infty} G(\nu) \cdot \exp(\mathrm{i}2\pi\nu t)\mathrm{d}\nu \qquad (9.13)$$

其中 $G(\nu)$ 的表示式为

$$G(\nu) = \int_{-\infty}^{\infty} f(t) \cdot \exp(-\mathrm{i}2\pi\nu t)\mathrm{d}t \qquad (9.14)$$

$G(\nu)$ 称为函数 $f(t)$ 的频谱或振幅分布函数。式(9.13)和(9.14)确定了函数 $f(t)$ 与 $G(\nu)$ 的关系,它们一一对应,其中式(9.14)称为傅里叶变换,也称为傅里叶正变换。记为

$$\mathscr{F}[f(t)] = G(\nu) \qquad (9.15)$$

式(9.13)称为傅里叶逆变换,记为

$$\mathscr{F}^{-1}[G(\nu)] = f(t) \qquad (9.16)$$

9.2 阿贝成像理论和空间滤波实验

1. 阿贝(E. Abbe)成像理论

通常的成像观点是一个物点经过成像系统形成一个像点,物像之间点点对应,形成如图 9.7 所示的一次完成的几何成像过程。

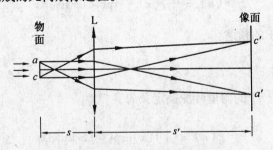

图 9.7 点点对应的一次几何成像过程

阿贝则给出了不同于前者的频谱变换的成像观点,他认为物是不同空间频率信息的集合,成像过程由如图 9.8 所示的两次相干成像过程完成。

由点光源形成的平行照明光经物平面发生夫琅禾费衍射,在透镜 L 的后焦平面(即频

第 9 章 光学信息处理和全息照相

· 267 ·

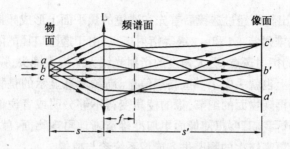

图 9.8　阿贝两次相干成像过程图

谱面)形成物平面的一系列频谱斑点,这是第一次相干成像过程,实际上是一次傅里叶变换。频谱面中心附近的低级次频谱斑点包含着物面的低频信息,距离中心较远位置的高级次频谱斑点包含着物面的高频信息。

频谱面上的频谱作为次波源,发出一系列相干球面波,在像面上相干叠加成像,完成了第二次相干成像过程,这是又一次傅里叶变换,在像平面得到了物平面的相应像。这种两次相干成像的观点称为阿贝成像理论。

2. 空间滤波实验

为了验证阿贝成像理论,阿贝和波特分别做了空间滤波实验,即著名的阿贝 - 波特实验,空间滤波的实验装置如图 9.8 所示。点光源形成的单色平行光正入射到矩形正交网状细丝物面上,频谱面上放置空间滤波器,用于改变参与第二次相干成像的频谱结构。实验过程和结果如图 9.9 所示。

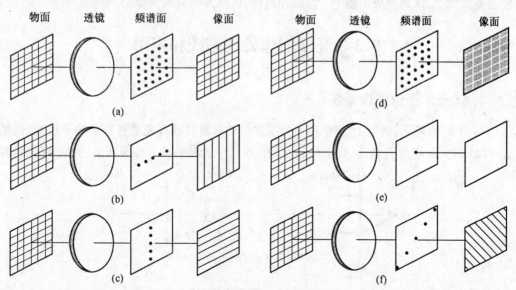

图 9.9　阿贝 - 波特实验

图9.9(a)显示出物面经过透镜后首先在透镜的焦平面上形成频谱斑点,中心是零级斑,从中心向外依次排列着±1和±2级等衍射斑点。由于透镜口径的限制,从图9.9(a)中只能看到较低级次的衍射斑点,更大角度的衍射光线无法进入镜头,频谱面上就缺少了更高级次的频谱,像面上也就丢失了一些高频信息。高频信息显示的是物面的细节,缺少了些高频成分,就无法再现物面的细节,像的棱角变得不够分明或者说像面有些模糊了。因此,阿贝成像理论告诉我们,要想使像面更加准确清晰地再现物面,就必须尽量扩大物镜的口径,以便能够让更高级次的频谱进入成像系统参与成像。

当频谱面上只保留水平方向或竖直方向的频谱信息时,如图9.9(b)和(c)所示,像面上形成的是与频谱分布走向垂直的物面对应的像面,说明不同方向的频谱分布包含着与其方向垂直的物面信息。这一点从图9.9(f)看得更清楚,当只保留矩形频谱面上对角线方向的频谱时,所成的像面是与频谱分布走向垂直的倾斜直线。可见,选择适当的滤波器能够改变像面的性质。

只去掉零级频谱,如图9.9(d)所示,在一定条件下可以实现像面照度的反转。若只保留零级频谱,像面显示的是物面的本底,由于矩形正交网状细丝物面的本底是空白的,因此图9.9(e)显示的是空白像面。

整个阿贝-波特实验充分显示了阿贝成像理论的正确性,物面经第一次衍射形成的频谱包含物面的各个部分的信息,零级频谱包含物面的本底信息,低级次的频谱包含物面的基本轮廓信息,高级次频谱包含物面的棱角等细节信息。第一次衍射成像首先把包含物面各种信息的频谱铺展在频谱面上,然后再通过第二次成像把物面上的各个部分的信息汇合到像面上,从而完成了整个干涉成像过程,这就是阿贝成像理论。

9.3 光学图像处理系统和应用

1. $4f$ 光学图像处理系统

如图9.10所示,透镜 L_0 将单色点光源发出的球面波准直成垂直物面的平行光。透镜 L_1 和 L_2 的焦距均为 f,物面、频谱面和像面依次位于透镜的相应焦平面上,构成 $4f$ 图像处

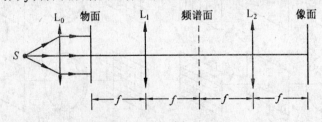

图9.10 $4f$ 图像处理系统

理系统。

图 9.11 给出了位于光轴上的高度为 $E_0(x)$ 的小物经过 $4f$ 系统几何成像的图示，在像面上得到的是大小相等的倒立实像 $E_1(x')$，横向放大率为 $V=-1$，即 $E_1(x')=E_0(-x)$，其中的负号表示实像的坐标与物的坐标相反，即物成倒立像。

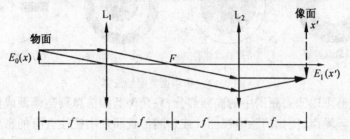

图 9.11　物体经 $4f$ 系统的几何成像

物体经 $4f$ 系统的成像过程也可以用阿贝成像的观点，或者用傅里叶变换的观点描述。设物面上的二维物光波为 $\widetilde{E}(x,y)$，通过透镜 L_1 后完成了二维傅里叶正变换，在频谱面上得到频谱

$$\widetilde{F}_1(u,v)=\mathscr{F}[\widetilde{E}_0(x,y)] \tag{9.17}$$

频谱 $\widetilde{F}_1(u,v)$ 通过透镜 L_2 后又完成一次二维傅里叶变换，在像面上得到像的光波函数

$$\widetilde{E}_1(x',y')=\mathscr{F}[\widetilde{F}_1(u,v)]=\mathscr{F}\mathscr{F}[\widetilde{E}_0(x,y)] \tag{9.18}$$

可以证明（见习题 9.4），对一个函数作连续两次傅里叶变换后，结果为 $\mathscr{F}\mathscr{F}[f(x)]=f(-x)$，因此得到

$$\widetilde{E}_1(x',y')=\widetilde{E}_0(-x,-y) \tag{9.19}$$

可见，通过阿贝成像过程得到的像与通过几何成像过程得到的像相同，$4f$ 图像处理系统是一个能成与物等大的倒立实像的光学图像处理系统。

2. 空间滤波器的种类及应用举例

在 $4f$ 光学图像处理系统的频谱面上放置空间滤波器后可以对物面进行图像处理，空间滤波器一般分为振幅型和相位型两类，根据不同的需要可以选择不同类型的滤波器。

1) 振幅型空间滤波器

振幅型空间滤波器只改变傅里叶频谱的振幅分布，不改变它的相位分布，其透过率函数一般表示为

$$\widetilde{H}(u,v)=\begin{cases}1\\0\end{cases}$$

其中"1"为开放区域;"0"为遮挡区域。根据不同的滤波频段,又分为如图 9.12 所示的低通、高通、带通和方向滤波器。

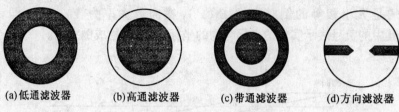

图 9.12　振幅型空间滤波器

低通滤波器可以滤去频谱中的高频部分,只允许低频信息到达像面成像,主要用于消除图像中的高频噪声,比如消除电视图片或新闻传真照片中往往含有的密度较高的网点,但同时也损失了物面的高频信息,使像的边缘变得模糊;高通滤波器用于滤除频谱中的低频信息,增强像的边缘细节,或实现像面照度的反转;带通滤波器用于选择某些频谱通过,滤去另一些频谱信息;方向滤波器用于消除影响画面的条纹或斑痕,比如将图 9.13(a) 的画面放在 $4f$ 光学图像处理系统的物面上,再将图 9.13(b) 所示的方向滤波器放置在频谱面上,在像面上就可以得到如图 9.13(c) 所示的滤去竖直条纹的清晰画面。

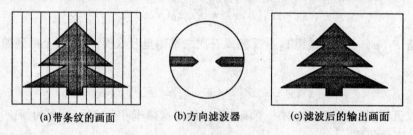

图 9.13　方向滤波器的滤波作用

2) 相位型滤波器

生物切片、晶体切片和薄膜等类样品是高度透明的物体,这些样品的结构信息主要表现在样品折射率的不均匀或几何厚度的不均匀,它们被称为相位物体。相位物体的各部分都是透明的,没有振幅的变化,只有相位遵从一定的分布规律,因此物面的透过率函数中只包含相位分布因子

$$\tilde{t}_0(x,y) = e^{i\varphi(x,y)} \tag{9.20}$$

由于人的眼睛只能感受光强变化,在单色平行光的照明下,相位物体均匀透明,即使使用显微镜观察也看不到任何物体的结构信息。只有将相位信息变换成振幅信息,才能显现出物体的结构。荷兰科学家泽尼克(F. Zernike)发明了相衬法,使用相位滤波器,通过改变样品频谱面上某些频谱的相位分布,将样品的相位信息转化成随相位变化的不同光强分布,实现了光强的相位调制,并研制出新型的相衬显微镜,因此获得了诺贝尔物理学奖。

当相位 φ 的变化小于 1 rad 时,式(9.20)的相位透过率函数按幂级数展开后,可以近

似表示为

$$\tilde{t}_0(x,y) \approx 1 + i\varphi(x,y) \tag{9.21}$$

在频谱面上不加任何滤波器时,物光波通过 $4f$ 系统后,像的光强分布为

$$I = \tilde{t}_0 \tilde{t}_0^* = |(1+i\varphi)(1-i\varphi)| \approx 1$$

此时像面上一片均匀照明,看不到样品的任何实际结构。

在频谱面上放置一个相位滤波器,使频谱面上零级谱的相位增加 $\pi/2$,从频谱面出射的光波的频谱函数为

$$\tilde{F}(u,\nu) = e^{i\pi/2} \cdot \mathscr{F}[1] + \mathscr{F}[i\varphi(x,y)]$$

即

$$\tilde{F}(u,\nu) = i\{\mathscr{F}[1+\varphi(x,y)]\} \tag{9.22}$$

频谱 $\tilde{F}(u,\nu)$ 经过透镜 L_2 再进行一次傅里叶变换,像面上的光波函数为

$$\tilde{t}_1(x',y') = \mathscr{F}[\tilde{F}(u,\nu)] = i(1+\varphi(x',y')) \tag{9.23}$$

像面上的光强分布即为

$$I = \tilde{t}_1(x',y')\tilde{t}_1^*(x',y') = (1+\varphi(x',y'))^2 \approx 1 + 2\varphi(x',y') \tag{9.24}$$

上式显示,相位物体的光强 I 与相位 φ 成线性关系,像的光强随物面的相位分布线性地变化,从而把透明物体的相位信息变换成了可观察的光强信息。

3. θ 调制实验

如图 9.14(a) 所示,若将图像中的天空使用与水平方向成 $\theta = \pi/4$ 走向的黑白平面透射光栅成形,城楼用水平走向的黑白平面透射光栅成形,大地用竖直走向的黑白平面透射光栅成形。然后拼接起来,置于 $4f$ 系统的物面上。用白光照射这幅黑白透明图片,在频谱面上就会出现如图 9.14(b) 所示的红、黄、蓝依次排列的、方向不同的三组彩色频谱斑点。将黑色屏幕安插在频谱面上,并在频谱面上如图 9.14(c) 所示的位置开孔,仅仅让频谱面上的零级谱、$\theta = \pi/4$ 方向上的一级蓝色频谱、水平方向上的一级黄色频谱和竖直方向上的一级红色频谱通过,输出像面就是一幅如图 9.14(d) 所示的彩色画面。

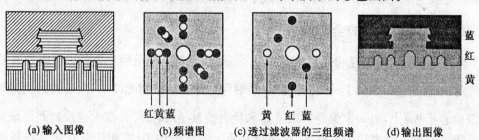

(a) 输入图像　　(b) 频谱图　　(c) 透过滤波器的三组频谱　　(d) 输出图像

图 9.14　θ 调制实验

若改变滤波器上开孔的位置,可以变换出不同颜色搭配的画面,这种显色滤波实验称为 θ 调制实验。

9.4 全息照相的原理和过程

1. 眼睛看见物体的条件

通常来说,眼睛能够看见物体必须具备的三个基本条件是:(1) 物体摆放在眼前;(2) 物体发光或反射照明光;(3) 物光波源源不断地进入眼睛。

如图 9.15 所示,若在物体和眼睛中间放置一道屏障,眼睛通过上方的平面镜也可以看到物体。如果在物体被悄悄移走的同时,有办法保持从物体发出的物光波仍然不变化地源源不断传播到眼睛里,那么,眼睛不会感觉物体已经被移走了。由此可见,眼睛能否看见物体,不在乎物体是否真的摆在眼前。即使物体不在眼前,只要有物光波不间断地传播到眼睛里,也会看见物体,仿佛真实的物体就在眼前。

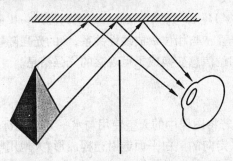

图 9.15　眼睛看见物体的条件

全息照相正是建立在这个基本原理基础上的成像方法。首先通过光波的干涉把物光波的全部信息(亮暗和远近信息)记录在全息底片上;然后通过光波的衍射,把物光波源源不断地从全息底片上释放出来,就形成了物体的逼真立体像。

2. 干涉记录物体的全部信息

全息照相的实验装置和光路如图 9.16 所示,激光器 L 输出的光束经过分束器 N 分为两束光。一束光经扩束镜 L_1 和反射镜 M_1 照射到物体上形成物光波 $\tilde{O}$,然后投射到记录介质 Σ(全息干板)上。另一束光经扩束镜 L_2 和反射镜 M_2 形成参考光波 $\tilde{R}$ 也投射到记录介质 Σ 上。参考光波与物光波相干叠加,在记录介质上形成干涉条纹,对记录介质进行显影和定影等线性冲洗,就制成了一张全息图片。

第9章 光学信息处理和全息照相

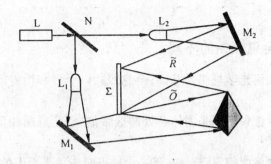

图9.16 全息照相的装置和干涉记录光路

全息图片不同于普通的照相底片。用肉眼直接观察全息图片,它只是一张灰蒙蒙的底片,没有物体的任何形象。在显微镜下可以观察到上面布满细密的亮暗条纹,这些条纹的形状与原来物体的形象没有任何几何上的相似性。

但是,全息图片已经通过光波的干涉记录了物光波的全部光信息,包括反映物体上各处亮暗的振幅信息和反映物体远近位置的相位信息,即整个物体的复振幅信息。比如,干涉条纹的可见度记录了物光波的振幅分布信息,即物体的亮暗信息;干涉条纹的几何特征(形状、间距和位置等)记录了物光波的相位分布信息,即物体的远近位置信息。普通照相只能记录物体的亮暗信息,无法做到对相位信息的记录,因此普通照相看起来没有立体感。

3. 衍射释放物体的全部信息

如图9.17所示,用一束同参考光束 $\tilde{R}$ 的波长和传播方向相同的光束 $\tilde{R}'$ 照射全息图片 H,眼睛可以看到逼真的原物形象再现在全息图片后面的位置上。全息图片好像一个窗口,从不同角度观察时,好像面对原物一样,可以看到它的不同侧面的图象,甚至在某个角度上被物体遮住的景象也可以在另一个角度上看到。残缺的全息图也可以再现物体完整的图象。

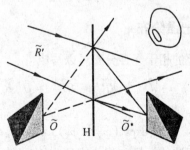

图9.17 衍射再现

再现过程中,布满干涉条纹的全息图片起到一块复杂光栅的作用,参考光束经过全息图片衍射后产生了复杂的衍射场,其中含有原来物体的光波。再现的过程就是衍射释放物光波的过程。

4. 普通照相与全息照相的不同

(1) 普通照相以几何光学规律为基础；全息照相以干涉和衍射等波动光学规律为基础。

(2) 普通照相底片记录的只是物体各处的振幅信息；全息照相记录的是物体各处的振幅和相位的全部信息。

(3) 普通照相的物像之间点点对应，即一个物点对应像平面上的一个像点；全息照相的物体与底片之间点面对应，也就是每个物点发射的球面光束直接投射到记录介质的整个平面上。全息图片的每一局部都包含了物体各处的全部光信息。

(4) 普通照相得到的是二维平面像；全息照相能再现原物的逼真立体图像。

(5) 普通照相只需要普通的非相干光源；全息照相需要使用具有很好时间和空间相干性的相干光源，比如激光光源。

9.5 全息照相过程的复振幅描述

1. 物光波和参考光波的表示式

每个物点产生的物光波都可以用复振幅 $\widetilde{O}_m = E_{Om}\exp(i\varphi_m)$ 表示，物体总的物光波可以用每个物点光波复振幅的叠加来表示，即

$$\widetilde{O} = \sum \widetilde{O}_m = \sum E_{Om}\exp(i\varphi_{Om}) = E_O\exp(i\varphi_O) \tag{9.25}$$

参考光波通常是点源发出的平面波或球面波，可以表示为

$$\widetilde{R} = E_R\exp(i\varphi_R) \tag{9.26}$$

2. 干涉记录的相干光强分布

干涉记录到全息图片上的相干光强分布可以写成

$$I = (\widetilde{O} + \widetilde{R}) \cdot (\widetilde{O}^* + \widetilde{R}^*) = \widetilde{O}\widetilde{O}^* + \widetilde{R}\widetilde{R}^* + \widetilde{O}\widetilde{R}^* + \widetilde{O}^*\widetilde{R} = E_O^2 + E_R^2 + \widetilde{O}\widetilde{R}^* + \widetilde{O}^*\widetilde{R}$$

也就是

$$I = E_O^2 + E_R^2 + E_O E_R\exp(i(\varphi_O - \varphi_R)) + E_O E_R\exp(i(\varphi_R - \varphi_O)) \tag{9.27}$$

上式包含了物光波及其共轭波的振幅和相位信息，即物光波的全部信息。

3. 复振幅透过率函数

如图 9.18 所示，衍射系统由光源、衍射屏和接收屏组成。光源发出的到达衍射屏的光

波称为入射光波 $\widetilde{E}_1(x,y)$，从衍射屏出射的光波称为透射光波 $\widetilde{E}_2(x,y)$，透射光波在衍射空间传播到达观察屏后形成接收光波 $\widetilde{E}(x,y)$。

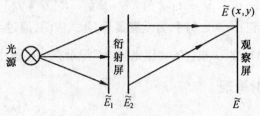

图 9.18　衍射系统的结构

衍射由两个过程形成，首先入射光波 $\widetilde{E}_1(x,y)$ 经衍射屏转化成透射光波 $\widetilde{E}_2(x,y)$，透射光波 $\widetilde{E}_2(x,y)$ 在衍射空间传播到达观察屏后会聚成接收光波 $\widetilde{E}(x,y)$，然后被记录介质记录下来。

衍射屏的作用可以用复振幅透射率函数描述，即

$$\widetilde{t}(x,y) = \frac{\widetilde{E}_2(x,y)}{\widetilde{E}_1(x,y)} \tag{9.28}$$

这个函数也称为屏函数，屏函数也是复数，包含模和辐角两部分。屏函数的辐角为常数的衍射屏称为振幅型衍射屏；屏函数的模为常数的衍射屏称为相位型衍射屏。透镜是相位型衍射屏，单缝则是振幅型衍射屏，其复振幅透射率函数的形式为

$$\widetilde{t}(x,y) = \begin{cases} 1 & |x| < a/2 \\ 0 & |x| \geq a/2 \end{cases} \tag{9.29}$$

设入射到单缝上的入射光波 $\widetilde{E}_1(x,y) = \widetilde{E}_0$，通过(9.29)式所示的单缝衍射屏后，透射光波为

$$\widetilde{E}_2 = \begin{cases} \widetilde{E}_0 & |x| < a/2 \\ 0 & |x| \geq a/2 \end{cases}$$

然后使用菲涅耳-基尔霍夫衍射公式积分，可以求得观察屏上单缝夫琅禾费衍射的复振幅分布函数

$$\widetilde{E} = \widetilde{C} \int_{-a/2}^{a/2} \widetilde{E}_0 e^{ikr} dx = \widetilde{C} a \frac{\sin\alpha}{\alpha} e^{ikr_0}$$

其中 $\alpha = \dfrac{\pi}{\lambda} a \sin\theta$

4. 全息图片的透过率函数

将记录介质(感光底片)放在如图 9.16 所示的全息记录光路中曝光，然后线性冲洗曝

光底片，就得到一张全息图片，此时，全息图片的透过率函数 $\tilde{t}$ 与曝光时全息图片上的光强分布 I 成线性关系，即

$$\tilde{t} = t_0 + \beta I = t_0 + \beta(E_O^2 + E_R^2 + \tilde{R}^*\tilde{O} + \tilde{O}^*\tilde{R}) \tag{9.30}$$

其中 $\beta > 0$ 时，为全息正片；$\beta < 0$ 时，为全息负片。此式表明，通过干涉曝光和线性冲洗两个过程，我们确实把物光波 $\tilde{O}$ 和它的共轭光波 $\tilde{O}^*$ 记录在全息图片上了。

5. 物光波的衍射再现

如图 9.17 所示，用一束参考光波 $\tilde{R}'$ 照明全息图片，则从全息图片输出的透射光波为

$$\tilde{E}_T = \tilde{R}'\tilde{t} = (t_0 + \beta E_O^2 + \beta E_R^2)\tilde{R}' + \beta\tilde{R}'\tilde{R}^*\tilde{O} + \beta\tilde{R}'\tilde{R}\tilde{O}^* =$$

$$(t_0 + \beta E_O^2 + \beta E_R^2)\tilde{R}' + \beta E_{R'}E_R\{\exp(\mathrm{i}(\varphi_{R'} - \varphi_R))\tilde{O} + \exp(\mathrm{i}(\varphi_{R'} + \varphi_R))\tilde{O}^*\}$$

在理想情况下，若 $t_0 + \beta E_O^2 + \beta E_R^2 = 1, \beta E_{R'}E_R = 1, \varphi_{R'} = \varphi_R = 0$，则有

$$\tilde{E}_T = \tilde{R}' + \tilde{O} + \tilde{O}^* \tag{9.31}$$

如图 9.17 所示，用参考光波照射全息图片后，如果能够释放出如式(9.31)所示的光波，就可以呈现以假乱真的栩栩如生的立体像，仿佛真实物体就在面前。

若 $t_0 + \beta E_O^2 + \beta E_R^2 \neq 1, \beta E_{R'}E_R \neq 1, \varphi_{R'} \neq \varphi_R \neq 0$，再现的虽然仍是与原物相似的立体图像，但亮度和大小等方面与原物相比都要发生畸变。

9.6 全息照相的应用

1. 全息干涉计量

全息干涉法与普通干涉法都是让两束相干光在空间相遇，发生干涉，获得干涉条纹，然后通过分析干涉条纹的特征得到相关信息，两者的不同之处是获得两束相干光的方法不同。普通干涉方法通常将光束在同一时间的波面分成几部分，或者将光束在同一时间的振幅分成几部分，形成几束同时在空间相遇的相干光。全息干涉方法则是将物体在不同时间发出的光波先后记录在同一张全息干板上，然后通过全息再现同时释放出物体在不同时间发出的几束物光波，它们也是相干光波，在空间相遇后发生干涉，通过对其干涉条纹的分析和计算，实现全息干涉计量。下面介绍二次曝光法、单次曝光法和连续曝光法的全息干涉计量方法。

1) 二次曝光法

图 9.19 是二次曝光法的全息记录和再现光路。比如将透明楔形薄板 L 置于如图 9.19(a) 所示的光路中，用平行光波照射透明楔形薄板，物光波 $\tilde{O}$ 与相干参考平行光波 $\tilde{R}$ 在全息记录干板 Σ 上相遇，相干曝光。然后拿走楔形薄板，在原来的楔形薄板位置处放置透

明平行薄板(或者不放任何物体)，在全息光路中进行第二次曝光。对两次曝光的全息干板进行线性冲洗，就制成了一张二次曝光全息图片 H。

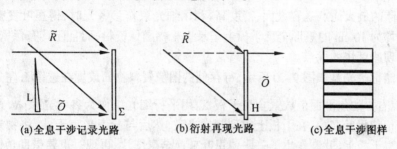

图 9.19　二次曝光法的一种光路和干涉图样

如图 9.19(b) 所示，当用参考平行光波 $\tilde{R}$ 照明这个二次曝光全息图片 H 时，可以同时释放出楔形薄板和平行薄板两束物光波，这两束光波在空间发生干涉。在看到楔形薄板和平行薄板的两个像的同时，还能够看到如图 9.19(c) 所示的两束物光波相干形成的平行直线形干涉条纹，由此可以测量楔形薄板的倾斜程度或不均匀性。

使用二次曝光法还可以将不透明物体形变前和形变后的物光波通过先后两次曝光记录在同一张全息图片上，然后观察形变前后由两束物光波相干形成的干涉条纹，测量不透明物体的形变情况。

2) 单次曝光法

单次曝光法又称实时法。先将形变前的物体放置在如图 9.19(a) 所示的全息记录光路中，在全息干板上对其物光波进行全息曝光记录，然后线性冲洗全息干板 Σ，制成一张全息图片 H；再将这张全息底片精确复位在第一次曝光时的干板位置上，用形变时的物光波和参考光波同时照射这张全息底片，可以实时释放出形变前和形变时的物光波。由于物光波随物体的形变不断变化，并依次与形变前的物光波发生干涉，干涉条纹也在不断变化，从干涉条纹不断变化的情况就可以推知物体实时形变的情况。

单次曝光法的优点是可以实时观测物体形变的过程，缺点是对全息图的复位精度要求很高。

3) 连续曝光法

连续曝光法与二次曝光法的光路、记录和再现过程类似，主要用于对振动物体进行多次全息曝光记录。曝光期间，物体不断振动，要求曝光时间很大于物体的振动周期。然后对记录干板 Σ 进行线性冲洗处理，制成一张连续曝光的全息图片 H。再现时可以同时释放出这些不同状态的相干物光波，形成多光束干涉条纹。仔细分析干涉条纹的特征，可以得到物体振动的模式和振动幅度等振动信息。

全息干涉计量可以用来研究材料的力学和温度特性，进行无损探伤和检查工件的焊接质量，检测轮胎充气过程的形变，探测飞机发动机的噪声等。

2. 全息存储

全息存储的最大优点是容量大、密度高。利用细光束作参考光时，傅里叶变换全息图能够在长宽均为 10 cm 的矩形全息干板上记录上千幅图像资料，而且还具有保密性好、可靠性高和再现速度快的优点。

全息存储记录光路如图 9.20 所示，待存储的图像资料物面放置在透镜 L 左方的焦平面上，在透镜右方的焦平面上放置全息干板 Σ。用平行细光束作为参考光束 $\tilde{R}$，物光波 $\tilde{O}$ 经透镜 L 进行傅里叶变换，在干板上得到频谱光束，然后与参考光束干涉，将物光波的频谱记录在全息干板上，就制作出了一张傅里叶变换全息图片。再现时也要借助透镜进行傅里叶逆变换，才能呈现原物的像，若使用长焦距透镜可以得到原物的放大像。

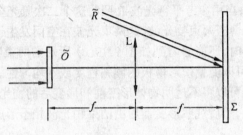

图 9.20　全息存储的记录光路

3. 全息光学元件

1) 全息透镜

如图 9.21 所示，用一束平面波 $\tilde{R}$ 和一束与其相干的会聚球面波 $\tilde{O}$ 照射全息干板 Σ，两束光相干叠加后在全息干板 Σ 上形成余弦型圆环条纹，经过线性冲洗处理，就制作出了波带片型全息透镜 H。

若将一束平面波 $\tilde{R}$ 入射到全息透镜 H 上，可以得到如图 9.22 所示的一束会聚球面波 $\tilde{O}$ 和一束发散球面波 $\tilde{O}^*$，在焦平面上形成一个实焦点和一个虚焦点，这时全息透镜相当于会聚透镜或发散透镜。

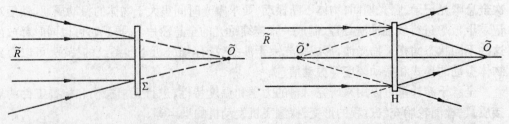

图 9.21　制作全息透镜的记录光路　　图 9.22　全息透镜的会聚和发散作用

若将一束会聚球面波 $\tilde{R}$ 入射到全息透镜 H 上,就得到如图 9.23 所示的一束平面波 $\tilde{O}$,这时全息透镜相当于准直透镜。

2) 全息光栅

光栅是重要的分光元件,用传统工艺制作刻划光栅时,工艺复杂、成本高而且难以消除杂散光和不规则的衍射线。用全息方法制作的光栅称为全息光栅。

制作全息光栅的记录光路如图 9.24 所示,将两束夹角为 2θ 的平行光入射到全息干板上,在干板上记录了两束平行光相干叠加形成的均匀分布的平行直线干涉条纹,经线性冲洗处理,就制作出了一张透过率函数呈余弦分布的全息光栅,称其为余弦光栅。其空间频率为

$$f = \frac{2\sin\theta}{\lambda} \tag{9.32}$$

其中 λ 是入射平行光的波长。余弦型光栅是余弦槽型,其衍射效率较低。锯齿型的全息光栅的衍射效率则较高。

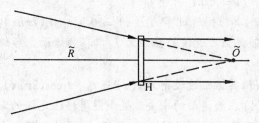
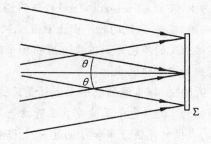

图 9.23　全息透镜的准直作用　　图 9.24　制作全息光栅的记录光路

全息光学元件制作的依据是波动光学原理,与玻璃等实物型光学元件相比,同样具有成像、聚焦、偏转、缩放和准直等功能,还具有更优良的消像差和消色差的功能,而且制作工艺简单、成本低和重量轻,正得到越来越广泛的应用。

习　题　9

9.1 平面波的波长为 600 nm,方向角为 $\alpha = 45°$ 和 $\beta = 60°$,(1) 求其复振幅的空间频率 u_x, u_y, u_z;(2) 这列平面波中沿什么方向的空间频率最高?最高的空间频率是多少?相应的最短空间周期是多少?

9.2 矩形函数定义为 $\text{rect}(x) = \begin{cases} 1 & |x| \leq 1/2 \\ 0 & \text{其它} \end{cases}$,求其傅里叶变换。

9.3 若函数 $F(u)$ 是函数 $f(x)$ 的傅里叶变换,证明 $\int_{-\infty}^{\infty} F(x)\exp(-\mathrm{i}2\pi ux)\mathrm{d}x =$

$f(-u)$。

9.4 若函数 $F(u)$ 是函数 $f(x)$ 的傅里叶变换,记为 $\mathscr{F}[f(x)] = F(u)$,证明 $\mathscr{F}\{\mathscr{F}[f(x)]\} = f(-x)$。

9.5 若函数 $F(u)$ 是函数 $f(x)$ 的傅里叶变换,证明 $\int_{-\infty}^{\infty} f^*(x)\exp(-i2\pi ux)dx = F^*(-u)$。

9.6 若函数 $F(u)$ 是函数 $f(x)$ 的傅里叶变换,证明 $\int_{-\infty}^{\infty} \frac{df(x)}{dx} \cdot \exp(-i2\pi ux)dx = j2\pi u F(u)$。

9.7 若函数 $F(u)$ 是函数 $f(x)$ 的傅里叶变换,证明 $\int_{-\infty}^{\infty} -i2\pi x f(x)\exp(-i2\pi ux)dx = \frac{dF(u)}{du}$。

9.8 若 $f(x) = \exp(-\pi x^2)$,证明 $\mathscr{F}[f(x)] = \exp(-\pi u^2)$。

9.9 在 $4f$ 系统的物平面上放置正弦光栅,其振幅透过率为 $\tilde{t}(x) = t_0 + t_1\cos(2\pi ux)$,用振幅为 1 的单色平面波垂直照明物平面。若傅里叶透镜的焦距为 f,求在频谱面上各级衍射斑的中心位置坐标。

9.10 在 $4f$ 系统的物平面上放置正弦光栅,其振幅透过率为 $\tilde{t}(x) = t_0 + t_1\cos(2\pi ux)$,用振幅为 1 的单色平面波垂直照明物平面。(1) 在频谱面的中央放置小圆屏挡住光栅的零级谱,求像的光强分布和可见度;(2) 移动小圆屏,挡住光栅的 +1 级谱,求像的光强分布和可见度。

9.11 一束平面波和一束球面波照射到全息干板 Σ 上,线性冲洗后制作出一张全息透镜。将其置于垂直光轴的 $z = 0$ 位置,透过率函数为 $\tilde{t}(x,y) = t_0 + t_1\cos(k\frac{x^2+y^2}{2z_0})$,求平面波 $\tilde{R}'(x,y) = E_0$ 正入射到这张全息透镜后,透射场各束衍射光波的类型和衍射斑的位置。

9.12 发散球面波 $\tilde{R}'(x,y) = E_0\exp(ik\frac{x^2+y^2}{2z_0})$ 正入射到透过率函数为 $\tilde{t}(x) = t_0 + t_1\cos(2\pi ux)$ 的余弦光栅上,求透射场的各束衍射光波的类型和衍射斑的位置。

9.13 光波函数为 $\tilde{R}'(x,y) = E_0\exp(-ikx\sin\theta_0)$ 的平行光斜入射到透过率函数为 $\tilde{t}(x) = t_0 + t_1\cos(2\pi ux)$ 的余弦光栅上,求透射场的各束衍射平行光波的方位角。

9.14 余弦光栅的复振幅透过率函数为 $\tilde{t}(x) = a_0 + a_1\cos(2\pi ux)$,复振幅为 $\tilde{E}_1(x,y) = E_{01}$ 的波长为 632.8 nm 的平行光正入射到余弦光栅上,求透射场光强分布函数 $I_2(x,y)$ 的空间频率。

9.15 如图9.25所示,两束相干平行光分别作为物光波 $\tilde{O}$ 和参考光波 $\tilde{R}$ 照射到全息干板 Σ 上,二者波矢的大小均为 k,方向平行于 xz 平面,与纵轴 z 的夹角分别为 θ_O 和 θ_R。线性冲洗后获得一张全息图片,照明的平行光束 $\tilde{R}'$ 沿原记录的参考光 $\tilde{R}$ 方向斜入射到这张全息图片上,写出再现的光波函数 $\tilde{E}_H(x,y)$,分析衍射光波的类型和特点。

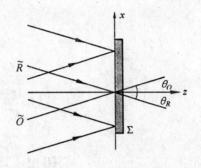

图 9.25 全息图的记录光路

第10章 非线性光学

10.1 非线性电极化强度

自然界的规律都是非线性的,线性规律只是一定条件下的近似,非线性规律才能全面深刻地揭示物质世界的本质。激光出现以前,普通光源发光强度很弱,与物质相互作用时,非线性现象不突出,用线性规律描述就足够合适了。激光出现后,发光强度很强的激光与介质相互作用时产生显著的非线性效应,这些非线性效应不满足光的独立传播定律和叠加原理,研究光的非线性效应的学科称为非线性光学。

按照经典电磁理论,光波入射到介质上时,在光场的作用下,介质感生电偶极子,电偶极子的振荡随入射光频率的变化而变化,并发射次级电磁波。普通光源产生的电场较弱,一维情况的各向同性介质的电极化强度 P 与入射光的电场强度 E 成线性关系,即

$$P = \varepsilon_0 \chi^{(1)} E \tag{10.1}$$

其中 ε_0 为真空介电常数;$\chi^{(1)}$ 为线性电极化系数。

在激光的作用下,非线性电极化效应明显,处理电极化强度问题时,必须考虑电场的高次项影响

$$P = \varepsilon_0(\chi^{(1)} E + \chi^{(2)} E^2 + \chi^{(3)} E^3 + \cdots) = P^{(1)} + P^{(2)} + P^{(3)} + \cdots \tag{10.2}$$

其中 $\chi^{(2)}$ 和 $\chi^{(3)}$ 分别称为介质的二阶和三阶非线性电极化系数。理论分析指出,电极化系数之间满足如下的数量级比例关系

$$\frac{\chi^{(2)}}{\chi^{(1)}} \approx \frac{\chi^{(3)}}{\chi^{(2)}} \approx \cdots \approx \frac{E}{E_a} \tag{10.3}$$

其中 E_a 为原子或分子内部维持价电子平衡运动的平均电场强度,数量级为 10^{11} V/m。普通光源产生的电场强度很小于这个值,即 $E \ll E_a$,因此式(10.2)中非线性项的贡献可以忽略。

10.2 几种非线性电极化效应

1. 光学倍频

将波长为694.3 nm的3 kW红宝石激光束聚焦后入射到石英晶体上,摄谱发现,透射

光中除了原波长的谱线外,还有波长为 347.15 nm 的微弱倍频谱线,这种现象称为光的倍频效应。这是激光出现后第一次发现的非线性光学现象。

用二阶非线性电极化效应很容易解释这个现象,式(10.2)中一次项的作用是产生与入射光频率相同的基频光波。当入射光波 $E = E_0\cos(kz - \omega t)$ 很强时,会在介质中引起显著的非线性极化,其中二阶非线性效应可以表示为

$$P^{(2)} = \varepsilon_0 \chi^{(2)} E^2 = \varepsilon_0 \chi^{(2)} E_0^2 \cos^2(kz - \omega t) =$$
$$\frac{1}{2}\varepsilon_0 \chi^{(2)} E_0^2 + \frac{1}{2}\varepsilon_0 \chi^{(2)} E_0^2 \cos(2kz - 2\omega t) \tag{10.4}$$

式中不随时间变化的直流项表明,当强激光通过晶体时,介质发生恒定的电极化,在晶体的两个表面形成稳定的电荷分布,产生一个与光强 E_0^2 成正比的电位差,这种现象称为光学整流。公式中的第二项即为倍频项,表示频率为入射光频率两倍的极化场产生的倍频光波。

从量子理论观点考虑,可以把光学倍频效应理解为,由于介质的非线性效应,两个基频光子组合在一起形成了一个倍频光子,这个过程要求参与相互作用的两个基波与倍频波之间必须同时满足能量守恒和动量守恒条件,即

$$\begin{cases} \hbar\omega + \hbar\omega = \hbar\omega' \\ \hbar k + \hbar k = \hbar k' \end{cases} \tag{10.5}$$

其中 $\hbar = h/2\pi$;k 为光波在介质中的波矢。光子的能量为 $E = h\nu = \hbar\omega$,光子的动量为 $p = hn/\lambda_0 = \hbar k$。显然,只有满足如下所示的相位匹配条件,光波的倍频效应才能发生,即

$$2k = k' \tag{10.6}$$

由式(10.5)的能量守恒定律可得 $\omega' = 2\omega$,即 $\lambda_0' = \lambda_0/2$。将其代入式(10.5)的动量守恒公式可得 $\frac{2nh}{\lambda_0} = \frac{n'h}{\lambda_0'}$,即 $n(\omega) = n'(2\omega)$。可见,介质的基频和二次谐频光波的折射率相等,也可以称 $n = n'$ 为相位匹配条件。

在各向同性介质中,由于色散效应,折射率随频率变化,无法实现相位匹配。因此,各向同性介质的二阶非线性极化为零,在不具有对称中心的各向异性介质中才能产生二阶非线性效应。比如,石英晶体是非中心对称的,可以利用它获得倍频光。利用倍频效应可以实现激光频率的上转换,这是一种研究物质结构和性能的有效方法。

2. 三波混频

设有两束振动方向相同,频率分别为 ω_1 和 ω_2 的单色光波入射到非线性介质上,叠加后的光波为

$$E = E_{01}\cos(k_1 z - \omega_1 t) + E_{02}\cos(k_2 z - \omega_2 t)$$

在介质中产生的二阶非线性效应为

$$P^{(2)} = \varepsilon_0 \chi^{(2)} [E_{01}\cos(k_1 z - \omega_1 t) + E_{02}\cos(k_2 z - \omega_2 t)]^2 =$$
$$\frac{1}{2}\varepsilon_0 \chi^{(2)} E_{01}^2 (1 + \cos(2k_1 z - 2\omega_1 t)) + \frac{1}{2}\varepsilon_0 \chi^{(2)} E_{02}^2 (1 +$$
$$\cos(2k_2 z - 2\omega_2 t)) + \varepsilon_0 \chi^{(2)} E_{01} E_{02}\cos[(k_1 + k_2)z - (\omega_1 + \omega_2)t] +$$
$$\varepsilon_0 \chi^{(2)} E_{01}^2 E_{02}^2 \cos[(k_1 - k_2)z - (\omega_1 - \omega_2)t] \tag{10.7}$$

此式表明,除了极化场的直流成分和倍频成分外,还出现了和频成分($\omega_1 + \omega_2$)和差频成分($\omega_1 - \omega_2$)。不论是和频或者差频效应都是两束光波入射到晶体上时产生的第三束光波,由于和频或差频效应中一共出现三束光波,因此称为三波混频或三波混频效应。

利用和频或差频效应可以在晶体中实现频率的上转换和下转换,例如将波长为694.3 nm 的红宝石激光和波长为 3391.2 nm 的 He - Ne 激光同时入射到碘酸锂晶体中,可以产生波长为 576.3 nm 的和频绿光。

3. 光学参量放大和光学参量振荡

将一束频率 ω_s 较低、光强较弱的信号光和一束频率 ω_p 较高、光强较强的泵浦光同时入射到非线性晶体中,由于二阶非线性电极化效应,两束光通过晶体时,在信号光被放大的同时,晶体将发射频率为 $\omega_i = \omega_p - \omega_s$ 的第三束闲频光。在这个混频过程中,每减少一个泵浦光子,就会增加一个信号光子和一个闲频光子,泵浦光的能量不断转化为信号光的能量和闲频光的能量,称这个过程为光学参量放大过程。

如果在光学参量放大器的基础上,将非线性晶体放置在谐振腔中,使信号光和闲频光在腔内来回反射,不断放大,当增益大于损耗时,可以在腔内建立起信号光和闲频光的光振荡,并输出相应频率的激光,称为光学参量振荡过程。

4. 四波混频和相位共轭

三阶非线性极化效应的数值比二阶小很多,所以一般情况下三阶效应不明显。但由于各向同性介质中不存在二阶效应,所以在各向同性介质中主要的非线性效应来源于三阶非线性极化效应。

信号光 E_s 以及两束泵浦光 E_1 和 E_2 按图 10.1 所示方向同时入射到非线性介质上,在非线性介质上发生三阶非线性极化,产生第四束光波 E_c,这种现象称为四波混频。

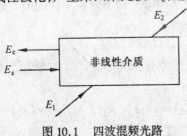

图 10.1 四波混频光路

第四束出射光波 E_c 的频率和波矢分别与两束泵浦光波和信号光波的频率和波矢的关系为

$$\omega_c = \omega_1 + \omega_2 - \omega_s \tag{10.8}$$

$$k_c = k_1 + k_2 - k_s \tag{10.9}$$

入射光波频率相同($\omega_1 = \omega_2 = \omega_s$)的四波混频称为简并四波混频。若两束泵浦光 E_1 和 E_2 的传播方向相反,即 $k_1 = -k_2$,则有

$$k_c = -k_s \qquad \omega_c = \omega_s \tag{10.10}$$

显然,这束出射光波 E_c 与入射信号光波 E_s 的传播方向相反,频率相同。由此可知,若在频率相同、方向相反的两束光(泵浦光)入射到三阶非线性介质上的同时,再有第三束同频率的光波入射到这种介质上,就会产生第四束光波,这束光波的频率与第三束光波的频率相同,传播方向与第三束光波相反。第四束光波相当于几何光学中经平面镜反射第三束光波的反射光。当第三束光以 α 角度斜入射到非线性介质上时,按照普通平面镜的反射规律,反射光应当从与入射光方向夹角为 2α 的方向反射。但从非线性介质出射的第四束简并四波混频光波的传播方向与第三束入射光波的传播方向恰好完全相反。这种特殊现象只有在三阶非线性介质中才会发生,形成的出射光波不是一般的反射光波,而是第三束入射光波的相位共轭光波。因此把由三阶非线性介质以及第一和第二束光波组成的光学系统称为"相位共轭反射镜"。图 10.2 给出了相位共轭反射镜与普通反射镜反射光路的比较。

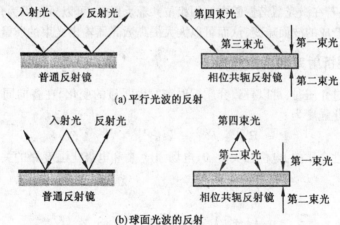

图 10.2 普通反射镜与相位共轭反射镜反射光路的比较

第四束相位共轭光波的能量并不是只来源于第三束光波,也可以从第一束和第二束光波获得能量,四波混频是四束光波的联合作用,如果第一束和第二束泵浦光波很强,那么第三束和第四束光波都可能被加强。

如图 10.3 所示,若入射的平面光波经过相位透明片后,形成畸变波面,经过普通反射镜反射后,反射光的波面畸变情况与入射光的波面相比较,形状相反了,再次通过相位透

明片时,波面加倍畸变了。

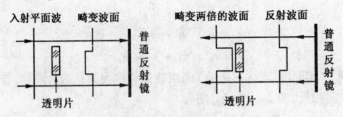

图 10.3　普通反射镜反射后的波面

相位共轭反射镜可以矫正波面的畸变。如图 10.4 所示,若入射的平面光波经过相位透明片后,形成畸变波面,则经过相位共轭反射镜反射后,反射光的波面与入射光的波面相同,再次通过相位透明片后,出射光的波面恢复成入射时的平面波的波面。

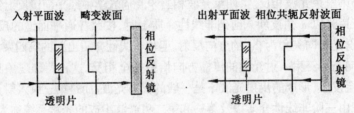

图 10.4　相位共轭反射镜反射后的波面

由此可知,若在激光器谐振腔中使用相位共轭反射镜,可以矫正因为介质材料折射率不均匀等因素造成的波面畸变,从而可以大大提高激光器输出光束的质量。

5. 非线性折射率和自聚焦

强激光通过介质时,可以导致介质折射率发生明显的变化。在各向同性介质中,强激光引起的电极化强度为

$$P = P^{(1)} + P^{(3)} = (\varepsilon_0 \chi^{(1)} + \varepsilon_0 \chi^{(3)} E^2) E \qquad (10.11)$$

在各向同性介质中,电位移矢量 D、电场强度 E 和电极化强度 P 的关系为

$$D = \varepsilon_0 E + P = \varepsilon_0 (1 + \chi^{(1)} + \chi^{(3)} E^2) E = \varepsilon_0 \varepsilon E \qquad (10.12)$$

其中

$$\varepsilon = (1 + \chi^{(1)}) + \chi^{(3)} E^2 = \varepsilon_\infty + \chi^{(3)} E^2 \qquad (10.13)$$

式中 ε 为介质的相对介电常数;ε_∞ 为介质的相对线性介电常数。在光频范围内 $\mu \approx 1$。因此,由光学介质折射率的定义可得

$$n = \sqrt{\varepsilon} = \sqrt{\varepsilon_\infty + \chi^{(3)} E^2} \qquad (10.14)$$

当 $\varepsilon_\infty \gg \chi^{(3)} E^2$ 时

$$n \approx \sqrt{\varepsilon_\infty} + \frac{\chi^{(3)}}{2\sqrt{\varepsilon_\infty}} E^2 = n_0 + n_2 E^2 \qquad (10.15)$$

由上式可知，当强激光通过介质时，介质的折射率不再是常数，变成随光强 E^2 变化的量。式中的 $n_0 = \sqrt{\varepsilon_{\infty}}$ 是介质的线性折射率，它与入射光强无关；n_2 是强光导致的非线性折射率，它的数值很小。碳化硅晶体和二硫化碳液体等介质的非线性折射率大于零，即 $n_2 > 0$。硫化镉晶体等介质的非线性折射率小于零，即 $n_2 < 0$。

非线性折射率大于零时，光强大的地方折射率也大。激光束的发散角很小，可以近似看做平面波。高斯型激光束的光强分布是中心强边缘弱，当高斯光束通过介质时，光束中心部分的折射率最高，越往边缘折射率越低。也就是说，中心部分的光速慢，边缘部分的光速快，中心部分的波面滞后边缘部分的波面，形成类似通过凸透镜时的波面变化，光束向中心会聚成一个光斑。这种现象称为自聚焦效应。

如果非线性折射率小于零，则高斯光束通过非线性介质时，类似通过一个凹透镜，产生自散焦效应。

当光束自聚焦产生的收缩与衍射产生的扩展平衡时，激光束在介质中沿细丝状直径传播，这种现象称为自陷。自陷过程一般来说是不稳定的，只要激光束被介质吸收或由于散射使光强略微减小，衍射效应就会超过自聚焦效应，导致光束扩散。

由自聚焦形成的细光束的功率密度非常高，产生的强大电场会使物质的大量原子或分子电离，造成电击穿，导致激活介质或传输光学元件被破坏。当然，自聚焦也有有利的方面，它能使焦点附近的局部光强大幅度增强，进一步产生受激拉曼散射和双光子吸收等其它非线性光学效应。

10.3 光学双稳态和光学混沌态

光学双稳态是在非线性光学介质中利用反馈技术获得的一种新型光学非线性现象，可以实现光学双稳态的装置按反馈性质的不同分为全光型和混合型两类。混合型双稳装置又分为电光、磁光和声光等类型。电光双稳系统的原理性装置如图 10.5 所示，在两个偏振片 P_1 和 P_2 中间放置铌酸锂（LiNbO$_3$）晶体 M 构成电光调制器，光强为 I_1 的氦氖激光入射到电光调制器上，出射光 I_2 经光电转换器 D 转变成电信号，再经放大器 A 放大，然后连同直流电压一起反馈到晶体 M 上。

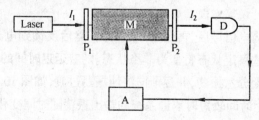

图 10.5 电光双稳装置

电光双稳装置中的电光调制器部分实际上是一个偏振光干涉装置,不加反馈时,铌酸锂(LiNbO₃)晶体是单轴晶体,氦氖激光入射到电光调制器上后,在出射光方向可以看到单轴晶体的偏振光干涉图样。加上反馈后,铌酸锂(LiNbO₃)晶体变成双轴晶体,在出射光方向可以看到双轴晶体的偏振光干涉图样;逐渐增加入射光的光强,出射光的光强随之变化,就可以得到电光双稳态曲线。与电光双稳实验装置对应的描述电光双稳态的理论公式为

$$I_2 = 0.5I_1[1 - K\cos(I_2 + \theta)] \qquad (10.16)$$

其中 K 为系统的消光系数;θ 是与直流电压有关的量。利用(10.16)式可以做出如图 10.6 所示的电光双稳态曲线。

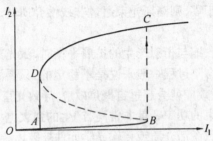

图 10.6　电光双稳曲线

双稳曲线分为三个部分,用虚线表示的 BD 段是非稳定区域,AB 段和 DC 段都是稳定区域。因此,双稳曲线上的入射光强对应上下两个稳定区域的输出光强,可以分别称这两个稳定区域为下稳态和上稳态,或者称为光学双稳态。下稳态对应很弱的输出光强,上稳态则对应较强的输出光强。因此,我们也称下稳态为输出光的关状态,上稳态为输出光的开状态。若让输入光强由零慢慢增加,当输入光强到达下稳态的最大值点 B 时,继续增加系统的输入光强,则系统的输出光强将由关状态的光强跳升到开状态的点 C 处的光强。接着让输入光强慢慢减弱,当输入光强到达开状态的最小值点 D 处的光强时,继续减小系统的输入光强,则系统的输出光强将由开状态的光强跳降到关状态的点 A 处的光强。具有如上双稳特性的光学双稳器件可以作为光开关器件用于光通信、光计算、光传感以及激光的控制和光学精密计量等方面。

若将输出光转变为电信号后,再延迟一定时间,然后反馈到电光调制器上,则处于双稳曲线中上稳态的一些稳定状态将变为非稳状态。随着延迟时间的增加,输出波形将由谐波形振荡发展为倍周期分岔振荡,并逐渐向混沌振荡过渡,如图 10.7 所示。

图 10.7(a) 是延迟时间较短时双稳系统的输出振荡随时间变化的类似简谐振荡的波形图,随着延迟时间的增加,在一个周期里输出振荡波形中出现如图 10.7(b) 所示的两个不同的峰和两个不同的谷,称为一次倍周期分岔振荡。延迟时间进一步增加,在一个周期

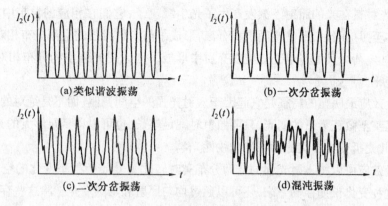

图 10.7 输出波形随延迟时间变化的振荡图

里输出振荡波形中出现如图 10.7(c) 所示的四个不同的峰和四个不同的谷,称为二次倍周期分岔振荡。延迟时间较长时,输出振荡呈现非周期性的复杂振荡。这种不是由于随机性外因,而是由于光学系统的确定性内因导致的系统的随机性运动状态称为光学混沌态。

混沌运动对初值的改变很敏感,对初值的敏感性必然导致运动的不确定性。即使描述运动的方程是确定的,由于混沌运动的随机性,仍然无法对系统的运动状态做出预测。但是,混沌不是混乱,混沌运动也有其规律性。混沌态是一种没有确定周期性和明显对称性的有序性。比如,随着延迟时间的增加,电光双稳系统的输出振荡可以经由倍周期分岔振荡发展成混沌振荡,称为通向混沌道路的有序性。

图 10.8 给出了输出振荡峰值随延迟时间发展的分岔图,图中的 1,2,3 表示分岔点。从图中明显看出,随着延迟时间的增加,输出振荡经由一次、二次和三次分岔后逐渐进入混沌运动状态。

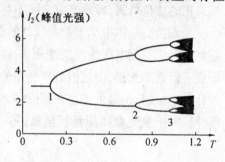

图 10.8 输出振荡峰值随延迟时间发展的分岔图

10.4 光折变效应

光折变效应就是光致折射率改变效应,它是电光材料在光的照射下由光强的空间分布引起材料折射率相应变化的一种非线性光学现象。尽管光作用于介质的最终结果都导致了介质折射率的改变,但光折变效应和强光导致的三阶非线性光学效应在改变介质折射率的机制上完全不同。光折变效应不是通过非线性电极化引起介质折射率随光强的变化，而是电光材料在光的照射下激发产生了光生载流子，它们在相应的导带中漂移，从照射亮区迁移至照射暗区，致使空间电荷分离，形成了与入射光强的空间分布相对应的空间电荷场，空间电荷场又通过电光效应在介质中形成了与入射光强空间分布相对应的介质折射率的变化。

光折变效应最明显的特征是它起因于入射光强的空间调制，而不是绝对的入射光强。即使是毫瓦甚至微瓦量级的弱光，只要照射时间足够长，也可以得到足够大的光致折射率的变化，因此光折变光学又称为弱光非线性光学。

光折变效应可以将入射光强的空间分布实时转化为介质折射率变化的空间分布，并且能够将这种变化长期存储下来，还可以通过均匀照射和加热完全擦除这些存储，这为实时制作各种非线性光学元器件奠定了基础，成为实时光学信息处理的基本手段。

光折变效应的独特机制导致了一些独特的非线性光学效应。

1. 二波耦合效应

当两束相干光入射到光折变晶体上时，与入射到普通的非线性介质上一样，也会形成干涉条纹，并通过折射率随光强变化的效应形成一个折射率光栅。

在普通的非线性介质中，两光束之间不会由于能量的转换，使一束光的能量增加，另一束光的能量减弱，即两光束之间不存在能量耦合效应。

在光折变晶体中亮干涉条纹处的载流子被激发，经扩散或漂移转移到另外的地方重新复合形成空间电荷的周期性分布，由此形成周期性空间电场和折射率的周期性分布，即形成了折射率光栅，而且折射率光栅的强弱分布不与干涉条纹的亮暗分布重叠，即两者相位分布不相同。正是由于存在相位差，使得两束光之间能够进行能量交换，也就是一束光能够从另一束光获得能量被增强，另一束光相应被减弱，即两光束之间存在二波耦合效应。

2. 扇形效应

光经折射进入普通介质后，光束保持直线传播的几何光学特性。然而激光束进入光折变晶体后，由于二波耦合效应，入射光能够将能量转移给散射光，并使散射光获得放大，使光束在晶体中向一方散开，形成扇形传播光束，因此称这种现象为光折变晶体的扇形效应。

3. 自泵浦相位共轭效应

为了利用简并四波混频的方法产生入射光波的相位共轭光波，必须同时入射另外两束相向传播的泵浦光波。但是，将一束光波入射到光折变材料时不需要同时另外入射两束泵浦光波，就可以产生入射光波的相位共轭光波，称这种现象为自泵浦相位共轭效应。

如图 10.9 所示，光束 1 入射到光折变晶体上后，由于光散射和二波耦合作用，光束将部分能量转移到散射光束 2 中，光束 2 经晶角的全反射变成光束 3′ 重新与光束 1 相交。由于二波耦合作用，光束 1 也将部分能量转移到沿光束 3′ 的反方向传播的散射光束 2′ 中，又经晶角的全反射变成光束 3。于是在区域 A 和区域 B 同时形成了两个四波混频作用区。

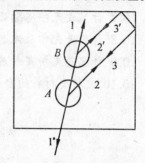

图 10.9　自泵浦相位共轭效应

在区域 A 中，相向传播的两束泵浦光是光束 2 和光束 3，入射光是光束 1，经混频后，产生了与光束 1 方向相反的相位共轭的光束 1^*。在区域 B 中，相向传播的两束泵浦光是光束 2′ 和光束 3′，经与入射束 1 混频后，也产生了与光束 1 方向相反的相位共轭的光束 1^*。光束 1 入射到光折变材料上后，产生的相位共轭光波也是通过四波混频得到的，但其中的泵浦光却是由入射光束 1 提供的，属于自泵浦的相位共轭效应。

光折变晶体的非线性光学效应有许多重要应用。通过二波耦合可以增强弱图像；通过简并四波混频可以实现实时全息记录和高密度光存储；通过自泵浦相位共轭反射可以实现图像相减和并行光学逻辑运算；通过二波耦合或相位共轭可以实现光互连和光寻址；利用光折变材料已经成功制作出了三维光折变体全息存储器、自泵浦相位共轭器、空间调制器、窄带滤波器以及定向耦合器等各种实用器件。光折变非线性光学已经在光学信息处理、光通信、光计算和集成光学等领域得到了广泛的应用。

习　题　10

10.1　将波长为 694.3 nm 的红宝石激光和波长为 3391.2 nm 的氦氖激光同时入射到碘酸锂晶体中，可以产生和频光，求和频光的波长。

10.2　为什么在各向同性介质中无法实现光学倍频效应？在石英晶体中的正常色散区实现倍频效应时入射光和倍频光应当分别是 o 光和 e 光中的哪种光波。

10.3　说明普通反射镜与相位共轭反射镜反射光路的区别。

10.4　说明若用简并四波混频方法产生相位共轭光波代替固体激光谐振腔中的反射镜，可以大大提高该激光器输出激光的质量。

10.5　对着相位共轭反射镜观看自己，能够看到什么图像，能否像对着普通平面反射镜一样看到自己的整体形象。

10.6　说明非线性折射率小于零时，平行高斯光束通过非线性介质类似通过一个凹透镜，平行光束将变成发散光束。

10.7 什么是光学双稳态和双稳系统非稳输出振荡的倍周期分岔。

10.8 什么是光学混沌态，混沌与混乱有什么区别。

10.9 什么是光折变效应，光折变效应与三阶非线性光学效应有什么区别。

10.10 光折变材料的自泵浦相位共轭效应与简并四波混频的相位共轭效应有什么区别。

模拟试题

模拟试题一

一、如图 1 所示，望远镜物镜 L_1 的焦距为 f_1，直径为 d_1；目镜 L_2 的焦距为 f_2，直径为 d_2。光阑 D 位于物镜 L_1 的像方焦点和目镜 L_2 的物方焦点重合的焦平面处，孔径为 d_3。用作图法求该望远镜的孔径光阑、入射光瞳、出射光瞳和视场光阑的位置和口径，并给出或计算出它们的位置和口径。

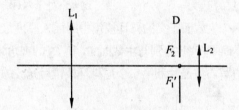

图 1　望远镜的光阑

二、如图 2 所示，由折射率均为 1.5 的棱镜和凸薄透镜组成理想光学成像系统，高度为 1.0 mm 的物体置于距棱镜平面的垂直距离为 $\overline{QB}=6$ cm 的光轴上，$\angle BAC=45°$，$\overline{BC}=3$ cm，$\overline{CD}=4$ cm。棱镜球面的半径为 5 cm，棱镜球面的顶点 D 与凸薄透镜光心 O 的距离为 $\overline{DO}=40$ cm，凸薄透镜两个球面的半径均为 30 cm，在傍轴条件下求理想光学成像系统最后成像的位置和高度，以及像的倒正、放缩和虚实。

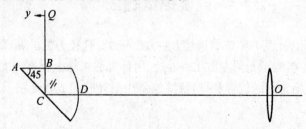

图 2　由棱镜和凸薄透镜组成的理想光学成像系统

三、如图 3 所示，凹球面玻璃板上面放置平面玻璃板，单色平行光垂直入射到该装置上，观察两玻璃板中间薄空气层的干涉条纹。当入射光的波长为 500 nm 时，装置中心处为暗条纹,连续改变入射光的波长直至 600 nm 时,中心处才又出现暗条纹。求干涉条纹的形状、间距、零级条纹的位置和明暗性质,以及空气层的最大可能厚度。

四、在如图 4 所示的夫琅禾费衍射装置中,光栅常数为 d 的 N 缝平面透射光栅左方的装置置于折射率为 n_1 的介质中,右方的装置置于折射率为 n_2 的介质中。位于透镜 L_1 焦平面上的轴外点光源 Q 发出的球面波经薄透镜 L_1 准直后的平行光在 n_1 介质中的波长为 λ_1、倾斜角为 θ。求该装置零级衍射条纹的衍射角和半角宽?

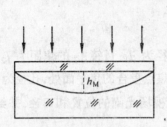
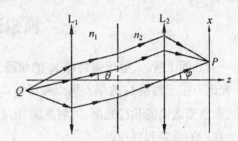

图 3 薄空气层的干涉   图 4 处于两种介质中的夫琅禾费衍射

五、如图 5 所示,在两个主截面正交的科耳棱镜中间插入厚度最小的 $3\lambda/8$ 方解石波晶片 W,波晶片的光轴与入射界面平行,并分别与主截面 P_1 和 P_2 的夹角为 $45°$,光强为 I_0 的自然光入射到该装置上。求通过方解石波晶片和第二个尼科耳棱镜后光波的偏振态和光强。

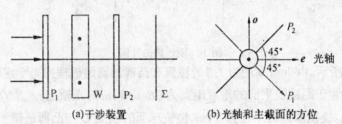

(a) 干涉装置   (b) 光轴和主截面的方位

图 5 平行偏振光的干涉

模拟试题二

一、如图 1 所示,光阑 D 位于薄透镜 L 左方 3 cm 处,孔径为 2.5 cm。薄透镜焦距为 6 cm,直径为 4 cm,物点 Q 位于光阑左方 12 cm 处。用计算法求轴上物点 Q 的孔径光阑、入射光瞳、出射光瞳和视场光阑的位置和口径,并绘制出射光瞳的成像光路图。

图 1 光学系统的光阑

二、如图2所示,杨氏双孔干涉装置的点光源 S 发出光强为 I_0、波长为 λ 的单色自然光,双孔间距为 d,双孔所在屏到观察屏 Σ 的间距为 D,$D \gg d$,将偏振片P置于 S_1 缝上,忽略偏振片的吸收和反射等光损耗,求观察屏 Σ 上的光强分布和可见度。

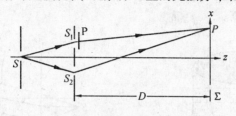

图2 偏振光的干涉

三、平行白光垂直照射平面透射光栅的夫琅禾费衍射装置,在 $30°$ 衍射方向上观察到 600 nm 的第二级干涉主极大条纹,在该处刚能分辨波长差为 0.005 nm 的两条光谱线。但在这个方向上观测不到 400 nm 的第三级主极大条纹,求(1) 光栅常数和总缝数;(2) 光栅的最小缝宽;(3) 若入射光为 400 nm 的单色平行光,在观察屏上能看到哪几级光谱。

四、在两个透振方向正交的偏振片中间插入第三片偏振片,光强为 I_0、波长为 λ 的单色自然平行光入射到该装置上,求(1) 透过装置的光强最大时第三个偏振片透振方向的方位角和透射光强;(2) 将第三个偏振片取出,中间插入厚度最小的 $\lambda/4$ 波晶片,波晶片的光轴与第一个偏振片透振方向的夹角为 $30°$,求透过该装置的光强。

五、如图3所示,双凸薄透镜L的半径分别为 20 cm 和 25 cm,在空气中的焦距为 20 cm,将薄透镜放置到水中距离水槽右方玻璃壁 250 cm 处。将高度为 1 cm 的小物体置于薄透镜左方 100 cm 处的光轴上,水的折射率为 1.33,忽略玻璃槽壁的厚度和折射成像作用。眼睛从玻璃水槽壁的右方观看物体,求看到的物体像的位置和大小,以及像的倒正、放缩和虚实情况。

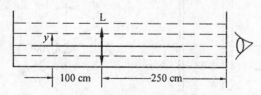

图3 玻璃水槽中的薄透镜成像

模拟试题三

一、如图1所示,折射率为 1.5 的厚透镜上下表面的半径均为 3 cm,中心厚度为 2 cm,将其置于水面上,水的折射率为 1.33,高度为 2 mm 的小物置于厚透镜下方水中的光轴上,小物与厚透镜下表面中心点的距离为 4 cm,求最后成像的位置和高度,以及像的倒正、虚实和放缩情况。

二、如图2所示,点光源发出的平行光以 θ_0 角斜入射到宽度为 a 的单缝上,求(1)接收屏 Σ 上夫琅禾费衍射图样的光强分布?(2)零级衍射斑中心的角位置?(3)衍射暗纹的角位置?(4)零级斑的半角宽。

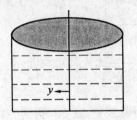

图1　置于水面的厚透镜成像

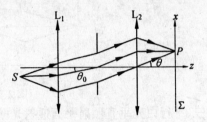

图2　单缝夫琅禾费衍射

三、如图3所示,在折射率为 $n_3 = 1.5$ 的玻璃平板上蒸镀折射率为 n_2 的均匀薄膜,平行光垂直入射到薄膜上,空气的折射率为 $n_1 = 1$,$n_1 < n_2 < n_3$,求波长为 600 nm 的入射光在薄膜上下表面的两束反射光的合光强为零时,薄膜可能的最小厚度和折射率 n_2 的值。

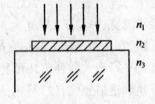

图3　薄膜干涉

四、如图4所示,波长为 λ,光强为 I_0 的单色右旋圆偏振平行光垂直入射并通过最薄的 $\lambda/6$ 方解石波晶片 W 和偏振片 P,若偏振片的透振方向处于从波晶片光轴顺时针旋转 30° 的位置,忽略吸收和反射等光损耗,求入射光依次通过波晶片 W 和偏振片 P 后的偏振态(画出偏振态图)和光强。

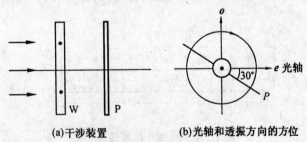

(a)干涉装置　　　(b)光轴和透振方向的方位

图4　平行偏振光的干涉

五、如图5所示,点光源 S 发出的波长为 λ 光强为 I_0 的单色线偏振光照明杨氏双孔干涉装置,在双孔后面分别放置两个透振方向夹角为 2θ 的偏振片 P_1 和 P_2,若单色线偏振光的偏振方向位于两偏振片透振方向夹角的平分线上,求在傍轴条件下观察屏 Σ 上的光强分布和可见度。

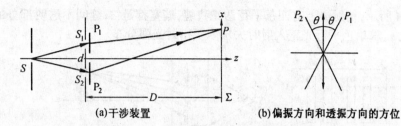

(a) 干涉装置　　　　　　　(b) 偏振方向和透振方向的方位

图 5　偏振光的干涉

模拟试题四

一、如图 1 所示，透镜的厚度为 20 cm，折射率为 1.5，前后表面的半径分别为 20 cm 和 40 cm，表面镀铝反射膜，在点 O 左方 20 cm 的 Q 点处放置高度为 1 mm 的小物，在傍轴条件下求透镜最后成像的位置和高度，以及像的倒正、虚实和放缩情况。

二、如图 2 所示，一束在 xz 平面沿与 z 轴成 θ 角方向传播的波长为 λ 的平面波和一束源点 Q 位于 z 轴上，与坐标原点 O 相距 a 的发散球面波相遇，发生干涉。在傍轴条件下求 $z = 0$ 平面上干涉条纹的形状方程及间距公式，并用文字说明干涉条纹的位置和形状。

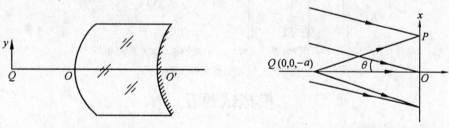

图 1　厚透镜成像　　　　　图 2　平面波与球面波的干涉

三、如图 3 所示，杨氏干涉装置中的点光源 S 发出波长为 600 nm 的单色光波，间距为 0.4 mm 的双缝 S_1 和 S_2 对称分布于光轴两侧，衍射屏与观察屏的距离为 100 cm。凸薄透镜 L 的前后半径相等，焦距为 10 cm，折射率为 1.5，置于衍射屏和观察屏之间。薄透镜与衍射屏的距离为 10 cm，在薄透镜和观察屏之间充满折射率为 1.33 的水。在傍轴条件下求观察屏 Σ 上干涉条纹的形状和间距。

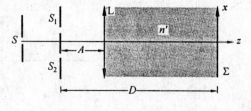

图 3　杨氏干涉

四、如图 4 所示,衍射屏上有四条平行透光狭缝,缝宽都是 a,缝间不透明部分的宽度分别是 $a,2a,a$,求单色平行光正入射时夫琅禾费衍射光强分布。

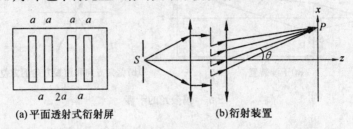

(a)平面透射式衍射屏　　(b)衍射装置

图 4　四缝夫琅禾费衍射

五、如图 5 所示,在两个透振方向互相垂直的偏振片 P_1 和 P_2 之间插入厚度最小的 $\lambda/8$ 的石英波晶片 W,波晶片的光轴方向与偏振片 P_1 和 P_2 透振方向的夹角分别为 30° 和 60°。光强为 I_0 的单色平行自然光垂直入射到该装置上,忽略吸收和反射等光损耗,分别求透射光在 1、2 和 3 区里的偏振态(画出偏振态图)和光强。

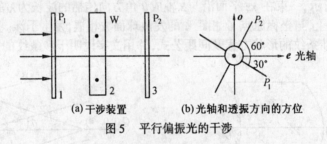

(a)干涉装置　　(b)光轴和透振方向的方位

图 5　平行偏振光的干涉

模拟试题五

一、如图 1 所示,L 是薄透镜,MN 是主光轴,点 O 是光心,ABC 是已知的一条通过薄透镜的入射和折射光线,用作图法确定任意入射光线 DE 通过该薄透镜后的折射光线。

二、如图 2 所示,薄凹透镜两侧球面的半径相等,物像方介质的折射率分别是 1.0 和 2.0,求该透镜介质的折射率多大时才能将轴上小物在傍轴条件下成正立等大的像。

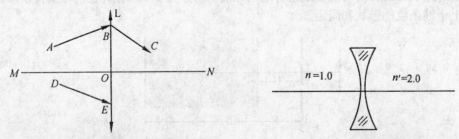

图 1　薄透镜任意光线的折射　　　图 2　薄凹透镜成像

三、如图 3 所示,焦距为 15 cm 的薄透镜从中心切去 2 mm 后,对接放置在与右方观察

屏 Σ 相距 25 cm 的光轴上,波长为 400 nm 的单色点光源 S 放置在与右方对接薄透镜相距 R 的光轴上,分别求(1) $R = 15$ cm,(2) $R = 10$ cm 时观察屏上干涉条纹的形状和间距。

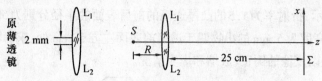

图 3　对切薄透镜的干涉

四、如图 4 所示,衍射屏上三条平行透光狭缝的宽度分别为 $a,2a,a$,相邻两缝中心的宽度均为 d,波长为 λ 的单色平行光正入射到该衍射屏上,求(1) 接收屏幕上夫琅禾费衍射的光强分布?(2) 在两边透光狭缝后面分别放置延迟量为 π 的附加相位片,求接收屏上夫琅禾费衍射的光强分布。

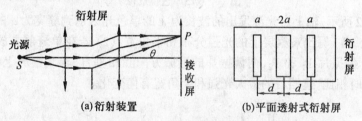

图 4　三缝夫琅禾费衍射

五、如图 5 所示,点光源 S 发出波长为 λ,光强为 I_0 的单色自然光照明杨氏双孔干涉装置,双孔间距为 d,双孔所在屏到接收屏的距离为 D,(1) 写出傍轴条件下接收屏上的光强分布?(2) 在 S 孔后面放置偏振片 P,在 S_1 孔后面放置最薄的石英晶体 $\lambda/4$ 波晶片 W,在 S_2 孔后面放置与波晶片中 e 光的相位延迟量相同的附加相位片 B,设偏振片的透振方向与波晶片光轴的夹角为 $45°$,求在傍轴条件下接收屏上的光强分布和可见度。

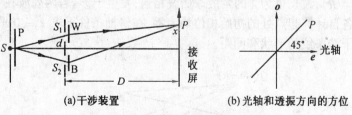

图 5　偏振光的干涉

模拟试题六

一、通过偏振片观察部分偏振光,当偏振片由透射光强极大的位置转过 $30°$ 角时,透射光强减为极大光强的 $7/8$,求此部分偏振光的偏振度。

二、5 mm 高的小物体放在球面反射镜左前方 10 cm 处，形成 1 mm 高的虚像，求此面镜的半径和凸凹情况。

三、如图 1 所示，折射率为 1.5 的凸厚透镜的前后表面的半径分别为 50 cm 和 25 cm，中心厚度为 25 cm，高度为 5 mm 的小物置于透镜前表面左方 50 cm 处。求傍轴条件下最后成像的位置和高度，以及像的倒正、放缩和虚实情况。

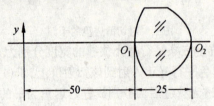

图 1 双凸厚透镜成像

四、如图 2 所示，轴上点光源发出的波长为 λ 的单色光入射到缝宽为 a 的单缝夫琅禾费衍射装置上，(1) 写出观察屏上的光强分布和半角宽。(2) 若在单缝前方放置各遮挡一半缝宽的两片偏振片 P_1 和 P_2，两偏振片的透振方向互相垂直，求观察屏上的光强分布。(3) 与无遮挡时相比，遮挡后的最大光强和半角宽有何变化。

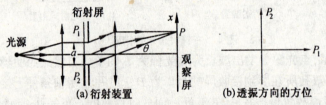

图 2 单缝夫琅禾费衍射

五、如图 3 所示，波长为 λ，在 xz 平面沿与 z 轴成 θ 角方向传播的平面波，与源点 Q 的坐标为 $(a, 0, -R)$，波长也为 λ 的发散球面波相遇，发生干涉。若两列波在 $z = 0$ 平面上的振幅相等，在各自计算起点处的初始相位均为零，在傍轴条件下求 $z = 0$ 平面上的干涉光强分布，以及干涉条纹的形状和间距。

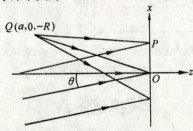

图 3 球面波和平面波的干涉

模拟试题七

一、金属表面分别被波长为 λ 和 2λ 的单色光照射时,释放出光电子的最大动能分别为 30 eV 和 10 eV,求能使金属表面释放光电子的最大光波波长是波长 λ 的多少倍。

二、如图 1 所示 F_1 为凸薄透镜 L_1 的物方焦点,F_2' 为凹薄透镜 L_2 的像方焦点。用作图法确定此光学系统相对轴上物点 Q 的孔径光阑、入射光瞳和出射光瞳,以及视场光阑、入射窗和出射窗。

三、由自然光和圆偏振光组成的部分偏振光依次通过 $\lambda/4$ 波片和旋转偏振片后,得到的最大光强是最小光强的 7 倍,求自然光的光强与此部分偏振光光强的比值。

四、单色平行光垂直照射菲涅耳衍射屏,衍射屏对入射波面作如图 2 所示遮挡(暗影区部分),r_0 是衍射屏中心到轴上场点 P_0 的光程,求点 P_0 处的光强与自由传播时此处光强的比值。

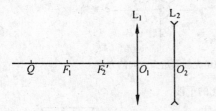

图 1　光学系统的光阑

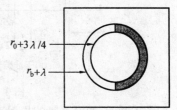

图 2　菲涅耳衍射屏

五、波长为 500 nm 的平行光垂直入射到缝宽为 1×10^{-3} mm,每毫米 200 条狭缝,总宽度为 5 cm 的平面透射式光栅上。求(1) 第三级主极大的夫琅禾费衍射角。(2) 在第三级主极大的方向上能否分辨 500 nm 和 500.02 nm 两条谱线,为什么。(3) 第三级光谱的这两条谱线能够分开多大角度。(4) 在屏幕上能够看到哪几级衍射主极大缺级。

模拟试题八

一、如图 1 所示,两块 4 cm 长的透明薄玻璃平板,一边互相接触,另一边压住圆形金属细丝,波长为 589.3 nm 的钠黄光垂直照明该装置,用显微镜从上方观察干涉条纹。(1) 测得干涉条纹的间距为 0.1 mm,求细丝的直径?(2) 细丝的温度变化时,从玻璃平板的中心点 A 处观察到干涉条纹向交棱方向移过了 5 个条纹,此时细丝是膨胀还是收缩了,温度变化后细丝直径的变化量是多少。

二、如图 2 所示,一列波长为 λ,在 xz 平面沿与 z 轴夹角为 θ 的方向传播的平面波,与一列源点在轴上,距坐标原点为 a,波长也为 λ 的球面波相遇,发生干涉。在傍轴条件下求

$z=0$ 平面上干涉条纹的形状和间距。

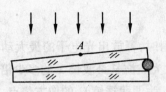

图1 楔形薄膜的干涉

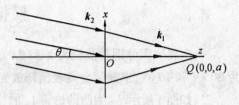

图2 球面波与平面波的干涉

三、如图3所示,在两个偏振片 P_1 和 P_2 之间插入厚度为 $\lambda/3$ 的石英波晶片 W,其光轴方向与偏振片 P_1 和 P_2 透振方向的夹角分别为 $45°$ 和 $30°$。光强为 I_0 的单色平行自然光垂直入射到该装置上,忽略吸收和反射等光损耗,分别求在 1、2、3 区里光波的偏振态(画出偏振态图)和光强。

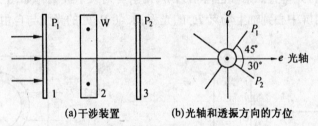

(a) 干涉装置   (b) 光轴和透振方向的方位

图3 平行偏振光的干涉

四、如图4所示,凹厚透镜的折射率为 1.5,前后表面的半径分别为 20 mm 和 25 mm,中心厚度为 20 mm,后表面镀铝反射膜,在前表面左方 40 mm 处放置高度为 5 mm 的小物体。求在傍轴条件下最后成像的位置和高度,以及像的倒正、放缩和虚实情况。

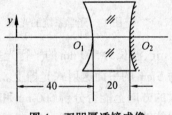

图4 双凹厚透镜成像

五、如图5所示,点光源 S 发出光强为 I_0 的单色自然光照明杨氏双孔干涉装置,若在双孔后面分别放置透振方向夹角为 θ 的偏振片 P_1 和 P_2,求观察屏 Σ 上的光强分布和可见度。

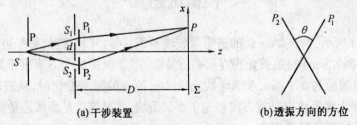

(a) 干涉装置   (b) 透振方向的方位

图5 偏振光的干涉

参考答案

第1章

1.1 杯底部的圆柱形玻璃棒内有小金鱼图案。空杯时,小金鱼成放大实像,眼睛看杯底时看不见小金鱼的像;杯中倒入酒后,小金鱼成正立放大的虚像,眼睛就看见有小金鱼出现在杯底了。

1.2 4 cm

1.3 5.09×10^{14} Hz, 392.9 nm

1.4 3.12×10^{14} Hz

1.6 1.52

1.7 7.76°

1.9 $\sqrt{n_g^2 - 1} < n < n_g$

1.10 $f = \dfrac{f_1 f_2}{f_1 + f_2}, P = P_1 + P_2$

1.11 $\dfrac{2h}{n}$

1.12 15 mm

1.13 玻璃棒后表面右方 20 cm 处的光轴上

1.14 玻璃球后表面右方 $R/2$ 处的光轴上

1.15 透镜后表面右方 12 cm 处,像高 1.6 mm,倒立缩小的实像

1.16 原物位置,1 mm,倒立等大的实像

1.17 凹面镜左方 12.5 cm 处,成放大两倍的虚像;凹面镜左方 37.5 cm 处,成放大两倍的实像。

1.18 25 cm,凸面镜右方 11.1 cm 处,2.8 mm,正立缩小的虚像

1.19 0.15 m, 17.7 m^{-1}

1.20 通光窗口处,等大正立的实像

1.21 凹面镜,33.3 cm

1.22 20 cm 或 5 cm

1.23 凸面镜右方 1.366R 处的光轴上

1.24 凹面镜右方 20 cm 处的光轴上,4 mm,倒立放大的实像

1.25 1 mm

1.26 53.3 cm

1.27 40.0 cm

1.28 (1) 12 cm; (2) 4.08 cm

1.29 薄透镜左方(2/13)m 处的光轴上

1.30 50 cm, 25 cm

1.31 40 cm, 240 cm

1.32 10 cm

1.33 薄透镜左方 20 cm 处, 1 mm, 倒立缩小的实像

1.34 半径 30 cm 的凹面镜

1.35 薄透镜左方 60 cm 处, 2 mm, 正立缩小的实像

1.36 凹薄透镜右方 10.0 cm 处, 10 mm, 倒立放大的实像

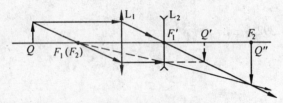

1.37 实像点, 薄透镜右方 30 cm 和光轴下方 0.17 cm 处

1.38 第三个薄透镜右方 60 cm 处, 1 cm, 正立等大的实像

1.39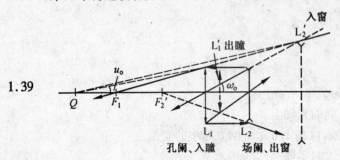

1.40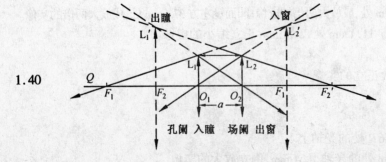

参考答案

1.41 物镜是孔径光阑和入射光瞳，口径 5 cm。出射光瞳位于目镜右方 2.2 cm 处，口径 0.5 cm

1.42 圆孔形光阑是孔径光阑和入射光瞳，口径 2 cm。出射光瞳位于凸薄透镜左方 7.5 cm 处，口径 5 cm

1.43 圆孔形光阑是孔径光阑，口径 2 cm。入射光瞳位于 L_1 右方 4.5 cm 处，口径 3 cm。出射光瞳位于 L_2 左方 6 cm 处，口径 6 cm

1.44 物镜为孔径光阑兼作入射光瞳，口径 5 cm。出射光瞳位于目镜右方 24 cm 处，口径 1 cm。圆孔形光阑为视场光阑，口径 1.6 cm，$\omega_0 \approx 28'$，入射窗和出射窗位于无穷远处，$\omega_0' \approx 2°17'$

1.45 圆孔形光阑 D 是孔径光阑，位于 L_1 右方 $4a$ 处，半径 r_3。入射光瞳位于 L_1 左方 $4a$ 处，半径与 D 相同。出射光瞳位于 L_2 右方 $2a$ 处，半径与 D 相同。L_1 为视场光阑兼作入射窗，位于 D 左方 $4a$ 处，半径 $3r_3$。出射窗位于 L_2 右方 $1.2a$ 处，半径 $0.6r_3$

1.46 5，4.17 cm，6

1.47 4.3 cm，5

1.48 −133.3，物镜左方 1.06 cm 处，−152.3

1.49 20 cm，−4 cm

1.50 −800

第 2 章

2.1 (1) 1×10^{14}；(2) 1×10^6

2.2 5×10^{14}，420 nm，1.43

2.3 (1) φ_0；(2) $\dfrac{2\pi y}{\lambda} + \varphi_0$；(3) $\dfrac{2\pi r\cos\theta}{\lambda} + \varphi_0$

2.4 (1) $k(x\cos\alpha + y\cos\beta + z\cos\gamma) + \varphi_0$；(2) $\dfrac{2\pi x\cos\alpha}{\lambda} + \varphi_0$；(3) $\dfrac{2\pi y\cos\beta}{\lambda} + \varphi_0$

2.5 $\widetilde{E}_1 = E_0 e^{ikx}$，$\widetilde{E}_2 = E_0 e^{-ikx}$，$\widetilde{E}(x,t) = 2E_0\cos(kx)$

2.6 $\widetilde{E}(z) = E_0 e^{i(kx+\varphi_0)}$

2.7 $\widetilde{E}(r) = E_0 e^{i(k(\pm x\sin\theta + y\cos\theta)+\varphi_0)}$

2.8 在 xy 平面沿与 x 轴夹角 30° 的方向

2.9 $\widetilde{E}(r) = \dfrac{a}{r} e^{-i(kr-\varphi_0)}$，$r = \sqrt{x^2 + y^2 + (z-z_0)^2}$

2.10 (1) $\widetilde{E}_1(x,y) = E_0 \exp\left[i\left(k\left(f + \dfrac{x^2+y^2}{2f}\right) + \varphi_{01}\right)\right]$，

$$\widetilde{E}_2(x,y) = E_0 \exp[i(k(f + \frac{x^2+y^2}{2f} + \frac{a^2}{2f} - \frac{ax}{f}) + \varphi_{02})]$$

(2) $\widetilde{E}_1{}'(x',y') = E_0{}' \exp(i\varphi'_{01})$, $\widetilde{E}_2{}'(x',y') = E_0{}' \exp(i(-kx'\sin\theta + \varphi'_{02}))$

2.11   (1)$60°$；(2)$45°$

2.12   0.6

2.13   0.4

2.14 $\dfrac{I_0}{8}\sin^2(2\omega t)$

2.16 $57.34°, 32.66°$

2.17   1.636

2.18   沿 P 方向振动的线偏振光，$57.34°$

2.19   0.103

2.20   (1)$56.3°$；(2)$33.7°$；(3)8.0%，(4)8.0%；(5)15.9%

2.21 66.4%

2.22   左旋圆偏振光，$0.04I_0$，左旋圆偏振光，$0.04I_0$

2.23
$$\tan\alpha_1' = \frac{\dfrac{n_1}{n_2}\sin^2 i + \cos i \sqrt{1-(\dfrac{n_1}{n_2}\sin i)^2}}{\dfrac{n_1}{n_2}\sin^2 i - \cos i \sqrt{1-(\dfrac{n_1}{n_2}\sin i)^2}}\tan\alpha$$

$$\tan\alpha_2 = \frac{n_2\cos i + n_1\sqrt{1-(\dfrac{n_1}{n_2}\sin i)^2}}{n_1\cos i + n_2\sqrt{1-(\dfrac{n_1}{n_2}\sin i)^2}}\tan\alpha$$

2.24   (1)$\mathcal{R}_p = 0, \mathcal{R}_s \approx 14.8\%$；(2)$\mathcal{T}_p = 1, \mathcal{T}_s \approx 85.2\%$

2.25   (3)$\mathcal{R} = \dfrac{1}{2}(\mathcal{R}_p + \mathcal{R}_s), \mathcal{T} = \dfrac{1}{2}(\mathcal{T}_p + \mathcal{T}_s)$

2.26
$$\begin{cases} \delta_p = -2\arctan\left(\dfrac{n_1}{n_2}\dfrac{\sqrt{(\dfrac{n_1}{n_2})^2\sin^2 i_1 - 1}}{\cos i_1}\right) \\ \delta_s = -2\arctan\left(\dfrac{n_2}{n_1}\dfrac{\sqrt{(\dfrac{n_1}{n_2})^2\sin^2 i_1 - 1}}{\cos i_1}\right) \end{cases}$$

参考答案

第3章

3.1　1;0.6,0.6,0.32,0.32

3.2　(1)0.4 μm;(2)0.28 μm;(3)0.6 μm

3.3　1.2 mm

3.4　1.72 mm,0.015°

3.5　以(0,0)为圆心的圆形条纹,$\Delta\rho \approx \dfrac{a\lambda}{\rho}$

3.6　以(0,0)为圆心的圆形条纹,$\Delta\rho \approx \dfrac{a\lambda}{2\rho}$

3.7　以($a\sin\theta$,0)为圆心的圆形条纹,$\Delta\rho' \approx \dfrac{a\lambda}{\rho'}$

3.8　平行 y 轴的直线条纹,$\Delta x = \dfrac{\lambda}{\sin\theta_2 + \sin\theta_1}$

3.9　(1)$I = 16I_0\cos^4(\alpha/2)$;(2)垂直于 x 轴的直线条纹,$\Delta x = \dfrac{\lambda}{\sin\theta}$,$\gamma = 1$

3.10　0.6 mm,8

3.11　(1)1.79 mm;(2)13;(3)$\delta x \approx \dfrac{B}{A}\delta s$;(4)0.07 mm

3.12　0.34 mm,8

3.13　0.138 mm,17

3.14　0.172°,0.1 mm,10

3.15　1.44 mm,13

3.16　垂直 x 轴的直线条纹,0.5 mm

3.17　1.000290

3.18　6.9×10^{-4} cm

3.19　5.67″,0.3 mm²

3.20　(1)0.05 mm;(2)0.1 mm

3.21　50

3.22　3.24 μm

3.23　(1) 暗条纹;(2)0.89 μm

3.24　(1) 暗条纹;(2)0.90 μm

3.25　1.33

3.26　长条形凹陷,0.295 μm

3.27　$r_m = \sqrt{\dfrac{mR_1R_2\lambda}{R_1 + R_2}}$,$\Delta r_m \approx \dfrac{R_1R_2\lambda}{2r_m(R_1 + R_2)}$

3.28　$r_m = \sqrt{\dfrac{mR_1R_2\lambda}{R_1-R_2}}, \Delta r_m \approx \dfrac{R_1R_2\lambda}{2r_m(R_1-R_2)}$

3.29　5.3 μm

3.30　(1) 吞;(2)2.947 μm;(3)12;(4)2

3.31　38.1 cm

3.32　107.0 nm

3.33　$h = \dfrac{\lambda_1\lambda_2}{4n(\lambda_1-\lambda_2)}$

3.34　$\beta_C = \beta_G \pm \dfrac{N\lambda}{2l_0\Delta t}$

3.35　(1)114.6 nm;(2)0.97%

3.36　0.6 nm,589.0 nm,589.6 nm

3.37　4004.36 m,0.78 m

3.38　8.04 mm

3.39　(1)1.67×10^5;(2)2.21×10^{-6} rad;(3)$2.60\times10^7, 2.31\times10^{-5}$ nm;(4)3.0×10^9 Hz, $1.27\times10^5, 1.93\times10^7$ Hz;(5)10^{-5}

3.40　(1)2,620.0 nm,413.3 nm;(2)4.03 nm,1.79 nm

第 4 章

4.1　361

4.2　14641

4.3　0.59

4.4　(1)4;(2)1/4;(3)7.56

4.5　13,52

4.6　(1) 暗点;(2) 向前移 0.4 m 或向后移 0.7 m

4.7　0.625 μm

4.8　15 m,7.5 m

4.9　2.3 mm,2.7 mm

4.11　(1)3.46 mm;(2)3 m

4.12　50

4.13　600 nm,400 nm

4.14　76 μm

4.15　600 nm

参考答案

4.16 (1)3.0 mm;(2)7.3 mm

4.17 25.7 μm

4.18 290 km

4.19 13.4 cm

4.20 1.38 m,600

4.22 6×10^{-3} mm,1.5×10^{-3} mm

4.23 2.74

4.25 (1)$d(\sin\theta_k - \sin\theta_0) = k\lambda(k = 0, \pm 1, \pm 2\cdots)$;(2)$\Delta\theta = \dfrac{\lambda}{Nd\cos\theta_k}$,$\dfrac{k}{m} = \dfrac{d}{a}$,半角宽和缺级情况与正入射时相同

4.26 0.38 mm,0.19 mm

4.27 $I = I_0(\dfrac{\sin\alpha}{\alpha})^2(1 + 4\cos^2\alpha + 4\cos\alpha\cos 5\alpha)$,$\alpha = \dfrac{\pi a}{\lambda}\sin\theta$

4.28 $I = I_0(\dfrac{\sin\alpha}{\alpha})^2[3 + 2(\cos 4\alpha + \cos 6\alpha + \cos 10\alpha)]$,$\alpha = \dfrac{\pi a}{\lambda}\sin\theta$

4.29 $I = 4I_0(\cos 2\alpha)^2(\dfrac{\sin\alpha}{\alpha})^2(\dfrac{\sin 5N\alpha}{\sin 5\alpha})^2$,$\alpha = \dfrac{\pi a\sin\theta}{\lambda}$

4.30 $I = I_0(\dfrac{\sin\alpha}{\alpha})^2[\dfrac{\sin(8N\alpha)}{\sin(8\alpha)}]^2(1 + 4\cos\alpha\cos 8\alpha + 4\cos^2\alpha)$,$\alpha = \dfrac{\pi a\sin\theta}{\lambda}$

4.31 $\varphi_0 = \arcsin(\dfrac{1}{n}\sin\theta_0)$,$\Delta\varphi = \dfrac{\lambda}{na\cos\varphi_0}$

4.32 $I = I_0(\dfrac{\sin\alpha}{\alpha})^2(1 - 2\cos 4\alpha)^2$,$\alpha = \dfrac{\pi a}{\lambda}\sin\theta$

4.33 $I = 4I_0(\dfrac{\sin\alpha}{\alpha})^2\sin^2\beta$,$\alpha = \dfrac{\pi a}{\lambda}\sin\theta$,$\beta = \dfrac{\pi d}{\lambda}\sin\theta$

4.34 $I = I_0\dfrac{\sin^4\alpha}{\alpha^2}$,$\alpha = \dfrac{\pi a}{2\lambda}\sin\theta$,$I_0$ 是宽度 a 的单缝零级斑的中心光强

4.35 27.5 cm

4.36 能分辨

4.37 20 cm

4.38 399.999 nm,400.001 nm

4.39 (1)1.25×10^{-3} rad/nm;(2)0.012 nm;(3)0、±1、±2 和 ±3

4.40 44.975°,45.033°;3.5′;0.0286′,0.0287′

4.41 12.24°

4.42 1.155×10^{-5} rad

4.43 (1)2.4 μm;(2)14.4 cm;(3)0.8 μm

4.44 18.43°;1,0,−1;36.87°,0,−36.87°
4.45 7.9°
4.46 (1)0.005 nm;(2)4′/nm;(3)13°
4.47 (1)40 mm;(2)222 线/mm
4.48 500 nm < λ < 1000 nm
4.49 (1)0.112 rad;(2)560 nm
4.50 909 线/mm

第 5 章

5.1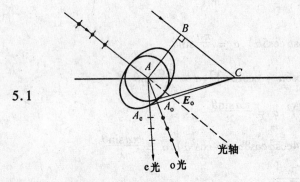

5.2 (1)负晶体;(2)正晶体
5.3 0.577,0.331
5.4 0.772 mm,0.7765 mm,2749°
5.5 0.857 μm,16.369 μm
5.6 1.524,1.479
5.7 0.31 mm
5.8 10.55°
5.9 (1) 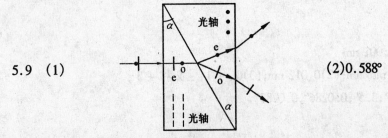 (2)0.588°

5.10 14.05°
5.11 (1)0.857 μm;(2)入射线偏振光的偏振面处于 $\hat{e} \times \hat{o} = \hat{k}$ 坐标系的二四象限,与晶

体光轴的夹角为 $\pi/4$

5.12　2/3

5.13　66.7%

5.14　0.005

5.15　左旋圆偏振光。

5.16　(1) 右旋椭圆偏振光；(2)0.577

5.17　$0.067I_0$

5.18　二四象限的右旋椭圆偏振光

5.19　一三象限的左旋椭圆偏振光

5.20　(1) 线偏振光,$4E_0^2$;(2) 左旋正椭圆偏振光,$10E_0^2$

5.21　二四象限的左旋椭圆偏振光

5.22　(1) 线偏振光,$I_0/2$;(2) 左旋正椭圆偏振光,$I_0/2$;(3) 线偏振光,$5I_0/16$

5.23　$3I_0/16$

5.24　$0.43I_0$

5.25　(1) 一三象限的左旋椭圆偏振光；(2)$0.067I_0$

5.26　666.7 nm,400.0 nm

5.27　(1) 平行棱边的直线条纹；(2)4.88 mm；(3) 互补条纹；(4) 消光

5.28　(1)0.05°；(2)0.68 mm

5.29　线偏振光

5.30　右旋圆偏振光

5.31　右旋圆偏振光,$\omega - 2\omega_0$

5.32　$I = I_0(1 - \sin\delta), \delta = \dfrac{2\pi}{\lambda}\dfrac{d}{D}x$

5.33　4.15 mm,7.1×10^{-5}

5.34　3.75 mm

5.35　1.42 mm

5.36　5236 G(高斯)

第6章

6.1　2×10^{-2}/cm

6.2　11.55 m

6.3　2.07/m

6.4　0.99/m

6.5　1.6176,-1.431×10^{-4}/nm

6.6　$-12.94''$/nm

6.7　1.62, -3.36×10^{-5}/nm

6.8　0.1°

6.9　(1) C; (2) $\frac{1}{2}C\sqrt{\lambda}$; (3) $\frac{3C}{2\sqrt{\lambda}}$

6.10　1.9652×10^8 m/s, 1.9005×10^8 m/s

6.11　红光的散射光强只有黄绿光散射光强的 0.26 倍,因此从远处观察时红光更明亮,容易看到。

6.12　1.840×10^8 m/s, 1.727×10^8 m/s

6.13　46.9%

6.14　90.03%; 58.27%

6.15　502.9 nm, 512.8 nm, 517.8 nm; 474.0 nm, 465.5 nm, 461.5 nm

第7章

7.1　9.37 μm

7.2　6 304 K, 10 000 K

7.3　504.5 nm

7.4　16

7.9　41.532×10^{20} /m²s

7.10　1.636 eV, 4.568 V

7.11　4.594×10^5 m/s

7.12　(1) 2.0 eV, 2.0 V, 295.2 nm; (2) 2.014×10^{18} /(m²s)

7.13　550.0003 nm, 0.0203 nm

7.14　$\tan\varphi = \left[\left(1 + \dfrac{\lambda_c}{\lambda_0}\right)\tan\dfrac{\theta}{2}\right]^{-1}$

7.16　(1) 7.39°; (2) 0.62 eV

第8章

8.1　(1) 0.0982, 0.7929, 0.9977, 0.9999977; (2) $T \to \infty$

8.2　7.551×10^{19}, 2.769×10^{18}, 3.773×10^{23}

8.3　54.6

8.4　1.61 m⁻¹

8.5　1.01×10^{-3} nm, 0.2998 m

8.6　(1) 7487 Hz, 40.04 km; (2) 1.036×10^9 Hz, 0.289 m

8.7　0.1/μs, 1.431×10^{18} m/kg

参考答案

8.8　9.3
8.9　47.95 μm
8.10　$1.974 \times 10^{-35}, 6.257 \times 10^3$
8.11　$26.7, 1.192 \times 10^{-4}$ nm
8.12　7.495×10^7 Hz, 6.438×10^{-7} nm
8.13　$L < 0.3$ m
8.14　16.42 nm
8.15　$27I_0, 729I_0$
8.16　120 W, 1.67×10^{-10} s, 6.67×10^{-9} s

第 9 章

9.1　(1) 1.18 μm^{-1}, 0.83 μm^{-1}, 0.83 μm^{-1}; (2) k 方向, 1.67 μm^{-1}, 600 nm
9.2　$\mathscr{F}[\text{rect}(x)] = \text{sinc}(u)$
9.9　零级 $(0,0)$, $+1$ 级 $(fu\lambda, 0)$, -1 级 $(-fu\lambda, 0)$
9.10　(1) $I'(x') = \frac{1}{2}t_1^2[1 + \cos(-4\pi ux)], \gamma = 1$;

$\quad$ (2) $I'(x') = t_0^2 + \frac{1}{4}t_1^2 + t_0 t_1 \cos(-2\pi ux), \gamma = \dfrac{4t_0 t_1}{4t_0^2 + t_1^2}$

9.11　(1) 平面波, $(0,0,\infty)$; (2) 发散球面波, $(0,0,-z_0)$; (3) 会聚球面波, $(0,0,z_0)$
9.12　(1) 发散球面波, $(0,0,-z_0)$; (2) 发散球面波, $(-z_0 u\lambda, 0, -z_0)$; (3) 发散球面波, $(z_0 u\lambda, 0, -z_0)$
9.13　(1) $(-\theta_0)$; (2) $\sin\theta_{+1} = \sin(-\theta_0) + u\lambda$; (3) $\sin\theta_{-1} = \sin(-\theta_0) - u\lambda$
9.14　(1) $u_0 = 0$; (2) $u_{\pm 1} = \pm u$; (3) $u_{\pm 2} = \pm 2u$
9.15　(1) $\widetilde{E}_0(x,y) = t_0' E_R' \exp(-ikx\sin\theta_R)$, 倾角为 $(-\theta_R)$ 的平面波, 振幅是照明光波振幅的 t_0' 倍; (2) $\widetilde{E}_{+1}(x,y) = \dfrac{t_1 E_R'}{2}\exp(ikx\sin\theta_O)$, 倾角为 θ_O 的平面波, 振幅是照明光波振幅的 $t_1/2$ 倍; (3) $\widetilde{E}_{-1}(x,y) = \dfrac{t_1 E_R'}{2}\exp(-ikx(\sin\theta_O + 2\sin\theta_R))$, 倾角为 $\sin\theta_{-1} = (-\sin\theta_O - 2\sin\theta_R)$ 的平面波, 振幅是照明光波振幅的 $t_1/2$ 倍。

第 10 章

10.1　576.3 nm
10.2　入射光和倍频光分别是 e 光和 o 光。
10.3 ~ 10.10　(略)

附 录

附 录 1

真空中光速	$c = 2.997\,924\,58 \times 10^8 \text{ m·s}^{-1}$
真空磁导率	$\mu_0 = 1.256\,637 \times 10^{-6} \text{ H·m}^{-1}$
真空电容率	$\varepsilon_0 = 8.854\,188 \times 10^{-12} \text{ F·m}^{-1}$
引力常量	$G = 6.672\,59 \times 10^{-11} \text{ N·m}^3\text{·kg}^{-2}$
普朗克常量	$h = 6.626\,075\,5 \times 10^{-34} \text{ J·s}$
约化普朗克常量	$\hbar = 1.054\,572\,66 \times 10^{-34} \text{ J·s}$
电子[静]质量	$m_e = 9.109\,389\,7 \times 10^{-31} \text{ kg}$
质子[静]质量	$m_p = 1.672\,623\,1 \times 10^{-27} \text{ kg}$
中子[静]质量	$m_n = 1.674\,928\,6 \times 10^{-27} \text{ kg}$
基本电荷	$e = 1.602\,177\,33 \times 10^{-19} \text{ C}$
电子伏特	$\text{eV} = 1.602\,177\,33 \times 10^{-19} \text{ J}$
精细结构常数	$\alpha = 1/137.035\,989\,5$
阿伏伽德罗常量	$N_A = 6.022\,136\,7 \times 10^{23} \text{ mol}^{-1}$
玻尔兹曼常量	$k = 1.380\,658 \times 10^{-23} \text{ J·K}^{-1}$
里德伯常量	$R_\infty = 1.097\,373\,153\,4 \times 10^7 \text{ m}^{-1}$
玻尔半径	$a_0 = 5.291\,772\,49 \times 10^{-11} \text{ m}$
法拉第常数	$F = 9.648\,530\,9 \times 10^4 \text{ C·mol}^{-1}$
摩尔气体常数	$R = 8.314\,510 \text{ J·mol}^{-1}\text{·K}^{-1}$
斯特藩 – 波耳兹曼常量	$\sigma = 5.670\,51 \times 10^{-8} \text{ W·m}^2\text{·K}^4$
维恩常数	$b = 2.897\,756 \times 10^{-3} \text{ m·K}$
康普顿波长	$\lambda_C = 2.426\,3 \times 10^{-3} \text{ nm}$

附 录 2

表1　国际单位制的基本单位

量的名称	单位名称	单位符号
长度	米	m
质量	千克(公斤)	kg
时间	秒	s
电流	安【培】	A
热力学温度	开【尔文】	K
物质的量	摩【尔】	mol
发光强度	坎【德拉】	cd

表2　国际单位制的辅助单位

量的名称	单位名称	单位符号
平面角	弧度	rad
立体角	球面度	sr

表3　国际单位制中具有专门名称的导出单位

量的名称	单位名称	单位符号	其它式例
频率	赫【兹】	Hz	s^{-1}
力;重力	牛【顿】	N	$kg \cdot m \cdot s^{-2}$
压力,压强;应力	帕【斯卡】	Pa	$N \cdot m^{-2}$
能量;功;热	焦【尔】	J	$N \cdot m$
功率;辐射(能)通量	瓦【特】	W	$J \cdot s^{-1}$
电荷量	库【仑】	C	$A \cdot s$
电位;电压;电动势	伏【特】	V	$W \cdot A^{-1}$
电容	法【拉】	F	$C \cdot V^{-1}$
电阻	欧【姆】	Ω	$V \cdot A^{-1}$
电导	西【门子】	S	$A \cdot V^{-1}$

续表3

量的名称	单位名称	单位符号	其它式例
磁通量	韦【伯】	Wb	V·s
磁通量密度;磁感应强度	特【斯拉】	T	Wb·m^{-2}
电感	亨【利】	H	Wb·A^{-1}
摄氏温度	摄氏度	℃	
光通量	流【明】	lm	cd·sr
光照度	勒【克斯】	lx	lm·m^{-2}
放射性活度	贝克【勒尔】	Bq	s^{-1}
吸收剂量	戈【瑞】	Gy	J·kg^{-1}
剂量当量	希【沃特】	Sv	J·kg^{-1}

表4 能量、热与功的单位换算

	电子伏(eV)	焦耳(J)	卡(cal)	千瓦小时(kW·h)
电子伏	1	1.602×10^{-19}	3.827×10^{-20}	4.450×10^{-26}
焦耳	6.242×10^{18}	1	0.2399	2.778×10^{-7}
卡	2.613×10^{19}	4.168	1	1.163×10^{-6}
千瓦小时	2.247×10^{25}	3.600×10^{6}	8.601×10^{5}	1

表5 用于构成十进倍数和分数单位的词头

所表示的因数	词头名称	词头符号
10^{18}	艾【可萨】	E
10^{15}	拍【它】	P
10^{12}	太【拉】	T
10^{9}	吉【咖】	G
10^{6}	兆	M
10^{3}	千	k
10^{2}	百	h
10^{1}	十	da
10^{-1}	分	d

续表 5

所表示的因数	词头名称	词头符号
10^{-2}	厘	c
10^{-3}	毫	m
10^{-6}	微	μ
10^{-9}	纳【诺】	n
10^{-12}	皮【可】	p
10^{-15}	飞【姆托】	f
10^{-18}	阿【托】	a

表 6 光在真空中的波长范围和频率范围

光谱区域	波长范围/nm	频率范围/Hz
远红外	100 000 ~ 10 000	$3 \times 10^{12} \sim 3 \times 10^{13}$
中红外	10 000 ~ 2 000	$3 \times 10^{13} \sim 1.5 \times 10^{14}$
近红外	2 000 ~ 770	$1.5 \times 10^{14} \sim 3.9 \times 10^{14}$
红 光	770 ~ 622	$3.9 \times 10^{14} \sim 4.7 \times 10^{14}$
橙 光	622 ~ 597	$4.7 \times 10^{14} \sim 5.0 \times 10^{14}$
黄 光	597 ~ 577	$5.0 \times 10^{14} \sim 5.5 \times 10^{14}$
绿 光	577 ~ 492	$5.5 \times 10^{14} \sim 6.3 \times 10^{14}$
青 光	492 ~ 450	$6.3 \times 10^{14} \sim 6.7 \times 10^{14}$
蓝 光	450 ~ 435	$6.7 \times 10^{14} \sim 6.9 \times 10^{14}$
紫 光	435 ~ 390	$6.9 \times 10^{14} \sim 7.7 \times 10^{14}$
紫 外	390 ~ 5	$7.7 \times 10^{14} \sim 6.0 \times 10^{16}$

表7 一些元素的特征发光波长

元素	波长/nm	颜色	元素	波长/nm	颜色
钠(Na)	589.0,589.6	黄	氢(H)	410.2	紫
汞(Hg)	404.7,404.8	紫		434	蓝
	435.8	蓝		486.1	青绿
	546.1	绿(强)		656.3	橙红
	577	黄	氦氖激光	632.8	红
	579.1			115.23	红外
镉(Cd)	643.8	红	氩离子激光	488	青
氪(Kr)	605.7	橙		514.5	绿

表8 几种波长对应的固体介质的折射率

入射波长/nm	颜色	冕牌玻璃	轻火石玻璃	重火石玻璃
656.3	红	1.520	1.572	1.667
589.2	黄	1.523	1.576	1.671
486.1	蓝	1.529	1.586	1.681
434.0	紫	1.534	1.594	1.689

表9 一些气体和液体的折射率

介质	温度/℃	折射率	介质	温度/℃	折射率
空气	0	1.0002919	氨水	16.5	1.325
二氧化硫	0	1.00686	加拿大树胶	20	1.550
水	20	1.3330	四氯化碳	20	1.4607
甲醇	20	1.3290	甘油	20	1.4730
乙醚	20	1.3538	橄榄油	20	1.4763
丙酮	20	1.3593	苯	20	1.5012
乙醇	20	1.3618	二硫化碳	20	1.6276

表10　一些固体介质的折射率

介质	折射率	介质	折射率	介质	折射率
熔凝玻璃 SiO_2	1.45843	冕牌玻璃 K9	1.51630	重火石玻璃 ZF1	1.64752
氯化钠 NaCl	1.54427	重冕玻璃 ZK6	1.61263	重火石玻璃 ZH5	1.73977
氯化钾 KCl	1.49044	重冕玻璃 ZK8	1.61400	冕牌玻璃	1.5181
萤石 CaF_2	1.43381	钡冕玻璃 BaK2	1.53988	火石玻璃	1.6129
冕牌玻璃 K6	1.51110	火石玻璃 F1	1.60328	重火石玻璃	1.7550
冕牌玻璃 K8	1.51590	钡火石玻璃 BaF8	1.62590	金刚石	2.417

表11　单轴双折射晶体的折射率

晶体	波长/nm	n_o	n_e	晶体	波长/nm	n_o	n_e
方解石(冰洲石)	404.7	1.6813	1.4969	电气石	589.3	1.669	1.638
石英(水晶)	404.7	1.5572	1.5667	白云石	589.3	1.681	1.500
方解石(冰洲石)	546.1	1.6617	1.4879	菱铁矿	589.3	1.875	1.635
石英(水晶)	546.1	1.5462	1.5554	硝酸钠	589.3	1.5854	1.3369
方解石(冰洲石)	589.3	1.6584	1.4864	磷酸二氢钾(KDP)	589.3	1.5095	1.4684
石英(水晶)	589.3	1.5443	1.5534	金红石(TiO_2)	589.3	2.616	2.903
冰	589.3	1.309	1.313	硫化镉	589.3	2.506	2.529

表12　固体介质的旋光率

介质	波长/nm	旋光率 $(°)/mm^{-1}$	介质	波长/nm	旋光率 $(°)/mm^{-1}$
石英	3676	0.34	石英	546.1	25.538
石英	1342	3.89	石英	486.1	32.773
石英	794.76	11.589	石英	430.7	42.604
石英	760.4	12.668	石英	404.7	48.945
石英	728.1	13.924	石英	382.0	55.625
石英	670.8	16.535	石英	344.1	70.587
石英	656.2	17.318	石英	257.1	143.266
石英	589.0	21.749	石英	175.0	453.5

表 13　常用光学材料的透光波长范围　　　　　　　　　　波长/nm

光学材料	紫外边界	红外边界	光学材料	紫外边界	红外边界
冕玻璃	350	2000	岩盐(NaCl)	175	14500
火石玻璃	380	2500	氯化钾(KCl)	180	23000
石英(SiO_2)	180	4000	氟化锂(LiF)	110	7000
萤石(CaF_2)	125	9500			

表 14　几种金属材料的红限　　　　　　　　　　波长/nm

金属	红限	金属	红限	金属	红限
铯	652	锌	372	金	265
钾	550	钽	305	铁	262
钠	540	汞	273.5	银	260
锂	500	钨	270	铂	196

参考文献

[1] 赵凯华,钟锡华.光学[M].北京:北京大学出版社,1989.
[2] 钟锡华,骆武刚.光学题解指导[M].北京:电子工业出版社,1984.
[3] 蔡履中,王成彦,周玉芳.光学[M].济南:山东大学出版社,2002.
[4] 钟锡华.现代光学基础[M].北京:北京大学出版社,2003.
[5] 钟锡华,周岳明.现代光学基础题解指导[M].北京:北京大学出版社,2004.
[6] EUGENE HECHT.OPTICS[M].张存林,改编.北京:高等教育出版社,2005.
[7] 赵凯华.新概念物理教程:光学[M].北京:高等教育出版社,2004.
[8] 王秉超,李良德,等.光学[M].长春:吉林大学出版社,1991.
[9] 高文琦,等.光学[M].南京:南京大学出版社,2000.
[10] 章志鸣,沈元华,陈慧芬.光学[M].北京:高等教育出版社,1995.
[11] 姚启钧.光学教程[M].华东师范大学光学教材编写组,改编.北京:高等教育出版社,2002.
[12] 宣桂鑫.光学教程学习指导书[M].北京:高等教育出版社,2004.
[13] 游璞,于国萍.光学[M].北京:高等教育出版社,2003.
[14] 宣桂鑫.光学[M].上海:华东师范大学出版社,1988.
[15] 潘笃武,贾玉润,陈善华.光学[M].上海:复旦大学出版社,1997.
[16] 谢敬辉,赵达尊,阎吉祥.物理光学教程[M].北京:北京理工大学出版社,2005.
[17] 陈钰清,王静环.激光原理[M].杭州:浙江大学出版社,1992.
[18] 蓝信钜,等.激光技术[M].北京:科学出版社,2005.
[19] 苏显渝,李继陶.信息光学[M].北京:科学出版社,1999.
[20] 朱伟利,盛嘉茂.信息光学基础[M].北京:中央民族大学出版社,1997.
[21] 于美文.光全息学及其应用[M].北京:北京理工大学出版社,1996.
[22] 刘秉正.非线性动力学与混沌基础[M].长春:东北师范大学出版社,1994.
[23] 叶佩弦.非线性光学[M].北京:中国科学技术出版社,1999.
[24] 刘思敏,郭儒,许京军.光折变非线性光学及其应用[M].北京:科学出版社,2004.